全国高职高专教育土建类专业教学指导委员会规划推荐教材

建设工程招标投标实务

（建筑工程管理与建筑管理类专业适用）

本教材编审委员会组织编写

张国华　主编

陈茂明　主审

中国建筑工业出版社

图书在版编目（CIP）数据

建设工程招标投标实务/张国华主编.—北京：
中国建筑工业出版社,2005

全国高职高专教育土建类专业教学指导委员会规划
推荐教材.建筑工程管理与建筑管理类专业适用

ISBN 978-7-112-07577-5

Ⅰ.建…　Ⅱ.张…　Ⅲ.①建筑工程—招标—高等
学校:技术学校—教材②建筑工程—投标—高等学校
技术学校—教材　Ⅳ.TU723

中国版本图书馆 CIP 数据核字（2005）第 077951 号

全国高职高专教育土建类专业教学指导委员会规划推荐教材

建设工程招标投标实务

（建筑工程管理与建筑管理类专业适用）

本教材编审委员会组织编写

张国华　主编

陈茂明　主审

*

中国建筑工业出版社出版、发行（北京西郊百万庄）

各地新华书店、建筑书店经销

北京建筑工业印刷厂印刷

*

开本：787×1092毫米　1/16　印张：15　字数：365千字

2005年8月第一版　2017年1月第十一次印刷

定价：**23.00**元

ISBN 978-7-112-07577-5

(14991)

本社网址：http://www.cabp.com.cn

网上书店：http://www.china-building.com.cn

本书是根据高职高专建筑工程管理专业的教育标准、人才培养方案及主干课程教学大纲编写的。全面系统地介绍了建设工程招标投标活动的专业知识。

本书内容包括：建筑市场的知识、招标投标的基本理论和法律规范、招标投标活动中的风险管理、评标等招标投标中的具体工作。本书详细介绍了勘测设计招标投标、监理招标投标、材料与设备采购招标投标、建设工程施工招标投标以及国际工程招标投标等业务，重点阐述了招标投标文件的编制。

本书贴近实际，突出建设工程招标投标中的重要环节，理论起点低，适合各类工程技术人员作为工具书使用，也是一本通俗易懂的自学参考书。

随书配有教学课件及招标投标文件范例，读者可登录 http://www.cabp.com.cn/jc/13531.rar 免费下载学习。

责任编辑：王　跃　张　晶
责任设计：崔兰萍
责任校对：李志瑛　王金珠

本教材编审委员会名单

主　任：吴　泽

副主任：陈锡宝　范文昭　张怡朋

秘　书：袁建新

委　员：(按姓氏笔画排序)

马　江　　王林生　　甘太仕　　刘建军　　刘　宇

汤万龙　　汤　斌　　陈锡宝　　陈茂明　　陈海英

李永光　　李渠建　　李玉宝　　张怡朋　　张国华

吴　泽　　范文昭　　周志强　　胡六星　　郝志群

倪　荣　　袁建新　　徐佳芳　　徐永泽　　徐　田

夏清东　　黄志洁　　温小明　　滕永健

序　言

全国高职高专教育土建类专业教学指导委员会工程管理类专业指导分委员会(原名高等学校土建学科教学指导委员会高等职业教育专业委员会管理类专业指导小组)是建设部受教育部委托,由建设部聘任和管理的专家机构。其主要工作任务是,研究如何适应建设事业发展的需要设置高等职业教育专业,明确建设类高等职业教育人才的培养标准和规格,构建理论与实践紧密结合的教学内容体系,构筑"校企合作、产学结合"的人才培养模式,为我国建设事业的健康发展提供智力支持。

在建设部人事教育司和全国高职高专教育土建类专业教学指导委员会的领导下,2002年以来,全国高职高专教育土建类专业教学指导委员会工程管理类专业指导分委员会的工作取得了多项成果,编制了工程管理类高职高专教育指导性专业目录;在重点专业的专业定位、人才培养方案、教学内容体系、主干课程内容等方面取得了共识;制定了"工程造价"、"建筑工程管理"、"建筑经济管理"、"物业管理"等专业的教育标准、人才培养方案、主干课程教学大纲;制定了教材编审原则;启动了建设类高等职业教育建筑管理类专业人才培养模式的研究工作。

全国高职高专教育土建类专业教学指导委员会工程管理类专业指导分委员会指导的专业有工程造价、建筑工程管理、建筑经济管理、房地产经营与估价、物业管理及物业设施管理等6个专业。为了满足上述专业的教学需要,我们在调查研究的基础上制定了这些专业的教育标准和培养方案,根据培养方案认真组织了教学与实践经验较丰富的教授和专家编制了主干课程的教学大纲,然后根据教学大纲编审了本套教材。

本套教材是在高等职业教育有关改革精神指导下,以社会需求为导向,以培养实用为主、技能为本的应用型人才为出发点,根据目前各专业毕业生的岗位走向、生源状况等实际情况,由理论知识扎实、实践能力强的双师型教师和专家编写的。因此,本套教材体现了高等职业教育适应性、实用性强的特点,具有内容新、通俗易懂、紧密结合工程实践和工程管理实际、符合高职学生学习规律的特色。我们希望通过这套教材的使用,进一步提高教学质量,更好地为社会培养具有解决工作中实际问题的有用人才打下基础。也为今后推出更多更好的具有高职教育特色的教材探索一条新的路子,使我国的高职教育办的更加规范和有效。

全国高职高专教育土建类专业教学指导委员会

工程管理类专业指导分委员会

2004 年 12 月

前　言

　　建设工程招标投标是在工程采购方面的先进模式。跨入21世纪,我国加入了WTO,建筑业肩负着继往开来的历史重任。建设工程招标投标制度虽然不断完善,但在执行过程中尚欠规范。有鉴于此,作者受高职高专教育土建类专业教学指导委员会委托,编写了本书。在教材中作者力求突出高职教育适应性、实用性的特点。全书内容新颖,通俗易懂,注重对学生能力和素质的培养,以便为提升我国建设工程招标投标专业技术人员的业务水平,尽微薄之力。

　　本书是为解决建设工程项目承发包中招标投标活动的实际问题而编写的。它适合于建筑管理人员和建筑工程管理专业的学生阅读,着重阐述从实际中总结的招投标活动的成功经验。本教材以我国招投标制度为基本背景,结合国家对建筑市场的管理,详实地介绍建设工程招投标实务。本书针对招投标中容易忽视或难以把握的问题,从理论角度提出切实可行的解决办法。鉴于工程风险的突发性和高危害性,作者在第三章探讨了建设工程招投标的风险管理。评标活动是建设工程咨询机构的一项重要业务,本书也对此进行了详尽的讲解。应广大师生和实践工作者要求,本书制作了课件及招投标文件范例,读者可登录http://www.cabp.com.cn/jc/13531.rar免费下载、学习。本书的全部内容按章节制作的课件,可满足多媒体教学的需要,减轻教师制作课件的负担。招投标文件范例,内容精良全面,对开展招投标具体工作能起到立杆见影的示范作用。在教材的编写期间,作者密切关注建筑业政策的调整,并将其体现在教材中。

　　本书是40学时的《建设工程招标投标实务》的专业教学用书,在内容组织过程中成立了本书项目编辑组,及时收集汇总书稿信息资料,订正不足之处。本书人员分工情况为:第一章、第三章、第五章、第六章、第七章、第八章由张国华编写;第二章、第四章由王静编写;第九章由杨淑芝编写;第十章由王波编写;全书课件及招投标文件范例由安浩宇编写。四川建筑职业技术学院的陈茂明教授担任本书主审,陈茂明教授多年从事招标投标教学和实践工作,为本书的编写和定稿提出了细致可行的意见,对全书的合理构思起到画龙点睛的作用。

　　本书在编写过程中参考并吸收了国内学者同仁的著作及研究成果,在此表示深深的谢意。编写期间,同事们阅读了部分初稿,提出了许多建议,使我获益匪浅,同时,也衷心感谢慷慨无私地帮助我准备图表和整理文稿的各位人士。

目　录

第一章　建设工程招标投标市场导论

第一节　建筑业市场

一、建筑业与国民经济的关系

国民经济是针对物资生产部门、流通部门和其他非生产部门而言。在国民经济体系中，按照我国行业的分类标准，将行业门类划分为大类88个，中类352个，小类847个。建筑业包含3个大类，即：勘察设计业、建筑安装业和建设工程管理、监督及咨询业，不包括独立核算的业主的筹建机构。

建筑业在国民经济发展中有重要的作用，建筑业完成的产值在社会总产值中占有相当大的比重，所创造的价值是国民收入的重要组成部分。我国建筑业仅在1981～1990年这10年中，就累计完成产值18910亿元，平均占同期社会总产值的9.3%，建筑业的劳动是生产性质的劳动。建筑产品的生产、交易与建设工程市场的形态有着不可分割的关系。建筑产品价格的构成及其影响因素决定了建筑产品的价值，也关系到建筑企业的整体水平。纵观国民经济发展的过程，可以看出建筑业商品经济的发展，如建筑产品的生产，要通过市场交易来完成，因此建筑业的市场经济是商品经济发展的基础。建筑业的产品交换要以竞争确定价格，市场竞争的有序性必须借助法制经济的保障。

从经济学的角度来看，建筑业的发展与社会固定资产投资总量、社会消费总量有着密切的关系。建筑业发展的动力是国民经济对建筑产品的需求，需求大，建筑业的规模就大；需求量增加的快，建筑业的发展就快；如果国民经济对建筑产品的需求减少，建筑业的规模就缩小，甚至倒退。我国常以固定资产投资规模来反映国民经济对建筑产品的需求量。因此，固定资产投资规模的直接影响到建筑业的发展，与此同时，建筑业对国民经济的发展也有一定的调节作用。

二、建筑业与国际惯例的接轨

(一)加入WTO前的建筑业

我国的行业分类和建筑业范围的规定已经基本上接近国际通行的行业分类标准(各国行业分类标准并不完全一致)。例如对于建筑构件和建筑材料的生产企业，有的国家没有列入建筑产业中。由于我国已加入世界贸易组织(WTO)，WTO的一系列运行规则将对我国的建设业产生影响。WTO是世界上最有权威性的处理国与国之间贸易规则的国际组织，其核心是《WTO协议》。《WTO协议》对技术法规和标准做了专门的规定，以消除国际贸易中的技术壁垒。因而，建设工程标准、管理体制与国际惯例接轨已是客观要求。《建设工程质量管理条例》和《工程建设标准强制性条文》的发布与实施，就是重要的一步。我国建设部已与国家工商行政管理局联合颁发了《建设工程施工合同示范文本》、《建设工程设计合同示范文本》、《建设监理合同示范文本》以及《建筑装饰工程合同示范文本》。《总承包和分包合同示范文本》也正在制定中。《建设工程施工合同示范文本》于 1991 年 3 月颁行。1999 年 12 月建设部和国家工商行政管理局,依据《中华人民共和国建筑法》、《中华人民共和国合同法》等有关法律和应用实践,1999 年 12 月颁行修订后的《建设工程施工合同示范文本》。依据"以我为主,借鉴为辅"的原则,《建设工程施工合同示范文本》借鉴了国际咨询工程师联合会(FIDIC)制定的《土木工程施工合同条件》(下文中简称为"FIDIC"合同条件)的文本结构。该合同条件在国内世界银行贷款项目、外资项目以及我国参加国际承包市场的施工项目中应用较为普遍。

(二)加入 WTO 后的对外承诺

加入 WTO 后,我国经济发展国际化的步伐进一步加快,带动经济效益的增长。从建设工程市场的角度,按照 WTO《服务贸易总协定》的最惠国待遇原则、透明度原则、发展中国家更多参与原则、市场准入原则、国民待遇原则、逐步自由化的原则,国际建筑企业进入中国建筑市场,更加剧了市场的竞争。同时,我们的建筑企业要走出去。由于建筑市场中的核心是招标与投标,故建筑企业要了解建筑领域加入 WTO 后的对外承诺。

目前,允许外国企业在中国成立合资、合作企业、独资企业。不允许外国企业在中国国内设立分支机构直接承揽工程。独资企业只能承揽全部由外国投资、捐款或外国投资和赠款建设的工程和我国利用国际金融组织贷款并采取国际招标的工程。也可承揽外商投资占 50%(含)以上的中外合资、合作建筑的工程。国内建筑业难以单独完成的国内投资建设工程,经省级建设行政主管部门批准,允许与国内建筑企业合作总承包或分包。合资合作企业享受国内企业同样的待遇。加入 WTO 后五年内开始允许外商成立独资企业,不再限制其工程范围。

勘察设计咨询业在入世后 5 年内开始允许外商成立独资企业。现在、外国企业在中国可以成立合资、合作企业;进入中国从事设计的建筑师、工程师及企业必须是在本国从事设计工作的注册建筑师、工程师及注册企业。

其他工程服务业允许外国企业在中国设立合资、合作企业;进入中国的个人及企业必须是在本国从事该行业工作的注册造价工程师及注册企业,加入 WTO 后五年内开始允许外商成立独资企业。

三、建筑业法律制度的完善

法律体系是法制经济建设的重要内涵,建设工程的基本制度是我国建筑业法律法规的集中体现。特别是十一届三中全会确立了改革开放、发展商品经济的思路,我国建筑业认真总结经验,培育建筑业市场。在此期间,加强建筑业市场经济的立法,建设工程管理体制改革逐步推进。工程招投标制度、监理制度、竣工验收备案制度、市场稽查制度逐渐完善,质量监督管理制度改革正向纵深推进。监理企业和工程造价咨询机构改制脱钩工作基本完成,施工图设计文件审查工作全面推行,建设工程标准管理体制的改革取得实质性进展,建设工程标准化体系逐渐完善,工程造价的市场机制正逐步建立。2004 年底建设部关于拖欠农民工工资相继出台相关政策,《建筑法》的修订将加强对业主项目实施中的法律约束。在此期间建设工程强化如下几项工作:

(1)颁布和实施建筑业法律、法规、章程,为建筑市场提供法治基础;

(2)制定完善建设工程示范文本,推行建设工程合同管理制;

(3)把竞争机制引入建筑市场,实行项目的招投标制;

(4)改革建设工程管理体制,创建建设监理制,建设工程项目实施实行项目管理制,采用项目业主法人责任制。

在我国,建筑业的发展离不开市场经济对资源的有效配置,建筑市场作为市场体系中的组成部分,为建筑业飞跃发展提供了重要的物质基础。建筑企业生产的产品,须进入建筑市场交换才能成为建筑商品;企业的经营目标实现来源于成功的交换。因而,建筑企业需要了解分析建筑市场。

四、建筑市场概念

(一)市场概念

市场是社会分工和商品经济的产物。狭义的市场仅指有形市场;广义的市场包括有形市场和无形市场。市场的原始定义是指"商品交换的场所",商品交换的发展,市场最终实现了世界贸易乃至网上交易,因而市场的广义定义是"商品交换关系的总和"。

建筑市场是指"建筑产品和有关服务的交换关系的总和"。是以工程承发包交易活动为主要内容的市场。狭义的建筑市场指有形建设市场,有固定的交易场所。广义的建筑市场指有形建筑市场和无形建设市场,如与建设工程有关的技术、租赁、劳务等要素市场,为建设工程提供专业中介服务机构体系,包括各种建筑交易活动,还包括建筑商品的经济联系和经济关系。可以说交换关系的总和指参与商品或劳务的现实或潜在的交易活动的所有买卖之间的交换关系。它是生产与流通、供给与需求之间各种经济关系的总和,是价值实现、使用价值转移的枢纽。市场表现为对某种商品的消费需求,企业的一切生产经营活动最终都是为了满足消费者和用户的需求。需求主导市场,哪里有未满足的需求,哪里就有市场。了解市场,并设法满足需求,已成为企业经营活动的出发点和成功的基本条件。

由于建筑生产周期长,标的大,具有不同阶段的过程,决定了建筑市场交易贯穿于建筑生产的全过程。从建设工程的咨询、设计、施工的发包到竣工,承发包、分包方进行的各种交易(承包商生产、商品混凝土供应、构配件生产、建筑机械租赁等)活动都是在建筑市场中进行的。生产、交易交织在一起,使得建筑市场独具特点。

经过近年来的发展,建筑市场形成以发包方、承包方和中介咨询服务方组成的市场主体;以建筑产品和建筑生产过程为对象组成的市场客体;以招投标为主要交易形式的市场竞争机制;以资质管理为主要内容的市场监督管理体系;建筑市场由于引入了竞争机制,促进了资源优化配置,提高了生产效率,建筑业在我国社会主义市场经济体系中成为一个重要的生产消费市场。美国《工程新闻纪录》评出的225家大型建筑企业中,中国建筑企业数量逐年上升,在国际工程承包市场上整体竞争实力有所增强,应当注意的是我国建筑产业结构不尽合理,工程质量问题大,建筑业人才匮乏。我国3400多万人的建筑业队伍2300多万是农民工,大专以上学历的仅占3%。其中有的人才质量名不副实,这与建筑市场国际化趋势很不适应。发达国家90%以上的建筑企业劳动生产率是我国企业的几十倍,甚至上百倍,日本建筑企业在1992年劳动生产率33925美元/人,加拿大甚至高达43051美元。建筑业市场经济的保障是法制经济。

(二)建筑市场分类

(1)按交易对象分为建筑商品市场、建筑业资金市场、建筑业劳务市场、建材市场、建筑业租赁市场,建筑业技术市场和咨询服务市场等。

(2)按市场投标业务类型范围分为:国际工程市场和国内工程市场、境内国际工程市场。

(3)按有无固定交易场所划分为：有形建筑市场和无形建筑市场。

(4)按固定资产投资主体不同分为：国家投资形成的建筑市场、事业单位自有资金投资形成的建筑市场、企业自筹资金投资形成的建筑市场、私人住房投资形成的市场和外商投资形成的建筑市场等。

(5)按建筑商品的性质分为：工业建筑市场、民用建筑市场、公用建筑市场、市政工程市场、道路桥梁市场、装饰装修市场、设备安装市场等。

五、建筑市场的运营模式

市场是由许多要素组成的有机整体，要素之间相互联系和相互作用，推动市场的有效运转。建筑市场的运营模式由下述要素构成：

(一)建筑市场的主体

市场主体是指在市场中从事交换活动的当事人，按照参与交易活动的目的，当事人又可分为卖方、买方和中介三类。

1.业主

我国建设工程中业主称为建设单位或甲方。是指具有该项工程的建设资金和各种准建证件，在建筑市场中发包工程项目，并得到建筑产品，达到投资预期目的的法人、其他组织。如学校、医院、工厂、房地产开发公司，或是政府及政府委托的资产管理部门，也可以是由几个法人联合组成临时业主组织机构(如各类工程指挥部)。

2.承包商

又称为乙方，是指有一定生产能力、技术装备、流动资金，具有承包建设工程任务的营业资质，在建筑市场招投标活动中能够满足业主方的要求中标，提供不同形态的建筑产品，并获得工程价款的建筑企业。按照生产形式的不同分为：勘察设计单位、建筑安装企业、混凝土预制构件、非标准件制作等生产厂家、商品混凝土供应站、建筑机械租赁单位等；按照提供的建筑产品不同分为：水电、铁路、冶金、市政工程等专业公司；按照承包方式不同分为施工总承包企业、专业承包企业、劳务分包企业。国内外一般对承包商要进行从业资格管理。承包商只有具备下述条件才能承包工程：

(1)拥有法定的注册资金。

(2)具有与其资质等级相适应的注册职业资格的专业技术管理人员。

(3)有从事施工建筑活动的建筑机械装备。

(4)经资质审查，取得资质证书和营业执照。

3.中介咨询服务机构

是指具有注册资金和专业中介咨询服务能力，持有从事相关业务的资质证书和营业执照，能对工程项目提供概预算、管理咨询、建设监理等技术型服务或代理，并获取佣金的咨询服务机构或为建设工程服务的建筑产品质量检测、鉴定，质量认证等机构。国际上，工程咨询服务单位一般称为咨询公司，在国内则包括勘察公司、设计院、工程监理公司、工程造价咨询公司、招标代理机构和工程管理公司。它们受业主聘用，与业主订有协议书，从事工程设计或监理等，因而在项目的实施中承担重要的责任。

另外公益机构的活动也是主体活动　为保证社会公平、秩序正常的单位，是以社会福利为目的的基金会、社保机构等。他们既为企业特定意外事件承担风险，又可以为职工提供社会保障。

（二）市场客体

市场客体是指一定量的可供交换的商品和服务,客体即主体权利义务所指对象,它可以是行为和财物。它包括有形的物质产品和无形的服务及各种商品化的资源要素(如资金、技术、信息和劳动力等)。市场活动的基本内容是商品交换,若没有交换客体,就不存在市场,具备一定量的可供交换的商品和服务,是市场存在的物质条件。

建筑市场的客体一般称作建筑产品(有形的建筑产品和无形的产品及服务)。客体凝聚着承包商的劳动,业主投入资金,取得使用价值。在不同的生产交易阶段,建筑产品客体表现的形态:中介机构提供的咨询报告、意见或服务、勘察设计单位的设计方案或图纸、勘察报告、生产厂家提供的混凝土构件、施工企业提供的建筑物和构筑物。建设市场的客体是建设市场的交易对象,包括有形建筑产品和无形产品(各类智力型服务)。

（三）建设工程的发包方式

建设工程的发包方式是指业主采用一定的方式,在政府管理部门的监督下,遵循公开、公正、公平竞争的原则,择优选定设计、施工、监理等单位并实施的活动。建设工程发包是业主从众多竞争者中选择建设工程项目实施对象、办理托付手续的活动。建设工程发包方式,从不同角度观察,可以分为多种方式:

1. 直接发包方式

由业主组织,将设计、施工、监理等具体业务工作直接托付设计、施工、监理单位完成的方式。发包人按合同规定提供资料,申请办理报建手续、征地、拆迁、验收工程、结算;承包人则按发包人意图设计、施工或受托实施监理。

2. 委托代理方式

是业主委托咨询机构作为代理人对工程项目建设进行管理。咨询机构代表业主对工程项目建设的设计、施工、供应等阶段进行管理。咨询机构的权限由委托合同约定。咨询机构在实施管理时,将设计、施工业务发包给专业公司。该方式可以消除业主不懂建设业务的弊端。

3. 招标发包方式

招标单位通过书面文件、新闻媒介等方式,吸引潜在投标人参与竞争,优选承包者的工程发包方式。

按工料承发包关系分类建设工程的发包方式有:全部包工包料,部分包工包料和包工不包料。

（四）建设工程的承包方式

1. 项目总承包方式

指建设项目全过程由一个承包商负责组织实施。总承包商可以将专业性工作分包给专业承包公司完成,总承包商统一协调。例如,承担施工总承包的企业可全部自行施工,也可将部分非主体工程或劳务分包给具有相应专业承包资质或劳务分包资质的专业承包公司完成。中国建筑业协会工程项目管理委员会张青林会长的论文《培育工程总承包企业和项目管理公司占领国际建设工程承包市场的制高点》观点认为:工程总承包项目管理是国际通行的新型管理方式,中国加入WTO后,建筑业面临最大的挑战莫过于国际化的挑战,这种挑战促使中国工程项目管理体制改革进入一个方兴未艾的历史发展时期,其方向毫无疑问就是加快推进中国工程总承包项目管理的国际化进程。工程总承包项目管理是深化投资体制和建设工程管理体制改革的历史必然。建筑业企业推行的项目管理应是三个层次:业务分包项目管理、施工总承包项目管理、工程总承包项目管理。我们这些年实践的重头戏是施工项目管理。实践成果与理论成果最丰富。工程总承包项目管理是高层次的项目管理。由于过去的体制是按照基本建设程序划分的。设计阶段有设计院,施工阶段有施工企业,而工程总承包是跨阶段的事情,把设计、施工、采购联为一体,在我国找不到一个运行载体。因此现在一方面提出,具备一定能力的设计院向工程总承包方向发展、向工程项目管理公司发展,可以承担工程总承包的任务;另一方面,大型施工企业经过近20年来组织结构调整。也具有承担工程总承包项目管理的综合能力,因此,必须培育和发展工程总承包企业和项目管理公司。国际建筑业界把这种方式称为EPCM模式,即设计采购与施工管理(EPCM——Engineering Procurement Management),2004年下半年建设主管部门与中国土木工程协会开始制定《工程总承包合同》(示范文本)。今后将大力培养总承包项目经理,发挥政府、协会、企业和院校在推动工程总承包项目管理中的优势和作用。2004年12月1日建设部颁布了《建设工程项目管理试行办法》,该办法明确了项目管理企业必须具有勘察、设计、施工、监理一项或多项资质,可以接受工程项目业主的委托或通过招标承揽工程项目全过程管理,也可以与其他项目管理企业联合投标,甚至与其他项目管理企业合作管理工程项目。建设工程项目管理实行项目经理责任制,项目管理企业不得承担工程施工业务。可见,工程管理公司作为总包商的工程项目总承包方式即将成为我国建筑市场上的大型工程项目的一种重要承包模式。

2. 联合承包方式

指两家或两家以上的承包商联合向业主承包工程任务,按各自投入资金的份额及承担任务的分享利润和分担风险的承包方式。联合承包体无须组建项目临时责任机构和确认临时法人代表。参加联合体承包的企业,经济上独立核算,共同使用的机械设备、周转材料等,按使用合理分摊费用。它的特点是资金雄厚、技术和管理能取长补短,设备全、竞争力强。

3. 平行承包方式

是指工程常见的招投标或议标方式承包项目的各专业工作,业主与若干个设计、施工、设备材料供应商签订合同。

注:BOT方式在国外较为流行,本书不作太多叙述。

(五)工程项目的经营管理方式

1. 业主对建设工程项目的管理方式

即业主管理工程项目建设活动、获得建筑商品的具体形式。工程项目建设一般要按基本建设程序进行管理。建设程序反映了建设工作客观的规律性,由国家制定法规予以规定。严格遵循和坚持按建设程序办事是提高建设工程经济效益的必要保证。这几个环节可概括为计划、设计、施工三大阶段。工程项目建设过程中,计划、设计、施工三个阶段密不可分,为顺利完成工程项目建设任务,必须对整个建设过程严格管理。这一系列业主对项目的管理过程,大致用以下几种方式来实现。

(1)自营方式指业主自行组织实施工程项目的计划、设计、施工的一种方式。自营方式不利于降低工程成本。

(2)发包方式指业主将建设工程项目发包给专门的工程项目承包公司的方式。有利于降低工程成本,提高工程质量,是普遍采用的一种管理方式。缺点是各方关系复杂、不易协调。

(3)成套合同方式又称为一揽子承包或交钥匙方式,指业主将工程项目建设的全部工作委托给总承包商,由总承包商负责组织实施的一种方式。成套合同方式实质也是一种发包方式,承包人竣工后一次性移交给业主。该方式简化了建设单位的工作,但一般造价较高,总包商要承担较大风险。

(4)菲迪克(FIDIC)方式是用国际惯例的 FIDIC 合同条件来管理工程项目建设的方式。该方式的特点:按国际惯例招标、采用 FIDIC 标准合同条件;业主委托工程师进行项目控制和合同管理。

(5)CM 方式国外出现的 CM 法的工程管理方式,它实质上是承发包方式的一种变形,是由业主、建筑师(工程师)和建设经理三者组成,共同对项目进行管理的一种方式。在这种方式中,建设经理是核心,是受业主的委托全权进行项目管理的。建筑师或工程师负责设计工作。由于设计和整个管理过程联在了一起,这种方式对施工可以采取分段的发包方法,即是设计一部分,发包一部分,缩短建设周期。但分段发包,不是盲目的边设计边施工,是在科学的可行性研究之上进行。

2. 建筑企业的经营方式

建筑企业的工程任务,是在建筑市场上通过与业主达成交易协议来实现。建筑企业的经营方式应随业主的工程项目管理方式变化,即建筑企业的经营方式取决于业主及其工程项目的管理方式,建筑企业的经营方式归纳为两大类:承包经营方式、开发性经营方式。

(1)承包经营方式

建筑企业在建筑市场通过业务承揽向业主提供建筑商品和服务。业主采用发包方式发包项目,建筑企业就可以向业主承包工程任务。这是建筑企业主要经营方式。它是由项目的管理方式决定的。在众多的建设工程项目管理方式中,除了自营方式外,都是发包性质的管理方式。按承包的关系划分:第一种是总分包经营方式。指由一家建筑企业向业主总承包,然后分包给其他建筑企业的一种经营方式。因为一个建筑企业不能够承担一个大型建设工程项目的全部任务,只能借助分包形式解决。该法要注意总包、分包、发包方工作的协调。第二种是直接承包经营方式。指独立地直接向业主承包工程的经营方式。若一个项目由多家建筑企业共同承包,则各建筑企业分别与业主签订承包合同。该方式减少了总分包环节,层次简单,关系清楚。但由于交叉作业和工艺的搭接,会出现难以协调施工矛盾。第三种是联合承包经营方式。指由多个建筑企业联合向业主承包,特点是优势互补,竞争力强。

(2)开发性经营方式

开发性经营方式是指建筑企业按城市建设统一规划的要求,将工程项目建成建筑商品,出租或出售给用户。从事开发性经营的建筑企业具有双重身份。在建设工程过程中,他既是投资人,又是承包商,必须拥有雄厚的资金,技术力量强,有房地产市场开发能力。其资质证书和营业执照须有此业务。

第二节　建筑市场交易

一、建筑市场主体的管理

建筑业的发展要求在市场经济条件下培育建筑市场,以法制经济保障市场经济,最终推动建筑业商品经济快速发展。因此,建筑市场管理是加强法制建设,促进建筑产业发展的重要环节。

(一)建筑市场主体的资质与专业人员资格管理

1. 从业企业资质管理

工程勘察设计、施工企业、建设工程招投标代理、监理、造价咨询公司,应当经工商行政管理部门登记注册,并取得国家有关部门颁发的资质证书后,方可从事建筑活动,参加建筑市场的交易。

建筑施工企业指从事土木工程、建设工程、线路管道及设备安装工程、装修工程等的新建、扩建、改建活动的企业。我国的建筑业施工企业分为施工总承包企业、专业承包企业和劳务分包企业。施工总承包企业又按工程性质分为房屋、公路、铁路、港口、水利、电力、矿山、冶金、化工石油、市政公用、通讯、机电等 12 个类别;专业承包企业又根据工程性质和技术特点划分为 60 个类别;劳务分包企业按技术特点划分为 13 个类别。工程施工总承包企业资质等级分为特、一、二、三级;施工专业承包企业资质等级分为一、二、三级;劳务分包企业资质等级分为一、二级。这三类企业的资质等级标准,由建设部统一制定。工程施工总承包企业和施工专业承包企业的资质实行分级审批。特级、一级资质由建设部审批;二级以下资质由企业注册所在地省、自治区、直辖市政府建设主管部门审批;劳务分包系列企业资质由企业所在地省、自治区、直辖市政府建设主管部门审批。经审查合格的企业颁发给相应等级的资质证书,该证书由建设部统一印制,分正本(1 本)和副本(若干本),正副本具有同等法律效力。我国建筑业企业承包工程范围:工程特级总承包企业(12 类、以房屋建设工程为例)可承担各类房屋建设工程的施工。一级可承担单项建安合同额不超过企业注册资本金 5 倍的房屋建设工程的施工(40 层及以下、各类跨度的房屋建设工程;高度 240m 及以下的构筑物;建筑面积 20 万 m^2 及以下的住宅小区或建筑群体)。二级可承担单项建安合同额不超过企业注册资本金 5 倍的房屋建设工程的施工(28 层及以下、单距跨度 36m 以下的房屋建设工程;高度 120m 及以下的构筑物;建筑面积 12 万 m^2 及以下的住宅小区或建筑群体)。三级可承担单项建安合同额不超过企业注册资本金 5 倍的房屋建设工程的施工(14 层及以下、单跨跨度 24m 以下的房屋建设工程;高度 70m 及以下的构筑物;建筑面积 6 万 m^2 及以下的住宅小区或建筑群体)。土建专业承包一级企业可承担各类土石方工程的施工。二级可承担单项合同额不超过企业注册资本金 5 倍且 60 万 m^3 及以下的石方工程的施工。三级可承担单项合同额不超过企业注册资本金 5 倍且 15 万 m^3 及以下的石方工程的施工;劳务分包一级企业(以木工作业为例)可承担各类工程木工作业分包业务,但单项合同额不超过企业注册资本金的 5 倍。二级可承担各类工程木工作业分包业务,但单项合同额不超过企业注册资本金的 5 倍。

勘察设计、招投标代理、工程审计等中介咨询机构,也要有与其营业范围相适宜的资质等级。我国对工程咨询单位实行的资质管理已有明确资质等级评定条件的有:勘察设计、工程监理、工程造价、招标代理等咨询专业。例如监理单位,划分为三个等级:丙级监理单位可承担本地区、本部门的三等工程;乙级监理单位可承担本地区、本部门的二、三等工程;甲级监理单位可承担跨地区、跨部门的一、二、三等工程。工程咨询单位的资质评定条件包括注册资金、专业技术人员和业绩三方面的内容,不同资质等级的标准均有具体规定。

企业的规模是建筑市场资质管理中需要考虑的一个主要问题,企业规模的大小是生产力诸要素(劳动力、生产设备、管理能力、资金能力)集中的反映。在国际上通常将企业按规模划分为大、中、小三个类别,如德国建筑施工企业1986年50人以下的小型企业所占比例高达93.5%;50~500人的中型企业所占比例为6.4%;500人以上的大型企业仅占0.1%。其他发达国家的情况也很类似。美国建筑企业有许多在激烈的竞争条件下仅能维持一年。从反面说明国外在资质管理方面形成了长期的制度,门槛不高。我国《建筑法》对资质等级评定升级的条件明确规定:企业注册资本,专业技术人员,技术装备和工程业绩四项内容,并由建设行政主管部门对不同等级的资质条件具体划分标准。

建筑活动的专业性及技术性都很强,而且建设工程投资大、周期长,一旦发生问题将给社会和人民的生命财产安全造成极大损失。因此,为保证建设工程的质量和安全,对从事建设活动的单位和专业技术人员必须实行从业资格管理。

2. 专业人员资格管理

国家规定实行执业资格注册制度的建筑活动专业技术人员,经资格考试合格,取得执业资格注册证书后,方可从事注册范围内的业务。如从事工程项目管理的建造师,规划师、造价工程师、监理工程师、结构工程师等,要求大专以上的专业学历,参加全国统一考试,成绩合格,具有相关专业的实践经验。才能取得相应的专业资格。国外对专业人士的资格管理异常严格,把咨询公司的资质管理和专业人士挂钩,要求投保专业责任险。国外的咨询单位具有民营化、专业化、小规模的特点。许多工程咨询单位是以专业人士个人名义进行注册。由于工程咨询单位规模小,无法承担咨询错误造成的经济风险,所以国际上做法是购买专项责任保险,在管理上实行专业人士执业制度,对工程咨询从业人员管理,一般不实行对咨询单位资质管理制度。

此外,国内在建设项目中实施项目经理资质认证制度。项目经理是一种岗位职务,受企业法定代表委托对工程项目施工全过程全面负责的管理者,是企业法人代表在工程项目上的代表人。企业在投标时,应同时呈报承担该工程的项目经理的资质概况,接受招标人的审查,接受招标投标管理机构的复查。一个项目经理只承担一个与其资质等级相适应的项目的管理工作,在特殊情况下允许项目经理最多同时承担两个工程项目的管理工作。更换项目经理时,施工合同示范文本规定提前一周向业主提出书面申请,业主同意后,才能更换,并报原招标投标管理机构备案。

(二)工程承发包与合同和造价管理

1. 工程承发包管理

业主应当在立项文件批准后的规定时间内,按规定办理建设工程报建手续。业主发包报建条件:有满足施工需要的施工图纸以及有关技术资料,初步设计已批准;建设工程已立项,业主有与建设工程相适应的资金;有法人资格或者系法定其他组织;有相适宜的专业技术和管理人员。

2. 工程合同和造价管理

建设工程承发包双方应当签订承发包合同。并应当采用书面形式即:国家规定的合同示范文本。实行招标发包的建设工程,其承发包合同的主要条款内容应当与招标文件、招标标书和中标通知书的内容相一致。特别注意合同文件组成内容的一致性,合同文件组成为:施工合同协议书中标通知书,投标书及其附件,专用条款,标准规范及技术文件,图纸,工程量清单,报价单或预算书。

建设工程造价由业主和承包商通过招标确定或协商议定。按照约定,给付工程款。造价咨询单位在资质等级和经营范围内,接受委托,从事咨询服务活动。

(三)工程质量与安全管理

建设工程勘察设计、施工的质量和施工安全应当符合国家行业有关标准的要求;无国家行业标准的,要符合地方标准。业主应当组织承包商进行勘察设计、施工文件的技术交底,提供相应的技术资料和条件。根据约定,承包商对建设工程的质量、施工安全和现场管理承担责任。建设单位应按照规定向建设档案管理机构报送建设工程竣工档案。

建设工程勘察设计中对选用的建筑材料、设备等应当注明规格、性能等,并提出质量要求。建设工程竣工后,承包商进行工程质量自验;业主负责全面验收,业主委托监理单位验收的,监理单位出具验收书面报告;建设质量管理部门对建设工程质量进行监督管理。

2004年2月1日,建国以来我国第一部关于建筑安全生产管理的行政法规——《建设工程安全生产管理条例》正式施行,全国建设领域迅速行动,以对人民群众生命安全高度负责的精神,认真贯彻落实《建设工程安全生产管理条例》,及时制定、调整和完善有关规章制度及标准,健全建设工程安全生产法规体系。强化建筑职工意外伤害保险意识,进行安全生产教育培训。

(四)建筑市场的法制管理

建筑市场的管理机构,重点对下述违法行为进行监督检查,依据情节根据国家的有关规定追究当事人责任,进行经济处罚:业主未按期办理工程报建、施工许可的;咨询企业超越资质等级和经营范围承接业务或不履行规定义务的;未取得资质证书或者未取得许可证书,从事建筑活动的;国家规定实行执业注册制度的建筑活动专业技术人员未取得执业资格证书从事相应工作的;建筑企业更名、分立、合并或者撤销,未按规定办理手续的;应当招标发包而未采用招标发包建设工程的;将建设工程发包给不具有相应资质等级和经营范围的承包商;违反总包规定发包建设工程的;违反分包规定发包建设工程的;应当投标承包而未采用投标承包建设工程的;超越资质等级和经营范围承接建设工程业务的;应当实行监理的建设工程而未委托监理的;将承包业务转包的;违反建设工程质量、安全管理或者施工现场管理规定的;因各类主体责任造成工程质量、伤亡事故的;建设工程未达到合格标准而交付使用的建筑市场管理的中心是法规建设,随着《建筑法》《招标投标法》的出台,一些相关的管理条例和办法正在不断制定,为维护正常的建筑市场秩序起到了重要的作用。加强建筑市场管理,建立公开、公正、平等、竞争的市场秩序,是保证建筑业有序发展的重要措施。加强建筑市场的管理,建立统一、科学、公开、公平竞争的适应经济发展的建筑市场体系,对于提升我国整体国力有着十分重要的作用。

我国重视建筑市场管理,对招投标中弄虚作假,违法转包、分包工程业务,无证或越级承接工程业务,违反法定建设程序,违反建设工程强制性标准等行为,开展了专项整治,取得一定成效,但是违反行业管理、市场管理法规事件仍然存在。例如在工程项目招投标中存在执法不严,变相谋求局部利益:工程项目业主肢解发包工程,承包方压低标价、与发包单位签订"阴阳合同",业主要求垫资。由此造成拖欠工程款现象普遍,旧账未清新欠又增。2001年,仅北京市各类建筑施工企业年末被拖欠工程款高达332.9亿元,其中竣工拖欠162.5亿元。对施工质量的重要性认识不够:施工企业越级或无证承揽项目、转包、违法分包,钱权交易,业主压级压价等行为造成偷工减料,不符合设计要求缩短工期,质量低劣的建筑材料流入施工现场,以上暴露出建设市场管理上的漏洞,说明工程质量问题依然不容忽视。

二、建设工程交易中心

(一)建设工程交易中心的概念

建设工程交易中心是在改革中出现的使建设市场有形化的管理方式。建设工程交易中心是一种有形建筑市场,依据国家法律法规成立,收集和发布建设工程信息,办理建设工程的有关手续,提供和获取政策法规及技术经济咨询服务(包括招投标活动)。依法自主经营、独立核算、它不以营利为目的,可经批准收取一定的费用。具有法人资格的服务性经济实体。建设工程交易中心须经政府授权。可尽量减少工程发包中的不正之风和腐败现象。另外,由于我国长期实行专业部门管理体制,行业垄断性强,监督有效性差,交易透明度低。建设工程交易中心就成为我国解决国有建设项目交易透明度差的问题和加强建筑市场管理的一种独特方式。

按照有关规定,所有建设项目报建、发布招标信息、进行招投标活动,合同授予、申领施工许可证都需要在建设工程交易中心内进行,接受政府有关部门的监督。建设工程交易中心的设立,建立了对国有投资的监督制约机制,规范建设工程承发包行为,将建筑市场纳入法制管理轨道。建设工程交易中心建立以来,由于实行集中办公、公开办事制度和程序以及一条龙的"窗口"服务,不仅有力地促进了工程招投标制度的推行,违法违规行为得到一定遏制,而且对于防止腐败、提高管理透明度也具有显著的成效。

(二)建设工程交易中心的基本功能

1.信息服务功能

包括收集、存储和发布各类工程信息、法律法规、造价信息、建材价格、承包商信息、资询单位和专业人士信息等。在设施上配备有大型电子墙、计算机网络工作站,为承发包交易提供广泛的信息服务。建设工程交易中心一般要定期公布工程造价指数和建筑材料价格、人工费、机械租赁费、工程咨询费以及各类工程指导价等。指导业主和承包商、咨询单位进行投资控制和投标报价。但在市场经济条件下,建设工程交易中心公布的价格指数仅是一种参考,投标最终报价还是需要依靠承包商根据本企业的经验或"企业定额",企业机械装备和生产效率、管理能力和市场竞争需要来决定。

2.场所服务功能

对于政府部门、国有企业、事业单位的投资项目,我国明确规定,一般情况下都必须进行公开招标,只有特殊情况下才允许采用邀请招标。所有建设项目进行招投标必须在有形建筑市场内进行,必须由有关管理部门进行监督。按照这个要求,建设工程交易中心必须为工程承发包交易双方包括建设工程的招标、评标、定标、合同谈判等提供设施和场所服务。建设部《建设工程交易中心管理办法》规定,建设工程交易中心应具备信息发布大厅、洽淡室、开标室、会议室及相关设施,满足业主和承包商、分包商、设备材料供应商之间的交易需要。同时,要为政府有关管理部门进驻集中办公,办理有关手续和依法监督招标投标活动提供场所服务。

3.集中办公功能

由于众多建设项目要进入有形建筑市场进行报建、招投标交易和办理有关批准手续,这样就要求政府有关建设管理部门进驻工程交易中心集中办理有关审批手续和进行管理,建设行政主管部门的各职能机构进驻建设工程交易中心。受理申报的内容一般包括:工程报建、招标登记、承包商资质审查、合同登记、质量报监、施工许可证发放等。进驻建设工程交易中心的相关管理部门集中办公,公布各自的办事制度和程序,既能按照各自的职责依法对建设工程交易活动实施监督,也方便当事人,有利于提高办公效率。一般要求实行"窗口化",我国有关法规规定:每个城市只设一个建设工程交易中心,特大城市可增设分中心,省、自治区首府城市可设立省级建设工程交易中心和市级建设工程交易中心。

(三)建设工程交易中心运行的基本原则

为了保证建设工程交易中心的运行秩序和市场功能的发挥,必须坚持市场运行的一些基本原则,主要有:

1. 信息公开原则

必须充分掌握政策法规、工程发包、承包商和咨询单位的资质;造价指数、招标规则、评标标准、专家评委库等信息,并保证市场各方主体都能及时获得所需要的信息资料。

2. 依法管理原则

严格按照法律、法规开展工作,尊重业主依法确定中标单位的权利。尊重潜在的投标人提出的投标要求和接受邀请参加投标的权利。禁止非法干预交易活动的正常进行,监察机关、公证部门实施监督。

3. 公平竞争原则

进驻的有关行政监督管理部门应严格监督招投标单位的行为,防止行业部门垄断和不正当竞争,不得侵犯交易活动各方的合法权益。

4. 属地进入原则

按照相关规定,实行属地进入,在建设工程所在地的交易中心进行招投标活动,对于跨省、自治区、直辖市的铁路、公路、水利等工程,可在政府有关部门的监督下,通过公告由项目法人组织招标、投标。

5. 办事公正原则

建设工程交易中心须配合进场各行政管理部门做好相应的工程交易活动管理和服务工作。要建立监督制约机制,公开办事规则和程序,制定完善的规章制度和工作人员守则。发现建设工程交易活动中的违法违规行为,应当向政府有关管理部门报告。

(四)建设工程交易中心运作程序

按照有关规定,建设工程交易中心一般按下列程序运行:

(1)拟建工程立项后,到中心办理报建备案手续,报建内容包括:工程名称、建设地点、投资规模、工程规模、资金来源、当年投资额、工程筹建情况和开、竣工日期等。

(2)申请招标监督管理部门确认招标方式。

(3)履行建设项目的招投标程序。

(4)自中标通知书发出30日内,双方签订合同。

(5)进行质量、安全监督登记。

(6)交纳工程前期费用;

(7)领取施工许可证。申请领取施工许可证必须具备以下条件:

①办理了用地批准手续;

②已取得规划许可证;

③已具备施工条件;

④已经确定建筑施工企业；

⑤有满足施工需要的施工图纸及技术资料；

⑥有保证工程质量和安全的具体措施；

⑦按照规定应该委托监理的工程已委托监理；

⑧建设资金已经落实。

建设工期不足一年的,到位资金原则上不得少于工程合同价的 50%,建设工期超过一年的,到位资金原则上不得少于工程合同价的 30%。建设单位应当提供银行出具的到位资金证明,或实行银行付款保函或者其他第三方担保。

⑨法律、行政法规规定的其他条件。

三、建设工程招标投标的监管机构

建筑、水电、铁路、石油化工等各行业和部门在建设工程招投标活动中,如果部门和行业彼此封锁,必然使建设市场混乱无序。为了维护建筑市场的统一性、竞争性和开放性,建设行政主管部门招标投标监管机构对所辖行政区内的建设工程招标投标实行分级管理。它们的职责如下:

(一)国家与招标投标有关的交通、水利等工业部门的主要职责

会同地方建设行政主管部门做好本部门直接投资及相关投资的重大建设项目的招标投标管理工作,包括:

(1)贯彻国家有关建设工程招标投标的法律、法规和方针政策。

(2)指导和组织本部门直接投资和相关投资的重大建设工程的招标工作以及本部门直属企业的投标工作。

(3)监督检查本部门有关单位从事的工程招标投标活动。

(4)与项目所在的省、自治区或直辖市的建设行政主管部门洽商办理招标投标等有关事宜。

(二)建设部主要职责

(1)贯彻国家有关建设工程招标投标的法律、法规和方针政策,制定招标投标的规定和办法。

(2)指导和检查各地区和各部门建设工程招标投标工作。

(3)总结和交流各地区和各部门建设工程招标投标工作和服务的经验。

(4)监督重大工程的招标投标工作,以维护国家的利益。

(5)审批跨省、地区的招标投标代理机构。

(三)省自治区和直辖市政府建设行政主管部门主要职责

(1)贯彻国家有关建设工程招标投标的法律、法规和方针政策,制定本行政区的招投标管办法,并负责建设工程招标投标工作。

(2)监督检查有关建设工程招标投标活动,总结交流经验。

(3)审批咨询、监理等单位代理建设工程招标投标工作的资格。

(4)调解工程招标投标工作中的纠纷。

(5)否决违反招标投标规定的定标结果。

(四)省自治区和直辖市下属各级招标投标办事机构(如招标办公室等)的主要职责

(1)审查招标单位的资质、招标申请书和招标文件。

（2）审查标底。

（3）监督开标、评标、议标和定标。

（4）调解招标投标活动中的纠纷。

（5）处罚违反招标投标规定的行为，否决违反招标投标规定的定标结果。

（6）监督承发包合同的签订和履行。

四、建设工程招标投标代理机构

建设工程招标投标代理机构是为当事人提供有偿服务的社会中介代理机构，包括各种招标公司、招标代理中心、标底编制单位等。他们必须是法人或依法成立的经济组织并取得建设行政主管部门核发的招标代理、标底编制、工程咨询和监理等资质证书。资质认定具体办法由国务院建设行政主管部门会同国务院有关部门制定。从事其他招标代理业务的招标代理机构，其资格认定的主管部门由国务院规定。招标代理机构与行政机关和其他国家机关不得存在隶属关系或者其他利益关系。

（一）招标投标代理机构的特征

（1）代理人必须以被代理人的名义办理招标或投标事务，在一个项目中，只能做招标或投标人的代理人，不能二者兼做。

（2）代理人应具有独立进行意思表示的职能，如代人保管物品、举证、抵押权人依法处理抵押物等都不是代理行为。

（3）代理人的行为必须符合代理委托授权范围。这是因为招标投标代理在法律上属于委托代理，超出委托授权范围的代理行为属于无权代理。同样，未经被代理人（招标人或投标人）委托授权而发生的代理行为也属于无权代理。被代理人对代理人的无权代理行为有拒绝权和追认权。如被代理人知道不做否认表示视为被代理人同意。在被代理人不追认或否认的情况下，无权代理即为无效代理行为，代理人应负民事法律责任，赔偿损失。

（4）代理行为的法律后果由被代理人承担，由此产生的损失和收益均归被代理人。代理人只收取代理佣金。

（二）招标投标代理机构具备的条件

（1）有从事招标代理业务的营业场所和相应资金；

（2）有能够编制招标文件和组织评标的相应专业力量；

（3）有符合规定条件并可以作为评标委员会成员人选的技术、经济等方面的专家库。

（三）招标投标代理人的权利和义务

1. 招标投标代理人的权利

（1）组织和参与招标或投标活动。

（2）依据招标文件的要求，审查投标人的资质。

（3）按规定标准收取代理佣金，收取标准一般按工程的中标价确定：全过程代理造价100万元以下为 0.35%～0.3%，大于等于100万元为 0.2%～0.3%；代编投标文件、代编招标文件、计算工程量、编制标底其收费标准根据工作繁简依次递减。

（4）招标人或投标人授予的其他权利。

2. 招标投标代理人的义务

（1）遵守国家的方针政策、法律法规等。招标投标代理人的违法、违轨、违章等行为应承担相应的责任。

(2)维护被代理人的(招标人或投标人)合法权益。

(3)对招标文件或投标文件的科学性和正确性负责。

(4)接受招投标管理机构的监督管理及行业协会的指导。

(5)履行依法约定的其他义务。

有些地方将投标代理机构的资质等级分为甲、乙、丙三级。

思 考 题

1．商品经济与建筑业的市场经济及法制经济之间的关系是什么？

2．试述建设工程推行的基本制度？

3．查阅资料列出建筑施工总包企业、专业分包企业资质等级和资质管理的范围？

4．说明招投标代理机构和监管机构的区别？

5．论述加入世贸后我国建筑产业的发展趋势？

6．名词解释：

(1)建筑市场

(2)建筑市场的客体

(3)CM 方式

(4)联合承包方式

7．简述建设工程交易中心的基本功能？

8．业主对建设工程项目的管理方式和承包商的经营方式内容及关系？

第二章 建设工程招标投标制度概论

第一节 建设工程招标投标相关概念

一、建设工程法律关系

在建筑市场中,充分调动市场主体的积极性,建立相互依存和相互约束的机制,是培育和发展建筑市场的中心环节。招投标活动是建筑市场项目承揽的一种方式,从招标准备到竣工,主体间由于实施项目会形成各种关系(包括法律关系)。我国从 1988 年推行的工程项目建设监理制,将建设工程主体分为业主、承包商和监理三方,可以看出建筑市场的主体之间的关系各异,业主与监理、承包商之间的关系源于合同条件的约束,是建设工程合同法律关系。建设工程法律关系是由主体、客体和内容三要素构成的。这三要素构成了建设法律关系。

(一)建设法律关系主体

是参加建设活动或者建设管理活动,受有关法律法规规范和调整,享有相应权利、承担相应义务的当事人。建设法律关系主体包括自然人、法人、其他组织。

自然人是基于出生而有生命的,成为法律关系主体的人,不仅仅包括公民。建设活动不仅包括社会组织的建设活动,也应包括自然人的活动。自然人作为建设法律关系的主体,在建设经济活动中应接受国家的管理。进行建设工程则需办理相关项目建设报建手续。

法人就是人格化的社会组织,它包括机关法人、事业单位法人、企业法人。企业法人的资质与营业执照是该组织民事权利能力和民事行为能力的体现。能够成为建设工程法律关系主体的也包括国家权力机关和行政机关及事业单位,一般对建设活动进行管理的主要是行政机关,提供服务的是事业单位。国家机关、事业单位如果作为建设工程项目的业主(如办公大楼迁建),则与承包商形成合同法律关系。承包商与业主是平等的享有权利,承担义务的合同当事人。建设工程活动主要是由企业法人完成的,因而企业法人是最广泛、最主要的建设工程法律关系主体。建设合同法律关系的主体(法人)间是平等的。参加建设工程法律关系主体的一般应当是法人,但有时非法人机构也可以成为建设法律关系的主体,如联合体投标,它们作为承包商是以非独立的法人机构(联合体)与业主签订合同。法人代表是法人组织的代表人,(是)代表法人组织进行管理的自然人(如政府机关其法人代表是机关首脑,学校作为事业单位其法人代表是校长,股份公司制企业其法人代表是公司董事长)。

其他组织是指法人分支机构、社会团体、民主党派。

(二)建设法律关系的客体

建设法律关系客体,是指参加建设法律关系的主体享有的权利和承担的义务所共同指向的对象。建设法律关系的客体主要包括物、行为、智力成果。合同法律关系的客体又称标的,如施工合同法律关系的客体是工程项目,监理合同法律关系的客体是监理技术服务。

法律意义上的物是指可为人们控制、并具有经济价值的生产资料和消费资料,包括货币和有价证券、建筑材料、建筑设备、建筑物等都可能成为建设法律关系的客体。

法律意义上的行为是指人的有意识的活动。在建设工程法律关系中,行为表现为完成一定的工作,如勘察设计、施工安装、咨询服务等,这些行为都可以成为建设法律关系的客体。

智力成果是通过人的智力活动所创造出的精神成果,包括知识产权、技术秘密及在特定情况下的公知技术。如专利权、工程设计等,都有可能成为建设法律关系的客体。

(三)建设工程法律关系的内容

是指建设工程法律关系的权利和义务。建设工程法律关系的内容是建设单位的具体要求,决定该关系的性质,是连接主体的纽带。

权利是指建设法律关系主体在法定范围内,根据国家建设管理要求和自己业务活动需要有权进行的各种活动。权利主体可要求其他主体作出一定的行为和不一定的行为,以实现自己的有关权利。

义务是指建设法律关系主体必须按法律规定或约定承担应负的责任。义务和权利一般是相互对应的,主体应自觉履行相对应的义务。

(四)建设工程法律事实

建设工程法律关系并不是由建设法律规范本身产生的,建设工程法律关系只有在具有一定的条件下才能产生、变更和消灭。能够引起建设工程法律关系产生、变更和消灭的客观现象和事实,就是建设工程法律事实。建设法律事实包括行为和事件。

建设工程法律关系是不会自然而然地产生的,也不能仅凭法律规定就可在当事人之间发生。只有一定的法律事实存在,才能在当事人之间产生一定的建设工程法律关系,或使原来的关系发生、变更、消灭。

行为是指法律关系主体有意识的活动,能够引起法律关系发生、变更、消灭的行为,它包括作为和不作为两种表现形式。行为可分为合法行为和违法行为。凡符合国家法律规定或为国家法律所认可的行为是合法行为,如在建设活动中,当事人订立合法有效的合同,会产生建设工程合同关系;建设行政管理部门依法对建设活动进行的管理活动,会产生建设行政管理关系。凡违反国家法律规定的行为是违法行为,如:建设工程合同当事人违约,会导致建设工程合同关系的变更或者消灭。此外,行政行为和发生法律效力的法院判决、裁定以及仲裁机关发生法律效力的裁决等,也是一种法律事实,也能引起法律关系的发生、变更、消灭。

事件是指不以建设法律关系主体的主观意志为转移而发生的,能够引起建设法律关系产生、变更、消灭的客观现象。这些客观事件的出现与否,是当事人无法预见和控制的。事件可分为自然事件和社会事件两种。自然事件是指由于自然现象所引起的客观事实,如地震、台风等;社会事件是指由于社会上发生了不以个人意志为转移的、难以预料的重大事变所形成的客观事实,如战争、罢工、禁运等。无论自然事件还是社会事件,他们的发生都能引起一定的法律后果,即导致建设法律关系的产生或者迫使已经存在的建设法律关系发生变化。

总之,了解招投标业务,一定要熟悉该活动所引起的法律关系的差异性,分析各类法律关系的实质。以便运用法律方面的理论指导招投标实践活动。

二、招标投标中的要约与承诺

关于招投标与合同管理间的关系,在以往的工程合同管理书籍或招投标书籍中并没有具体说明,订立合同的程序也没有规定具体的规则。从建设工程全过程分析:招投标活动是合同管理学科的组成部分,属合同管理的前期工作。当事人订立合同,采取要约、承诺方式。要约和承诺既是订立合同的方式,又是订立合同的必经阶段,也是招投标活动的正常过程。

要约不同于要约邀请。要约邀请是希望他人向自己发出要约的意思表示,是订立合同的预备行为。二者主要区别:第一前者是以订立合同为目的的意思表示,后者是希望他人向自己发出要约的意思表示;第二两者对意思表示人的约束力不同。在要约确定的承诺期限内,要约对要约人具有法律约束力,而要约邀请的发出人并不受要约邀请的约束;第三两者的法律后果不同。要约一经接受,合同成立,要约邀请一经接受,双方进入要约,不能导致合同的成立。

常见的要约邀请如寄送的价目表、拍卖公告、招标公告、招标说明书、商业广告等。但是,商业广告的内容符合要约规定的,视为要约。例如,"保证现货供应"字样的商业广告即可被视为要约。招标公告是业主对建设工程项目进行公开招标的重要步骤。要约是对要约邀请的回应,如潜在投标人对招标公告(要约邀请)经过决策,对业主的工程项目决定投标,投标书就是要约。要约到达受约人时生效,即对要约人和受要约人发生法律的约束力。因此,《招标投标法》规定投标书送达招标人时,不得撤回,否则没收投标人的投标保证金。从这个规定可以看出,我国采纳的是"到达主义"。要约到达受要约人时即生效。要约人可以撤回要约,撤回要约的通知应当在要约到达受要约人之前或同时到达受要约人。

承诺是受要约人同意要约的意思表示,是针对要约的回应,是要约有效期限内,作出的完全同意要约条款的意思表示。因此,承诺的特征表现为:承诺是由受要约人作出的;承诺是由受要约人向要约人作出的;承诺的内容应当与要约的内容一致。受要约人对要约的内容作出实质性变更的为新要约;承诺应当在要约确定的期限内到达要约人。受要约人超过承诺期限发出的承诺,除要约人及时通知受要约人该承诺有效的以外,为新要约。

在招投标活动中,业主发出的中标通知书是完全同意投标书(要约)的意思表示,因此是业主的承诺。由于承诺生效即意味着合同成立,所以,承诺不得撤销。中标通知书发出后,业主不得更换中标人。我国规定,承诺生效时合同成立,充分体现了合同是当事人同意的精神。

三、建设工程招标投标的概念

(一)建设工程招标与投标

招标与投标是国际上普遍运用的、有组织的、大宗货物等项目的采购方式,包括建设工程项目、货物、服务。建设工程招投标,是在市场经济条件下,国内、外的建设工程承包市场上为买卖特殊商品而进行的由一系列特定环节组成的特殊交易活动。

"特殊商品"是指建设工程项目,包括建设工程技术咨询服务和实施。"特殊交易活动"的特殊性表现在两个方面,其一该交易是远期交易,而非即期交易,是在合同签订后经一定时间才能完成;其二该活动须经过一系列特定环节和特定的时间过程才能完成。特定环节是招标、投标、开标、评标、决标、授标、中标、签约和履约。

(1)招标 建设工程招标,是招标人标明自己的目的,发出招标文件,招揽投标人并从中择优选定工程项目承包人的一种经济行为。这里的"招标人"不是自然人,而是法人,即工程项目的业主(建设单位)。进行建设工程招标,可使招标人通过投标人的竞争,切实做到"货比多家,优中选优",选择出工程项目的最佳承包者,获得最优的投资效益。

(2)投标 建设工程投标,投标人在响应招标文件的前提下,对项目提出报价,填制投标函,在规定的期限内报送招标人,参与该项工程竞争的经济行为。此处的"投标人"仍指法人,根据法律规定参与各种建设工程的咨询、设计、监理、施工及建设工程所需设备和物资采购竞争。建设工程投标,是各投标单位的实力较量。在激烈的投标竞争形成的巨大压力下,各投标单位必须致力于自身的综合实力的提高,企业实力包括四个方面:技术实力、经济实力、管理实力、信誉实力。

(3)开标 开标是招标人当众开启有效投标书,宣布各投标人所报的主要内容。开标须公开进行,目的是了解各家的投标报价。

(4)评标和决标 评标亦即投标的评价与比较,在开标以后,由招标人或招投标代理机构,根据招标文件的要求,对有效投标书进行的商务、技术方面的审查分析、比较评价。评标的目的是为决定中标人提供科学的、客观的、可靠的依据。决标是指招标人依据评标报告及有关资料,择优决定中标人。

(5)授标和中标 授标是招标人以书面形式正式通知某投标单位承包建设工程项目。投标人收到中标通知书则为"中标"。

(6)签约和履约 签约是指中标人与招标人签订合同,确立承发包关系。履约是指工程的承发包双方互相配合,根据合同的约定,双方履行权利、责任和义务,承包人完成工程项目,业主结清全部工程价款,结束承发包关系。

(二)建设工程招标投标的特征

(1)竞争性 竞争是市场经济条件下建设工程招标投标的本质特征。因为商品经济的目的是交换,市场经济的本质是竞争。建设工程招标投标是建设项目在建筑市场的竞争性交易。据有关方面统计,美国、德国等发达国家的建设工程承包单位每年在投标竞争中的破产率都高达 10%以上,与此同时,又有相当多的建设工程承包企业在投标竞争中崛起,建设工程投标竞争的激烈程度可见一斑。

(2)合理性 建设工程招标投标的合理性集中体现在价格水平上。由于建筑市场的具有评价商品的功能,投标者中标,表明该投标单位完成某类建设工程项目所需要的个别劳动时间为社会必要劳动时间,从而以中标价为基础确定建设工程的结算。评价商品价格是否合理,还需看其是否能灵敏地反映市场行情。所谓市场行情,是对市场上商品供求及物价动态的总称,它既包括市场供求状况的变化,也包括各种价格涨落的趋势。通过招标投标形成的建设工程价格,是以中标人的投标报价为基础确定的。合理的商品价格还必须能有效地推动商品价值的不断降低,劳动生产率水平的逐步提高及社会科学技术的进步。由此可见,通过招标投标形成的建设工程价格具有合理性。

(3)法规性 法制经济是市场经济的保障,建设工程招标投标必须以法律作为保障买卖关系的基础。一方面,建设工程招标投标活动必须受相关法律、法规、政策的约束。另一方面,建设工程招标投标必须实行严格的合同管理制,法规性是建设工程招标投标这一特殊商品的特殊交易行为顺利进行的基本条件。

(4)透明性 建设工程招标投标要遵循的原则是:公开、公正、公平。为了实行公平竞争,要求进行公开招标,在投标的过程中,投标人不得围标、串标。在签订承包合同时,杜绝把自己的意志强加于对方;招投标活动必须信息公开、条件公开、程序公开、结果公开;在评标过程中,严格依据招标文件评定,公正地签订所有条款。

(5)规范性　建设工程招标投标的规范性要求招标投标的程序必须规范,要严格按照法定程序安排招标投标的活动。

(6)专业性　工程招标投标涉及工程技术、工程质量、工程经济、合同、商务、法律法规等。专业性体现在工程技术专业性强、工作专业性要求高、法律法规的专业性强。

(7)风险性　工程项目都是一次性的,其预期价格,由于受多方面因素影响,不确定性大,双方均存在交易价格的风险,项目实施中有许多不可预见的因素,工程进度和工程的质量对双方而言都有一定的风险,甚至大的风险。因此,工程项目招投标越来越重视风险管理。

(三)招标投标活动应遵循的原则

《中华人民共和国招投标法》规定:"招投标活动应遵循公开、公平、公正和诚实信用的原则。"

(四)我国建设工程招标投标制度发展历程

我国建设工程招投标制度经历了试行—推广—发展三个过程,1980年根据国务院文件精神,我国的吉林省和深圳特区率先试行招投标,收效良好。1982年9月利用世界银行贷款开始进行鲁布革水电站引水工程国际公开招投标,一些国外承包商开始通过投标角逐我国的建筑市场,参加投标的有8家大公司,经过公平竞争,日本大成公司以低标价(8463万元人民币)、施工方案合理以及确保工期等优势一举夺标。这个报价仅相当于标底的57%。在订立合同后大成公司雇佣中国劳务,创造了国际一流水平的隧道掘进速度,工程质量高,提前了100多天竣工。该工程对我国实施工程项目招投标制起到了奠基石的作用。1983年6月,原城乡建设环境保护部颁发了《建筑安装工程招标投标试行办法》,他是我国第一个关于工程招标投标的部门规章,对推动全国范围内实行此项工作起到了重要作用。1984年9月国务院制定颁布了《关于改革建筑业和基本建设管理体制若干问题的暂行规定》,规定了招投标的原则办法,提出了工程项目实行招投标。同年11月国家计委和原城乡建设环境保护部联合制定了《建设工程招投标暂行规定》。1987年7月建设部和国家计委等五个单位发布《关于第一批推广鲁布革工程管理经验企业有关的通知》,大力推广鲁布革工程经验,大力推行工程项目的招投标制。1991年9月建设部提出了《关于加强分类指导、专题突破、分步实施、全面深化施工管理体制综合改革工作的指导意见》,将试点工作转变为全行业的综合改革,全面推开招投标制。1999年8月30日通过了《招标投标法》,并于2000年1月1日起实行,标志着我国建设工程招投标步入了法制化轨道。

第二节　建设工程招标投标法律简介

在市场经济体制下,通过国家有关主管部门、省、市政府主管部门等制定法律法规、实施细则,对建筑市场进行管理。为了使建筑市场法制化,我国制定了一系列有关法律法规,规章文件。建设工程招投标涉及的法律有:

一、国家立法机构制定的法律

《中华人民共和国民法通则》、《中华人民共和国合同法》、《中华人民共和国招标投标法》

（本书简称《招标投标法》）、《中华人民共和国建筑法》、《中华人民共和国担保法》、《中华人民共和国保险法》、《中华人民共和国公司法》、《中华人民共和国仲裁法》、《中华人民共和国安全生产法》、《中华人民共和国环境保护法》等。

二、政府部门颁布的强制性法规和部门规章及规范性文件

国务院颁布的《建设工程质量管理条例》、《建设工程安全管理条例》、《建设项目环境保护条例》、《评标委员会和评标方法暂行规定》、《工程建设项目施工招标投标办法》、《房屋建筑和市政基础设施工程施工招标投标管理办法》、《工程建设项目自行招标试行办法》、《招标公告发布暂行办法》、《工程建设项目招标代理机构资格认定办法》、《工程建设项目招标范围和规模标准规定》、《评标专家和评标专家库管理暂行办法》、《招标代理服务收费管理办法》等。

三、省、自治区、直辖市地方立法机构和政府部门颁布的相应法规和实施办法

这类法规和实施办法是根据国家和国家主管部门制定的法律法规,就如何具体实施和具体操作等问题作出的进一步完善和规定。如××自治区实施《中华人民共和国招标投标法》办法、××市建设工程招投标管理条例、××自治区建筑市场管理条例、××市建设工程施工安全管理规定、××市建设工程监理管理办法。

在招标投标中,涉及相关问题可登录 http://www.cabp.com.cn/jc/13531.rar 下载学习、查阅。政府主管部门行使监督管理职能,着重于监督、检查有关招标投标活动工作。主要职责包括:项目报建核验、审定标底、监督开标、评标、定标、复核相关书面报告、核准中标通知书、调解招投标纠纷、监督合同签订与履行、调查取证违法行为。同时,为了规范市场,对违反市场管理法律法规的单位及个人,政府主管部门有权进行查处。比如授意将项目发包给特定的投标人,排斥其他潜在的投标人,为业主指定招标代理机构,采取各种方式影响评标的公正性,擅自变更中标人,强迫或授意中标人转包项目,指定生产商和供应商,串标和围标等均属查处范围。

第三节 建设工程招标投标法律制度

招标投标法是规范招标投标活动,调整在招标投标过程中产生的各种关系的法律法规的总称。在招标投标法中,规定了招投标的范围、原则、招投标单位及招标项目的条件、招投标程序、评标程序、授标条件以及相关法律责任等。因此,熟悉招投标法,可以概括了解我国建设工程招投标法律制度。

一、《招标投标法》的立法目的

1. 规范约束招标投标活动

加入 WTO 后,我国建设工程招投标逐渐与世界接轨,不断拓宽业务范围。但存在不少问题:如推行招投标的力度不够;招投标程序不规范;招投标不正当交易和腐败现象、钱权交易等违法行为时有发生,原因是招投标活动程序和监督体系不够规范。因此,《招标投标法》对招投标程序规定的具体而详细。

2. 保护国家和社会公共利益及当事人的合法权益

保护国家利益、社会公共利益以及招标和投标活动当事人的合法权益是本法立法宗旨,规定了对规避招标、串通投标、转让中标等各种非法行为进行处罚的办法,由行政监督部门

依法实施监督,允许当事人提出异议并投诉。

3.降低工程成本,提高经济效益

招标的最大特点是让众多的投标人竞标,以低廉合适的价格获得建设工程项目。

4.通过投标竞争,承包商保证项目的体系更趋于完善,工程的质量得到了保证。

二、建设工程招标投标的适用范围

(一)建设工程项目招标的范围

我国在2000年1月1日起施行的《中华人民共和国招标投标法》中规定"在中华人民共和国境内进行下列建设工程项目的勘察、设计、施工、监理以及与工程建设有关的重要设备、材料等的采购,必须进行招标。"具体必须招标的建设工程项目范围:大型基础设施、公用事业等关系社会公共利益、公众安全的项目;全部或者部分使用国有资金投资或者国家融资的项目;使用国际组织或者外国政府贷款、援助资金的项目。前款所列项目的具体范围和规模标准,由国务院发展计划部门会同国务院有关部门制定,报国务院批准。

(二)建设工程项目招标投标的具体范围

目前对建设工程项目招标范围的界定,招投标法的范围是一个原则性规定。因此,2000年4月4日国务院批准、2000年5月1日国家发展计划委员会发布了《工程建设项目招标范围和规模标准规定》,划定了进行招标的工程项目的具体范围和规模标准,具体范围如下。

1.关系社会公共利益、公众安全的基础设施项目的范围:

(1)煤炭、石油、天然气、电力、新能源等能源项目;

(2)铁路、公路、管道、水运、航空以及其他交通运输业等交通运输项目;

(3)邮政、电信枢纽、通信、信息网络等邮电通讯项目;

(4)防洪、灌溉、排涝、引(供)水、滩涂治理、水土保持、水利枢纽等水利项目;

(5)道路、桥梁、地铁和轻轨交通、污水排放及处理、垃圾处理、地下管道、公共停车场等城市设施项目;

(6)生态环境保护项目;

(7)其他基础设施项目。

2.关系社会公共利益、公众安全的公用事业项目的范围:

(1)供水、供电、供气、供热等市政工程项目;

(2)科技、教育、文化等项目;

(3)体育、旅游等项目;

(4)卫生、社会福利等项目;

(5)商品住宅,包括经济适用住房;

(6)其他公用事业项目。

3.使用国有资金投资项目的范围:

(1)使用各级财政预算资金的项目;

(2)使用纳入财政管理的各种政府性专项建设基金的项目;

(3)使用国有企业事业单位自有资金,并且国有资产投资者实际拥有控制权的项目。

4.国家融资项目的范围:

(1)使用国家发行债券所筹资金的项目;

(2)使用国家对外借款或者担保所筹资金的项目;

(3)使用国家政策性贷款的项目;

(4)国家授权投资主体融资的项目;

(5)国家特许的融资项目。

5.使用国际组织或者外国政府资金的项目的范围:

(1)使用世界银行、亚洲开发银行等国际组织贷款资金的项目;

(2)使用外国政府及其机构贷款资金的项目;

(3)使用国际组织或者外国政府援助资金的项目。

三、强制招标的建设项目的规模标准

强制招标的建设项目的规模标准的含义是:对于建设项目,如果规模达不到一定程度,仍然不是必须招标的项目;必须是规模达到一定程度的建设项目才是必须进行招标的项目。对于上述各类建设工程项目,包括项目的勘察、设计、施工、监理以及与建设工程有关的重要设备、材料等的采购,达到下列标准之一,必须进行招标:

(1)施工单项合同估算价在 200 万元人民币以上的;

(2)重要设备、材料等货物的采购,单项合同估算价在 100 万元人民币以上的;

(3)勘察、设计、监理等服务的采购,单项合同估算价在 50 万元人民币以上的;

(4)单项合同估算价低于第(1)、(2)、(3)项规定的标准,但项目总投资额在 3000 万元人民币以上的;

另外,对于政府采购项目(也包括建设项目的采购),各国的《政府采购法》都有强制招标的规定,凡采购金额超过一定限额的,必须强制招标。该限额被称招标方式的门槛额。门槛额一般很低,美国是 2500 美元以上,新加坡是 30000 新元以上。财政部发布的《中华人民共和国财政部政府采购管理暂行办法(财预字[1999]139 号)》第 21 条规定:"达到财政部及省级人民政府规定的限额标准以上的单项或批量采购项目,应实行公开招标采购方式或邀请招标采购方式。

四、建设工程项目招标的条件

1. 建设工程施工招标投标的条件

建设工程招标必须具备一定的条件,如原国家计委、建设部等部委联合制定的《工程建设项目施工招标投标办法》规定,依法必须招标的建设工程项目,应当具备下列条件才能进行施工招标:

(1)招标人已经依法成立;

(2)初步设计及概算已履行审批手续;

(3)招标范围、招标方式和招标组织形式等已履行核准手续;

(4)有相应资金或资金来源已落实;

(5)有招标所需的设计图纸及技术资料。

2. 建设工程勘察设计招标的条件

(1)设计任务书或可行性研究报告已获批准;

(2)具有设计所必需的可靠基础资料。

3. 建设工程施工监理招标的条件

(1)初步设计和概算已获批准;

(2) 建设工程的主要技术工艺要求已确定;

(3)项目已纳入国家计划或已备案。

4．建设工程材料、设备供应招标的条件

(1)建设资金(含自筹资金)已按规定落实；

(2)具有批准的初步设计或施工图设计所附的设备清单，专用、非标设备应有设计图纸、技术资料等。

在建设工程实施中，只要项目合法，就具备了实施的基本条件：即合法成立，已履行审批手续；另外建设资金要基本落实。

五、建设工程招标投标法的内容

《招标投标法》共计六章，68条，即：第一章　总则(7条)，第二章　招标(17条)，第三章　投标(9条)，第四章　开标、评标和中标(15条)，第五章　法律责任(16条)，第六章　附则(4条)。概括而言，其主要内容有：关于强制性招标的规定；招标投标的程序；行政主管部门的监督管理内容以及法律责任的规定。

(一)招标

招标的法人或其他组织应履行审批手续。批准后，招标人在招标文件中如实载明资金落实情况。如果为公开招标，应当通过国家指定的报刊、信息网络或其他媒介发布招标公告，邀请不特定的法人或者其他组织投标。邀请招标应当向三个以上具备承担招标项目的能力、资信良好的投标人发出邀请，邀请特定的法人或者其他组织投标。

招标人具有编制招标文件和组织评标能力，可以自行办理招标事宜，但须备案。否则，委托招标代理机构办理招标事宜。招标文件包括招标项目的技术要求、资格审查标准、投标报价要求、评标标准，拟签订合同的主要条款等。招标人应当按国家技术标准提出相应技术要求。招标人可根据招标项目需要合理划分标段(分标)、确定工期，并载明在招标文件中。文件中不能排斥潜在投标人。招标人组织潜在投标人踏勘项目现场时，不得透露已获取招标文件的潜在投标人的名称、数量以及可能影响公平竞争的情况，招标人的标底必须保密。招标人澄清或者修改招标文件应在提交投标文件截止时间至少十五日前，以书面形式通知所有的投标人。该澄清或者修改的内容为招标文件的组成部分。招标人应当确定的投标文件编制时间最短不得少于二十日。

(二)投标

建筑企业参与投标是生产经营中的一项经常性活动。投标企业要具备承担该项目的能力，符合国家和招标人规定的资格条件。按照招标文件的要求编制投标文件，响应招标文件的实质性要求和条件。施工的投标文件的内容应当包括拟派出的项目负责人，重要技术人员的简历业绩，拟用于招标项目的机构设备等。投标人在招标文件提交的截止时间前，将投标文件送达投标地点。在截止时间前，投标人可以补充修改或者撤回投标文件，并书面通知招标人。补充修改的内容为投标文件的组成部分。

两个以上法人或者其他组织可以组成一个联合体，以一个投标人的身份共同投标。联合体各方均应当具备承担招标项目的相应能力；由同一专业的单位组成的联合体，按照资质等级较低的单位确定资质等级。联合体各方应当签订共同投标协议，约定各方拟承担的工作责任，将共同投标协议同投标文件提交招标人。中标后，联合体共同与招标人签订合同，就中标项目向招标人承担连带责任。

投标人不得相互串通投标报价，在建筑行业俗称围标。据2004年《建设报》载：某地区

24

三家施工企业互相串通,共同抬高投标价(均比标底价高),迫使业主开标,获取不合理的收益。有的投标人与招标人串通投标,在建筑行业俗称串标。排挤了其他投标人的公平竞争,损害招标人、投标人的合法权益。损害国家、社会公共利益或他人的权益。都是招投标法所不容许的。投标人以低于成本的报价竞标,以他人名义投标或弄虚作假,骗取中标,终将受到法律制裁。

(三)开标、评标和中标

招标人或招标代理机构在招标文件确定的提交投标文件截止的时间公开开标,由招标人主持开标会议,邀请所有投标人参加。投标人或其推选的代表检查密封情况,公证机构也可检查公证;工作人员当众拆封,宣读主要内容。记录开标过程,并存档备查。招标人组建的评标委员会负责评标。委员会由招标人的代表和有关技术、经济等方面的专家组成,人数为五人以上单数,其中技术经济等方面的专家不得少于成员总数的三分之二。专家是从事相关工作满八年,有高级职称或同等水平,由招标人从国务院有关部门或者省、自治区、直辖市政府有关部门提供的专家名册或者招标代理机构的专家库内随机抽取方式,特殊项目可由招标人直接确定。评标委员会成员的名单在定标前保密。在严格保密的情况下进行评标。评标完成后,向招标人提出书面评标报告,并推荐合格的中标候选人。招标人也可以授权评标委员会直接确定中标人。评标委员会经评审,认为所有投标都不符合招标文件要求,可以否决所有投标。招标人依法重新招标。评标委员会成员应当客观、公正,遵守职业道德,不容许私下接触投标人,收受投标人的财物。中标人确定后,招标人向中标人发出中标通知书,并将结果通知未中标的投标人。自中标通知书发出之日起三十日内,按照招标文件订立书面合同。不得背离投标书实质性内容。中标人按照合同约定或者经招标人同意,可以将中标项目的部分非主体、非关键性工作分包给他人完成。比如办公大楼的铝合金门窗制作安装。

(四)法律责任

招标人将招标的项目化整为零或规避招标的,可以处项目合同金额千分之五以上千分之十以下的罚款;招标代理机构泄露招标投标活动情况资料的,处五万元以上二十五万元以下的罚款,对单位直接责任人员处以单位罚款数额的百分之五以上百分之十以下的罚款,暂停直至取消招标代理资格,责任人依法承担刑事责任和民事赔偿责任;招标人以不合理的条件限制或者排斥潜在投标人对潜在投标人实行歧视待遇的,强制要求投标人组成联合体投标,或限制投标人竞争的,处一万元以上五万元以下的罚款;招标人泄露标底的,处一万元以上十万元以下的罚款。对责任人依法给予处分,依法承担刑事责任;投标人相互串通投标或者与招标人串通投标的,中标无效,由有关行政监督部门处中标项目金额千分之五以上千分之十以下的罚款,对责任人处以单位罚款数额百分之五以上百分之十以下的罚款,情节严重的取消其一年至二年内参加项目的投标资格,直至由工商行政管理机关吊销营业执照,依法追究刑事责任,承担赔偿责任;投标人弄虚作假,骗取中标的,也要依法处罚,承担赔偿责任,追究刑事责任,甚至取消其一年至三年内的投标资格,吊销营业执照。

评标委员会成员或参加评标的人员违法违纪,可以处三千元以上五万元以下的罚款,依法追究刑事责任;中标人转让项目,处转让、分包项目金额千分之五以上千分之十以下的罚款,责令停业,甚至吊销执照。不按照招标文件和中标人的投标文件订立合同的,中标人不履行与招标人订立的合同的,都要承担违约责任。

(五)附则

涉及国家安全、国家秘密、抢险救灾或利用扶贫资金实行以工代赈、需要使用农民工等特殊情况，不适宜招标的项目，可不进行招标；使用国际组织或者外国政府贷款、援助资金的项目进行招标，贷款方、资金提供方对招标投标的具体条件和程序有不同规定的，可以适用其规定，但不能违背我国的社会公共利益。

第四节　建设工程招标投标形式

目前，国内建设工程招标形式主要有三种：公开招标、邀请招标、议标。现行国际市场上通用的建设工程招标方式大致有五种：公开招标、邀请招标、协议招标、综合性招标、国际竞争性招标。我国自2000年1月1日施行的《招标投标法》招标方式分为公开招标和邀请招标，议标方式不是法定的招标形式。然而，议标作为一种简单、便捷的方式，目前仍在我国建设工程咨询服务行业广泛采用。但最普遍使用的还是公开招标和邀请招标。综合性招标、国际竞争性招标实质上都是公开招标和邀请招标，公开招标和邀请招标作为主要招标形式，是由招标投标的本质特点决定的。这两种招标形式都是竞争性的，体现了招标投标本质特点的客观要求。

一、公开招标

(一)公开招标的含义

公开招标是指招标人(业主或开发商)通过报纸、电视及其他新闻渠道公开发布招标通知，邀请所有愿意参加投标的建设工程企业参加投标的招标方式。公开招标特点是邀请不特定的法人或者其他组织投标，采用招标公告的形式。公开招标是国际上最常见的招标方式，其最大程度地体现了招标的公平、公正、合理原则。因此，我国大型基础设施和公共建设工程的建设工程一般都采用公开招标方式。该形式不限制投标人的数量，即"无限竞争性招标"。在我国《招标投标法》规定，凡法律法规要求招标的建设项目必须采用公开招标的方式。

国内依法必须进行公开招标项目的招标公告，应当通过国家指定的报刊、信息网络等媒介发布。招标公告应载明招标工程概况(包括招标人的名称和地址、招标工程的性质、实施地点和时间、内容、规模、占地面积、周围环境、交通运输条件等)，对投标人的资历及其资格预审要求，招标日程安排，招标文件获取的时间、地点、方法预审文件等内容。由于建设工程具有长期性和区域性的特点，因此，除国家级重点项目以外，对于地方性的重点项目(如地方的大型基础设施和建设工程)一般都采用地方公开招标方式招标。地方公开招标，就是指通过在地方媒体刊登招标公告或在注明只选择本地投标人。地方公开招标节省招标成本，又具有公开招标的公平性和有效性，是经济有效的招标方法。

在公开招标中，招标方首先应依法发布招标公告。凡愿意参加投标的单位，可以按通告中指明的地址领取或购买较详细的介绍资料和资格预审表，资格预审表填好后寄送给招标单位进行审查，合格者可向其购买招标文件，参加投标。在规定开标日期、时间、地点(招标机构的所有决策人员和投标人在场的情况下)当众开标，然后出席的人员应在各投标人的每份标书的报价表上签字，所有报价均不得更改。按照国际惯例，不允许更改技术要求与财务条件，必须按条件投标报价。评标要严格保密，招标机构可以要求投标人回答或澄清其标书中的问题(投标人答辩会),但不得调整价格。

(二)公开招标的优点和缺点

公开招标方式的优点是:投标的承包商多,范围广,竞争激烈,业主有较大的选择余地,有利于降低工程造价、提高工程质量、缩短工期;程序严密规范,有利于招标人防范风险,使投标人充分获得市场竞争的利益,同时又实现了公平竞争;有利于防范操作和监督人员的舞弊现象,为信誉好的承包商创造机会。是适用范围广、最有发展前景的招标方式。国际招标通常都是公开招标。在某种程度上,公开招标已成为招标的代名词。若因某些原因需要采用邀请招标,必须经招标投标管理机构批准。公开招标也有缺点,招标工作量大,招标成本较高,组织工作复杂,需投入较多的人力、物力,过程时间较长。因此,各地采取变通办法,这就违背了招标投标活动原则。国内学者对采用公开招标归纳出如下的主要优势和存在的问题:

第一招标人可获得合理的投标报价。由于是无限竞争性招标,有充分的选择余地,借助投标人之间的竞争,能选出质量好、工期短、价格合理的投标人,获得好的投资效益。

第二由于公开招标竞争范围广,可借鉴国外的工程技术及管理经验。例如,我国鲁布革水电站项目引水系统工程,采用国际竞争性公开招标方式招标,日本大成公司中标,不但中标价格大大低于标底,而且在工程实施过程中还学到了外国工程公司先进的施工组织方法和管理经验,引进了国外的建设工程监理制,这对于提高我国建筑企业的施工技术和管理水平无疑具有较大的推动作用。

第三可提高承包企业的工程质量、生产率及竞标能力。采用公开招标能够保证所有合格的投标人都有机会参加投标,都以统一的衡量标准,评价自身的生产条件,使竞标企业能按照国际先进水平来进行自我发展。

第四能防止招投标过程中违法违纪情况的发生。由于公开招标是根据预先制定并众所周知的程序和标准公开地进行的。

公开招标存在的问题是其一,公开招标所需费用较大,时间较长。由于公开招标要遵循一套周密而复杂的程序,有一套细致而条目繁多的评价标准,从发布招标消息、投标人投标、评标到签约,通常需若干个月甚至一年以上的时间,招标人还需支付较多的费用进行各项工作。其二,公开招标需准备的文件较多,工作量较大且各项工作的具体实施难度较大。

(三)公开招标形式主要适用范围

公开招标形式主要适用于:各国政府投资或融资的建设工程项目;使用世界银行、国际性金融机构资金的建设工程项目;国际上的大型建设工程项目;我国境内关系社会公共利益、公共安全的基础设施建设工程项目及公共事业项目等。

二、邀请招标

(一)邀请招标的含义

邀请招标又称为有限竞争性招标。是指招标人以投标邀请书的方式邀请特定的法人或其他组织投标。这种方式不发布公告,招标人根据自己的经验和所掌握的各种信息资料。向具备承担该项工程施工能力,资信良好的三个以上承包商发出投标邀请书,收到邀请书的单位参加投标。是指不公开刊登公告而直接邀请某些单位投标,特点是以投标邀请书方式邀请指定的法人或者其他组织投标。由于投标人的数量是招标人确定的,有限制的,所以又将其称之为"有限竞争性招标"。招标人采用邀请招标方式时,特邀的投标人必须能胜任招标工程项目实施任务。

（二）邀请招标选择投标人的条件：

（1）投标人当前和过去的财务状况均良好。

（2）投标人近期内成功地承包过与招标工程类似的项目,有较丰富的经验。

（3）投标人有较好的信誉。

（4）投标人的技术装备、劳动力素质、管理水平等均符合招标工程的要求。

（5）投标人在施工期内有足够的力量承担招标工程的任务。

总之,被邀请的投标人必须具有经济实力,信誉实力,技术实力,管理实力;能胜任招标工程。

（三）邀请招标的优点和缺点

1.邀请招标的优点

招标所需的时间较短,且招标费用较省。由于被邀请的投标人是经招标人事先选定,具备对招标工程投标资格的承包企业,不需要资格预审;被邀请的投标人数量有限,可减少评标阶段的工作量及费用支出,因此,邀请招标以比公开招标时间短、费用少。

目标集中,招标的组织工作容易,程序比公开招标简化。邀请招标的投标人往往为三至五家,比公开招标少,因此评标工作量减少。程序简单。

2.邀请招标的缺点

邀请招标形式相对与公开招标形式存在不足:不利于招标人获得最优报价,取得最佳投资效益。投标人由于参加的少,竞争性较差。招标人在选择备邀请人前所掌握的信息不可避免地存在一定局限性,业主很难了解市场上所有承包商的情况,常会忽略一些在技术报价都更具竞争力的企业;使业主不易获得最合理的报价。

（四）邀请招标形式的适用范围

邀请招标形式在大多数国家适用于私人投资的中、小型建设工程项目。如英联邦地区包括英国都采用邀请招标方式(涉外工程实行国际有限竞争性招标)发包工程项目。国内规模较小项目一般都采用邀请招标方式。目前,该方式在建设工程招标中广泛采用,特别为一些实力雄厚、信誉较高的老牌开发商所垂青。究其原因,首先由建设工程的地域性的特点决定。开发商主要在当地选择投标单位,而当地的投标人数量小;其次开发商的市场经验丰富,具备挑选上乘的建设工程企业参加投标的能力。

国家重点建设项目和省、自治区、直辖市人民政府确定的地方重点建设项目,以及全部使用国有资金投资或者国有资金投资占控股或者主导地位的建设工程项目,应当公开招标,有下列情形之一的,经批准可以进行邀请招标:

（1）项目技术复杂或有特殊要求,其潜在投标人数量少;

（2）自然地域环境限制;

（3）涉及国家安全、国家秘密、抢险救灾,不宜公开招标的;

（4）拟公开招标的费用与项目的价值相比不经济;

（5）法律、法规规定不宜公开招标的。

国家重点建设项目的邀请招标,应当经国务院发展计划部门批准;地方重点建设项目的邀请招标,应当经各省、自治区、直辖市人民政府批准。全部使用国有资金投资或者国有资金投资占控股或者主导地位的并需要审批的建设工程项目的邀请招标,应当经项目审批部门批准,但项目审批部门只审批立项的,由有关行政监督部门审批。

三、协议招标

(一)协议招标的含义

协议招标又称为非竞争性招标、指定性招标、议标、谈判招标。是招标人邀请不少于两家(含两家)的承包商,通过直接协商谈判,选择承包商的招标方式。

业主不必发布招标公告,直接选择有能力承担建设工程项目的企业投标,实质上是更小范围的邀请招标。首先招标人选定某几个工程承包人进行谈判,双方可以相互协商,投标人通过修改标价与招标人取得一致,业主通常采取多角协商,货比三家的原则,择优选择投标人,商定工程价款,签订工程承包合同。其实质是一种谈判合同,是一般意义上的建设工程承发包。接近传统的商务方式,是招标方式与传统商务方式的结合,兼顾两者的优点,既节省了时间和招标成本,又可以获取有竞争力的标价。议标必须经过三个基本阶段:第一是报价阶段,第二是比较阶段,第三是评定阶段。不过有的时候采用单项议标的方法也比较多见,如小型改造维修工程。国家对不宜公开招标或邀请招标的特殊工程,应报主管机构,经批准后可以议标。议标在我国新兴的建设工程招标中还有着用武之地,尤其是针对广大的中小房地产开发商,议标为建设工程招标投标事业在我国的发展壮大起到了先锋作用。因此,如何规范和完善议标的法律地位,是一个值得研究的问题。

议标方式不是法定的招标形式,招标投标法也未进行规范。但议标方式不同于直接发包。从形式上看,直接发包没有"标",而议标是有"标"的。议标的招标人事先须编制议标招标文件,有时还要有标底,议标的投标人必须有议标投标文件。议标方式还是在一定范围内存在,各地的招标投标管理机构把议标纳入管理范围。依法必须招标的建设项目,采用议标方式招标必须经招标投标管理机构审批。议标的文件、程序和中标结果也须经招标投标管理机构审查。

(二)协议招标的优点和缺点

1. 协议招标的优点

(1)能较快速地完成交易。由于承包人不通过竞争过程产生,也无须开标、评标、决标的选择过程,所以,双方能在短时间内签订合同,进行施工,完成建设工程。

(2)节约招标费用。议标方式对招标人的要求很高,要保证议标的成功通常都要求招标人对建设工程行业和建设工程企业的情况充分了解。因此,一般选定的投标人少而精,招标投标费用低廉。

(3)容易迅速开展工作,达成协议,保密性好。

2. 协议招标的缺点

协议招标竞争力差,很难获得有竞争力的报价。由于竞争小,发包人比较选择的余地小,无法获得合理报价。由于招标人同时与几个投标人进行谈判,使投标人之间更容易产生不合理竞争,使得招标人难以选择到有竞争力的企业。

(三)协议招标的范围

根据国际惯例和我国现行的法规,议标方式严格限定在紧急工程、有保密性要求的工程、价格很低的小型工程、零星的维修工程、适用于不宜公开招标或邀请招标的特殊工程,诸如:工程造价较低的工程、工期紧迫的特殊抢险工程等、专业性强的工程、军事保密工程等。

潜在投标人很少的特殊工程或大型复杂的建设工程,缺乏经验的业主自行招标,都不宜采用议标方式;复杂的传统招标项目,如工程承包和设备采购等,就更不采用议标进行招标。

四、综合性招标

(一)综合性招标的含义

综合性招标。是指招标人将公开招标和邀请招标结合(有时将技术标和商务标分成两阶段评选)的方式。首先进行公开招标,开标后(有时先评技术标),按照一定的标准,淘汰其中不合格的投标人,选出若干家合格的投标人(一般选三至四家),再进行邀请招标(有时只评选商务标)。通过对被邀请投标人投标书的评价,最后决定中标人。如果同时投技术标和商务标,须将两者分开密封包装。先评审技术标,再评技术标合格的投标人的商务标。在公开招标和邀请招标中可分别或组合进行。综合性招标有时相当于传统招标方法的二阶段招标法。

(二)综合性招标的优点和缺点

1.综合性招标的优点

(1)招标人选择范围大,可获得合理报价,提高工程质量。

(2)程序严密规范,有利于防范工程风险。

(3)评标时间、工作量、费用可控制在合理的范围。

2.综合性招标的缺点

(1)综合性招标只适用于不能决定工程内容,招标人缺乏经验的大型的新项目。

(2)时间过程比较长。

(3)费用比较高。

(三)综合性招标的范围

综合性招标适合以下三种情况:

(1)公开招标时尚不能决定工程内容的工程,招标人缺乏经验的新项目,大型项目。

(2)是公开招标开标后,投标报价不满足招标人要求。

(3)规模大、工期长的工程项目。

五、国际竞争性招标

当公开招标或综合性招标的投标人涉及到几个国家时,就称之为"国际竞争性招标"。凡是利用"世界银行"和"国际开发协会"的贷款兴建的工程项目,按照规定,均须采用国际竞争性招标方式进行招标,而参与投标的,一般应是该组织内的成员国的承包企业。实行国际竞争性招标方式招标时,必须遵循世界银行规定的"三 E 原则"即 Efficiency(效率),Economy(经济),Equity(公平)。第一在项目实施中,无论器材采购或工程施工,都必须经济实惠,讲求效率;所有成员国都有公平的、均等的机会参加竞争;给借款国本国的承包商和制造商一定的优惠。

在国内,有关国际竞争性招标的建设工程的招标方式按照我国招投标法的规定只包括公开招标和邀请招标,必须掌握二者的区别与联系,理解其内涵。公开招标和邀请招标方式的主要区别:

(1)发布信息的方式不同。公开招标是招标人在国家指定的报刊、电子网络或其他媒体上发布招标公告。如《经济日报》、《中国建设报》、《人民日报(海外版)》、《中国日报》和工程所在地的地方报如《北京日报》等报刊;世行、亚行贷款项目招标信息还可以在《联合国发展论坛》发表,又如电子网络有"中国采购与招标信息网"。邀请招标采用投标邀请书的形式发布。

(2)竞争的范围或效果不同。公开招标是招标公告,是所有潜在的投标人竞争,范围较广,优势发挥较好,易获得最优效果。而邀请招标的竞争范围有限,造成中标价不合理,遗漏某些技术和报价有优势的潜在投标人。

(3)时间和费用不同。邀请招标的潜在投标人一般为3~10家,同时又是招标人自己选择的,从而缩短招标的时间和费用。而公开招标方式的资格预审工作量大。

(4)中标可能性的大小不同。国际的公开招标中发展中国家中标的可能性小。

在国际工程招投标中,近年美国采用了工程经理分阶段管理的工程招标方法。就是由业主评选或委托工程经理、建筑师、工程师共同来进行项目的规划、设计、工程的招标、施工,业主不委托项目总承包单位,将工程发包给专业承包人。该方法的优点是随时设计随时发包,由于工程经理、建筑师和工程师三方都对项目有管理责任,因而每个分项工程能够做到设计文件详实,工程内容明确,工程量计算准确。有利于招标人获得合理报价。另一方面由于取消工程总包,减少了中间环节,业主对工程的控制权得到强化。

第五节　建设工程招标的程序

《招标投标法》规定的招标投标的程序为:招标、投标、开标、评标、定标和订立合同等六个程序。建设工程招标过程参照国际招标投标惯例,整个招标程序划分为招标的准备、招标的实施和定标签约阶段三个阶段。招标准备阶段主要工作是办理工程报建手续、落实所需的资金,选择招标方式、编制招标有关文件和标底,办理招标备案等。招标投标实施阶段包括发布招标公告或发出投标邀请书、资格预审、发放招标文件、踏勘现场、标前会议和接收投标文件等。定标签约阶段工作是开标、评标、定标和签订合同。具体程序见图2-1。

一、招标准备阶段

招标准备阶段是指业主决定进行建设工程招标到发布招标公告之前所做的准备工作,它包括:成立招标机构;确定招标形式、编制招标文件、安排招标日程。

(一)组建招标机构及落实招标条件

1. 成立招标机构

任何一项建设工程项目招标,业主都需要成立专门的招标机构,全权处理整个招标活动的业务。其主要职责是拟定招标文件,组织投标、开标、评标和定标、组织签订合同。成立招标机构有两种途径:一种是业主自行成立招标机构,组织招投标工作,另一种是业主委托专门的招标代理机构组织招标。自行成立招标机构中应有工程技术、经济、法律、管理等相关的专业人员,大型工程项目可临时聘用建筑学院、设计院等单位的专业技术人才,作为业主高级工程管理顾问,参予整个项目实施。

2. 办理项目审批手续

招标项目按照国家有关规定需要履行项目审批手续的,应当先履行审批手续,获得立项批准文件列入国家投资计划后,到工程所在地的建设行政主管部门办理工程报建手续。建设工程项目报建是招标人招标活动的前提,报建范围包括:各类房屋建筑(包括新建、改建、扩建、翻建、大修等)、土木工程(包括道路、桥梁、房屋基础打桩等)、设备安装、管道线路铺设和装饰装修等建设工程。报建的内容主要包括:工程名称、建设地点、投资规模、资金来源、当年投资额、工程规模、发包方式、计划开竣工日期和工期,根据《工程建设项目报建管理办法》的规定,实行报建制度是为了强化建筑市场管理。

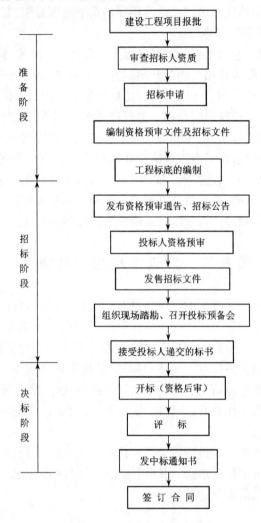

图 2-1　公开招标工作程序图

3. 招标人落实资金

招标人应当有进行招标项目的相应资金,在招标文件中要说明,资金来源已经落实。

4. 招标人接受资质审查

招标投标管理机构或具有招标代理资质的中介机构代理是否具备招标条件,应报经主管部门审定。同时,招标人应与中介机构签订委托代理招标的协议,并报招标投标管理机构备案。

(二)选择招标方式及划分标段

根据建设工程项目的条件和特点招标人须确定工程项目的招标方式,确定发包的范围、次数和内容即进行招标项目的标段划分(分标)。

1. 确定招标方式

招标人应当依法选定公开招标或邀请招标方式。如前所述,一般采用公开招标,邀请招标只有在项目符合特定条件时采用。根据以往建设工程招标实践经验可采用邀请招标包

32

括:建设工程项目标的小,公开招标的费用与项目的价值相比不经济;技术复杂、专业性强、潜在投标人少的项目;军事保密工程。

2. 标段的划分

一般情况,项目整体进行招标。对于大型的项目,整体招标符合条件的大型企业较少,采用整体招标将会降低标价的竞争性,因此,将项目划分成若干个标段进行招标。标段的划分不得太小,太小的标段对实力雄厚的潜在投标人没有吸引力。建设工程项目的施工招标,一般可以将一个项目分解为单位工程及特殊专业工程分别招标,但不允许将单位工程肢解为分部、分项工程进行招标。如某职业技术学院教学大楼的施工招标,将标段划分为大楼综合布线工程、大楼消防工程和大楼主体工程。而把外墙干挂大理石装饰工程和玻璃幕墙工程作为分包项目。

在划分标段时主要考虑以下因素:

(1)招标项目的专业性要求。相同、相近的项目可作为整体招标。否则采取分别招标。如建设工程项目中的土建和设备安装应当分别招标。

(2)招标项目的管理要求。项目各部分彼此联系性小,可以分别招标。反之,各部分互相影响可将项目整体发包。

(3)对工程投资的影响。标段划分与工程投资相互影响。这种影响是由多种因素造成,从资金占用角度考虑,作为一个整体招标,承包商资金占用额度大,反之亦反。从管理费的角度考虑,分段招标的管理费一般比整体直接发包的管理费高。

(4)工程各项工作时间和空间的衔接。避免产生平面或者立面交接工作责任的不清。如果建设项目的各项工作的衔接、交叉和配合少,责任清楚,则可考虑分别发包。

总之标段划分应根据工程特点和招标人的管理能力确定,对场地集中、工程量不大、技术上不复杂的工程宜实行一次招标,反之可考虑分段招标。

3. 选择合同计价方式

招标人应在招标文件中明确规定合同的计价方式。计价方式过去主要有固定总价合同、单价合同和成本加酬金合同三种,现在有固定总价合同,固定单位合同,可调价格合同三种。同时规定合同价的调整范围和调整方法。有关合同计价方式参阅第七节。

(三)申请招标及编制招标有关文件

1. 申请招标

由招标人填写建设工程招标申请表,上级主管部门批准。同时,审批建设工程项目报建审查登记表见表2-1。

申请表的主要内容包括:工程名称、建设地点、招标建设规模、结构类型、招标范围、招标方式、要求企业等级、前期准备情况(施工招标指征地拆迁情况、三通一平情况、勘察设计情况等)、招标机构组织情况等。

2. 编制资格预审文件

公开招标须对投标人进行资格审查,资格预审是指在发售招标文件前,招标人对潜在的投标人进行资质条件、业绩、技术、资金等方面的审查。只有通过资格预审的潜在的投标人,才可以参加投标。公开招标可通过报刊、广播电视或信息网发布"资格预审通告"或"招标通告";邀请招标发出投标邀请书,对潜在投标人的资格进行审查,即通常所说的资格预审。通过资格预审可以了解投标人的技术条件、工作经验和财务状况;节省日后评审工作的时间费用。淘汰不合格的潜在投标人,排除了将合同授予不合格者的风险。为不合格的潜在投标人节约了购买招标文件、现场踏勘及投标所发生的费用和时间。资格预审通告和投标邀请书的内容及格式见第六节。

招 标 申 请 表

表 2-1
招审字第 号

工 程 名 称			建 设 地 点		
结 构 类 型			招标建设规模		
报建批准文号			概(预)算(万元)		
计划开工日期	年 月 日		计划竣工时期		年 月 日
招 标 方 式			发 包 方 式		
要求投标单位资质等级					
工程招标范围					

招 标 前 期 准 备 情 况	施工现场条件	水		电		场地平整	
		路					
	建设单位供应的材料或设备		如有附材料、设备清单				

招标工作组 人员名单	姓名	工作单位	职务	职称	从事专业年限	负责招标内容

招 标 单 位	(公章)	负责人: (签字、盖章) 年 月 日
建设单位意见	(公章)	负责人: (签字、盖章) 年 月 日
建设单位上级 主管部门意见		(盖 章) 年 月 日
招 标 管 理 机 构 意 见		(盖 章) 年 月 日
备 注		

3. 编制招标有关文件

招标都应当采用工程所在地通用的格式文本编制,应当根据招标项目的特点和需要编制招标文件。建设部于 1996 年 12 月发布了《工程建设施工招标文件范本》,其中对于公开招标的招标文件范本做了具体的规定,共分为四卷共十章,其目录如下:第一卷投标须知、合同条件及合同格式(第一章投标须知,包括前附表、总则、招标文件、投标书的编制、投标书的递交,开标和评标,授予合同等部分;第二章施工合同通用条款(相当于 FIDIC 合同条件的通用条件);第三章施工合同专用条款(相当于 FIDIC 合同条件的专用条件);第四章合同格式,包括合同协议书格式、银行履约保函格式等);第二卷技术规范;第三卷投标文件(包括投标书格式,补充资料表,工程量清单及报价表等);第四卷图纸。招标文件编制的方法参见第三章、第四章、第五章。

4.编制标底

标底是招标人编制(包括委托他人编制)的招标项目的预期价格。编制标底时,首先要保证其准确,应当由具备资格的机构和人员,依据国家的计价规范规定的工程量计算规则和招标文件规定的计价方法及要求编制。其次要做好保密工作,对于泄露标底的有关人员应追究其法律责任。为了防止泄露标底,有些地区规定投标截止后编制标底。一个招标工程只能编制一个标底。根据国际惯例,在正式招标前,招标人应对招标项目制定出标底。由于标底是衡量投标报价竞争力的一把尺子,标底制定的好坏,直接影响到招标工作的有效性。因此,标底制定得好,可以说是招标工作成功的一半,标底的制定与招标文件的编制有着密不可分的关系。根据有关文件规定,有些项目也可无标底进行招标。

二、招标实施阶段

招标实施阶段是整个招标过程的实质性阶段。招标的实施主要包括以下几个具体步骤:发布招标公告或投标邀请书;组织资格预审;召开标前会议;开标、评标和定标。

(一)发布招标公告或投标邀请书

我国《招标投标法》和国际惯例都规定,招标人采用公开招标方式招标的,应当发布招标公告;招标人采用邀请招标方式的,应当向三个以上具备承担招标项目的能力、资信良好的特定的法人或其他组织发出投标邀请书。

发布招标公告根据项目的性质和自身特点选择适当的渠道。一般大型项目招标公告应在指定的刊物发布。中小规模的建设工程招标项目的招标公告在国内广泛传播的报纸上刊登。发布招标公告,是保证潜在的投标人获取招标信息的首要工作。为了规范招标公告发布行为,保证潜在投标人平等、便捷、准确地获取招标信息,国家发展计划委员会发布、自2000 年 7 月 1 日起生效实施的《招标公告发布暂行办法》,对强制招标项目招标公告的发布作出了明确的规定。国家发展计划委员会根据国务院授权,按照相对集中、适度竞争、分布合理的原则,指定发布依法必须招标项目招标公告的报纸、信息网络等媒介(以下简称指定媒介),并对招标公告发布活动进行监督。指定媒介的名单由国家发展计划委员会另行公告。为使潜在的投标人对招标项目是否投标进行考虑和有所准备,招标人在时间安排上应考虑两个因素:①刊登招标公告所需时间;②投标人准备投标所需时间;③招标公告的内容和格式应以简短、明了和完整为宗旨。招标公告的具体内容和格式可以根据招标人的具体要求进行变更,然而招标公告的基本内容,如招标人的名称和地址、招标项目和时间等关键事项,按照我国《招标投标法》规定必须载明。本书对招标公告和投标邀请书的内容格式请登录 http://www.cabp.com.cn/jc/13531.rar 下载学习,必能够起草以上文书。

(二)招标人组织资格预审

资格预审是招标实施过程中的一个重要步骤,特别是大型的项目,资格预审更是必不可少。资格预审是对所有投标人的一项"粗筛",也可以说是投标者的第一轮竞争。资格预审可以减少招标人的费用。还可以保证实现招标目的,选择到最合格的投标人,此外,资格预审能吸引实力雄厚的投标人投标,了解投标人对项目的投标意向。

（三）招标人发售招标文件

采取公开招标方式进行招标时,在完成投标人资格预审后,对取得投标资格的厂商,按既定的手续、时间、地点发给或售出招标文件;采取邀请招标进行招标时,在发出投标邀请函后,即可对被邀请的厂商按既定的手续、时间、地点发给或售出招标文件。

（四）投标人熟悉招标文件,现场踏勘

投标人取得投标资格后,必须熟悉招标文件,迅速掌握招标文件规定的具体事项要求,尤其是招标文件中关于投标、开标、评标、定标、保证金、竣工期、维修期、保留金、延期罚款、纠纷解决等事项的具体规定;明确招标工程的特点,检查招标文件中的差错和未尽事宜,准备提交业主方面修正、澄清的问题。迅速准确把握工程具体情况,补全并掌握报价必须的各种资料,为正确地算标、填标、制定标书打好基础。

（五）召开标前答疑会

招标机构通常在投标人现场勘察后安排一次投标人会议,即标前会议。它的主要目的是为了澄清投标人提出的各类问题。要形成招标答疑会议纪要。对投标提出的问题和疑问要公开向所有投标人以书面形式回答,作为招标文件的重要组成部分。招标答疑纪要经全体参加会议的主要技术人员签字认可,作为招标文件的重要组成部分。同时在此期间业主给各个投标人所发出的有关投标事宜的补充通知均是招标文件的组成部分。

三、定标签约阶段

开标、评标与定标的内容见第四章。

第六节　建设工程招标投标资格预审实务

资格预审是工程招标的国际惯例。是公开招标的必经程序,为确保投标人基本满足招标要求,必须进行资格预审。指招标人在招标开始之前或者开始初期,由招标人对申请参加投标的潜在投标人资质条件、业绩、信誉、技术、资金等多方面的情况进行资格审查,只有在资格预审中被认定为合格的潜在投标人(或者投标人),才可以参加投标。同时,资格预审是低标价中标的前提和保证。在较简单项目招标中,为了节省建设周期、加快工程进度,在主管部门审批通过后,可采用资格后审。其审查条件不因是后审而降低。资格后审资料应在递交投标文件时提供,在评标前进行。一般情况下应采用资格预审。以下介绍资格预审时的情况。

一、资格预审的作用

（一）排除不合格的投标人

投标人的基本条件是招标项目完成的重要前提,招标人可以在资格预审中设置基本的要求,排除不具备基本条件的投标人。

（二）降低招标人的采购成本,提高招标工作效率

所有有意参加的投标人都投标,则招标的工作量会大,招标成本也会大。经过资格预审对潜在投标人进行初审,筛选有履约能力的投标人,把投标人数量控制在合理的范围,便于选择到合适的投标人,也节省招标成本,提高招标工作效率。

（三）吸引实力雄厚的投标人

实力雄厚的潜在的投标人有时不愿参加基本条件较差的投标人进行恶性激烈竞争的招标项目,因编写投标文件费用高,而资格预审可以剔除不合格的投标人。提高有能力的竞标

者的兴趣。

二、资格预审的程序

(一)发布资格预审通告

招标人向潜在投标人发出的参加资格预审的广泛邀请。在全国或者国际发行的报刊和指定的刊物上发表邀请资格预审的公告。资格预审公告至少应包括下述内容：招标人的名称和地址；招标项目名称；招标项目的数量和规模；交货期或者交工期；发售资格预审文件的时间、地点以及发放的办法；资格预审文件的售价；提交申请书的地点和截止时间以及评价申请书的时间表；资格预审文件送交地点、送交的份数以及使用的文字等。一般资格预审通告附载在招标公告内，很少在招标公告前发布，具体格式请登录http://www.cabp.com.cn/jc/13531.rar下载查阅。

(二)发售资格预审文件

招标人向申请投标人发放或者出售资格审查文件。资格预审的内容包括基本资格和专业资格审查两部分。前者是指对申请人的合法地位和信誉等进行的审查，后者是对符合基本条件的申请人履行拟定项目能力的审查。资格预审文件包括资格预审通告、资格预审申请人须知、资格预审申请表、工程概况、合同段简介。具体格式请登录 http://www.cabp.com.cn/jc/13531.rar 下载查阅。

(三)制订资格预审细则

是根据国家、行业对施工招标资格预审的规定，结合工程项目的技术经济特点和工程管理要求指导资格预审的实施性、可操作性的文件。报评审委员会审定。评审细则在资格预审申请书提交截止日期前保密。

在资格预审评审细则中，应包括：资格预审的程序。通过资格预审的条件；资格评分办法。制订的强制性资格标准有：潜在投标人施工业绩、拟投入的关键人员、主要设备、主要财务指标、履约情况等资格条件；投标申请人技术能力、施工经验和财务状况的资格评分标准。总之资格预审细则是进行符合性检验的依据，是进行资格评审打分的依据。以下对资格预审评分方法的制定作一示范：

1. 评分指标细化

评分主要针对工程经验、人员、技术能力、财务状况、社会信誉方面。上述五类指标应根据项目具体情况细化，使评审员能明确各指标的具体内容。以便准确打分。

2. 分值分配

各指标的分值应根据项目技术经济特点确定，通常情况下分值的按财务状况、经验和技术、人员、设备分配的比例为：30：40：10：20；按机构与管理、财务状况、技术能力、施工经验分配的比例为：10：30：30：30。划分更细的资格预审打分表，请登录 http://www.cabp.com.cn/jc/13531.rar 下载查阅。

3. 评分方法

评分采用百分制打分法。评审人员分别对各项指标分别打分，汇总后取平均值作为该申请人的得分，根据国际惯例通常采用"评分法"，将资格预审的因素分类，将全部因素的总分定为 100 分，并确定出其中每一类因素的分值，再制定出一个恰当的资格预审合格分数线，最后按一定规则具体计算各受审单位的评审总分。若其评审总分高于合格分数线（一般定为 70 分）且其中每一类因素的得分都高于该类因素最高分值的 50％以上，同时，该受审单位资格预审文件应附的各种有关资信证明都齐备，应视为"合格"，否则，为"不合格"。评审时，还须对表中每一类因素再作进一步的具体划分，并相应确定各项具体因素在该大类因素中所占的分值，以便能比较客观、科学、合理地评定各受审单位的总分值。

（四）审查和评定潜在投标人

招标人在规定时间内，按照资格预审文件中规定的标准和方法，对潜在投标人资格进行审查。重点是专业资格审查，内容包括：施工经历，包括以往承担类似项目的业绩；承担本项目所具备的人员状况，包括管理人员、主要人员的简历；为履约配备的机械、设备、施工方案等情况；财务状况，申请人的资产负债表、现金流量表等。资格预审指对投标人在施工经验、人员、施工机械、财务能力及社会信誉五方面进行综合评价。具体方法和评标相似。主要内容如下：

1．符合性检查的主要条件

（1）资格预审申请书应完整。

（2）投标申请人（包括联合体成员）营业执照和授权代理人授权书应有效。

（3）投标申请人（包括联合体成员）企业资质等级和资信登记等级，与拟承担的工程标准和规模相适应。

（4）联合体申请资格预审，应提交联合体协议，明确联合体主办人。

（5）分包工程，应提交分包人资信登记、人员和设备资料。

（6）投标申请人须全部通过符合性检查。

2．强制性资格条件评审

对通过符合性检查的投标申请人进行强制性资格条件评审。未全部通过强制性资格条件评审的投标申请人不能通过资格预审。

强制性资格条件指标有：工程经验、人员资历、主要机械设备、财务状况。

（1）主要工程业绩（经验）要求　工程业绩主要用近三年完成的工程业绩，强制性指标着重于近三年类似本项目的经验。工程业绩的强制性指标，可登录 http://www.cabp.com.cn/jc/13531.rar 下载查阅。

（2）主要人员资历标准　主要人员资历要把职称和工作经验列为强制性指标，其他方面作为资格评分附加考虑。

（3）主要机械设备　招标人根据工程项目特点，结合工程施工使用的主导施工机械和施工中必须专用设备，列为主要机械设备的强制性指标。（该部分以施工招投标的资格预审为讲述对象，勘察设计和监理招投标的资格预审比照执行。）

（4）财务状况　企业财务状况说明企业运作状态和管理水平及盈利能力。反映其财务状况的指标很多在施工招标预审中。侧重于盈利能力、资金使用效率和企业偿还能力。工程的财务状况强制性指标，可登录 http://www.cabp.com.cn/jc/13531.rar 下载查阅。

3．澄清与核实

业主（招标人）有权要求投标申请人对资格预审申请书中不明确的和重要的内容进行必要澄清核实。内容失实，业主不予通过其资格预审。

（五）招标人编制资格预审评审报告，经主管部门审定，向合格的投标人发出邀请投标。

招标人评审结束，推荐4～10家的投标申请人通过资格预审，形成通过资格预审名单（也叫短名单）。并编制该项目投标人资格预审评审报告。按照国际惯例，资格预审评审报告一般包括：评审情况概述、评定标准、评定结果，对各受审单位的评定报告。下面举例说明投标人资格预审评审报告的编写方法及其格式：

1. 项目概述主要包括

项目的前期准备工作及批准情况；项目所在地区位置、工程规模及特点；主要技术标准及特殊要求；合同段的划分及主要工程量情况。

2. 资格预审工作简介主要包括

资格预审文件的编制情况；发布招标公告及发售资格预审文件的情况；投标申请人递交申请书情况；资格预审评审程序说明；与评审有关的其他工作。

3. 资格预审评审结果主要包括

评审结果说明；通过资格预审的单位名单；未能通过资格预审的单位名单。

4. 附件

(1)评审推荐意见。

(2)资格预审评审的各种用表。包括：资格预审评审结果汇总表；资格预审符合性检查表及汇总表；资格预审强制性标准评审的明细表及汇总表；资格预审评分的明细表及汇总表等。

(3)参与资格预审审定人员名单，评审委员会、工作组组成名单，评审会议签到册(组成人员姓名、单位、职称及职务等)。

(4)评审会记录、审定会记录或纪要。

(5)资格预审评审细则。

(6)资格预审有关的其他资料。

第七节　建设工程招标投标中工程合同价格形式

业主在进行项目招标时，必须慎重选择恰当的合同价格形式；投标人须根据招标人要求的合同价格形式，采用相应的报价方法进行投标报价。国际、国内工程承包市场上现阶段通用的合同价格形式大体可归纳为三大类型：总价合同，单价合同，成本加酬金合同；财政部、建设部《建设工程价款结算暂行办法》第八条规定发包人、承包人在签订合同时对于工程价款的约定，可选用下列三种之一：其一是合同工期较短且工程合同总价较低的工程，可以采用固定总价合同方式；其二是双方在合同中约定综合单价包含的风险范围和风险费用的计算方法，在约定的风险范围内综合单价不再调整。风险范围以外的综合单价调整的固定单价合同方式；第三是可调价格合同方式，可调价格包括可调综合单价和措施费等，双方应在合同中约定综合单价和措施费的调整方法(调整因素包括：法律、行政法规和国家有关政策变化影响合同价款；工程造价管理机构的价格调整；经批准的设计变更；发包人更改经审定批准的施工组织设计(修正错误除外)造成费用增加；双方约定的其他因素)。该暂行办法同时规定《建设工程施工合同示范文本》工程价款结算的价格形式(固定价格合同，可调价格合同，成本加酬金合同)废止。

一、总价合同

总价合同是指工程承发包双方签订的按合同约定工程价款结算采用工程总价形式进行。这种承包内容明确，工程价格一次包定，除变更工程承包内容情况外，一般工程包干价格不得变更。总价合同有三种形式：固定总价合同，可调总价合同，按工程量固定总价合同：

(一)固定总价合同

固定总价合同是以详尽的工程项目设计图纸、承包工程内容的具体规定、技术规范等为依据计算并固定工程总价格的合同。这种合同工程承包人承担较大的风险责任(工程量方面的风险和工程价格方面的风险)。承包人在双重风险压力,随时都可能由于不确定因素承担风险,为降低风险,承包人报价较高。使用这种合同的图纸、规定、规范不能变,如果日后业主对设计和工程范围变更,则合同总价应允许做相应调整。

适用于工程工期较短(一年以内)、最终产品的要求非常明确、工程的规模较小、技术不太复杂的建设工程项目。

(二)可调总价合同

指以详尽的工程项目设计图纸、承包工程内容具体规定、技术规范等为本依据计算出工程总价格,并规定,在合同执行过程中由于通货膨胀等因素引起工程成本的增加时,可对合同工程总价进行相应调整的一种合同。可见,通货膨胀等不可预见费用因素的风险由工程发包人负责承担。使用该合同必须明确规定承包工程内容的范围、技术规范、技术经济指标等问题。

由于合同中列有调值条款,因此,这种合同主要适用技术比较简单,工期一年以上的中、小型建设工程项目。

(三)工程量固定总价合同

指由业主方面根据拟发包工程的施工图纸、有关规定及规范,详细划分并明确规定发包工程的分部分项工程项目及其工程数量,投标人依据业主方面规定的分部分项工程的划分及工程量,标出分项工程单价乘以相应分项工程的工程量,加总计算且相对固定的工程总价的一种合同。即发包人明确规定发包工程的分部分项工程项目及数量,以工程量为基础相对固定合同总价。此类合同在工程实施期间,工程量变动,费用相应增加,允许对合同工程总价进行调整。这种合同承包人只须承担费用因素方面的风险,工程量方面的风险由发包人承担,因此,只要实际施工过程中工程量变动不大,工程总价就不必调整。所以采用这种合同形式能合理地维护工程承发包双方的经济利益,这种合同的使用普遍。使用前提是业主提供准确的工程量表。采用这种合同形式对招标准备工作的要求较高,招标准备工作的时间也较长。

这三种总价合同工程总价基本固定,对招标单位具有以下优点:第一有利于招标人在投标人无限竞争状态下,按最低报价固定项目的总价,有效地控制项目造价;第二承包人承担工程实施的大部分风险责任,利于业主方面维护自身经济利益;第三承包人的工作内容完整而明确,便于业主进行评标,并对项目实行全面控制。

采用总价合同时,业主务必注意做到:首先必须完整、准确地对承包内容明确规定;第二必须将设计和施工变化控制在最小限度,确保总价相对固定;第三酌情考虑承包人所能承担风险的限度,力求风险分配可以接受的,以确保有竞争力的承包人投标。

另外,签署的工程承包合同是总价合同时,工程价格可按合同总价包干并且相对固定不变。因此,亦被称为"包死价"或"固定价"。该价格也有一定相对性的,工程结算价格调整的事宜要列入合同条款。它适用于已有施工图设计和详尽施工文件,业主要求采用总价合同形式的工程项目的招投标。

二、单价合同

单价合同是指工程承发包双方签订的按合同规定的分部分项工程单价及实际完成的分

部分项工程数量或最终产品单价(如每平方米建筑面积单价)及实际完成的最终产品数量进行工程价款结算的合同。单价合同也被称之为"量变价不变合同"。工程承包人只承担工程单价、费用方面的风险,工程量方面的风险发包人承担,工程风险合理分担,公正地维护了工程承发包双方的经济利益,因此,国际工程承包市场上采用最为普遍,在 FIDIC 合同条件中也作了"量可变而价一般不变"的规定,把单价合同作为主要的国际工程承包合同之一。单价合同一般分为下列类型:

(一)估计工程量单价合同

估计工程量单价合同是以业主方面提供的工程量清单的工程量为基础,以投标人自行确定并填写在业主拟定的工程单价表中的各分部分项工程单价为依据,计算工程价格的合同。该合同一般均列有工程量清单及单价表,业主方面开列各分部分项工程的设计工程量,投标人投标时在单价表内按工程量清单中各分部分项工程逐项填写工程单价,再计算工程总价。

估计工程量单价合同要求实际工程量与业主估计工程不能发生实质性的变更,否则会引起估计工程量为基础制定的工程单价亦须随之变化,不利于原合同的履行。因此,估计工程量单价合同适用设计规范、标准的工程项目。

(二)纯单价合同

指承包人在业主拟定的工程单价表上填写的分部分项工程单价(或承包人填写的对"工程师"估算工程单价的浮动比例),按项目实际完成的工程量确定工程总价的合同。业主方面在招标文件中只向投标人给出发包工程的各分部分项工程项目划分及其工程范围,而工程量不做任何规定,招投标时只按分部分项工程开列的单价表,无近似工程量。

在设计单位还来不及提交施工详图,或虽有施工图但由于某些原因不能准确地计算工程量时采用这种合同。有时也可由建设单位一方在招标文件中列出单价,而投标一方提出修正意见,双方协商后确定最后的承包单价。

(三)单价与包干合同

以单价合同为基础,对其中某些不易计算工程量的分项工程(如施工导流、小型设备购置与安装调试)采用包干,而对能计算工程量的,均要求报单价,按实际完成工程量及合同上的单价结算。优点是减少招标准备,缩短招标时间;能鼓励承包商提高工效、降低成本;建设单位只按工程量表的项目开支,遗漏的项目在执行合同过程中再报价,结算程序简单。

但对于费用分摊在项目中的复杂工程或不易计算工程量的项目,采用纯单价合同容易引起争议。

三、成本加酬金合同

这种合同形式主要适用于工程内容及其技术经济指标尚未全面确定,投标报价的依据尚不充分的情况下,发包方因工期要求紧迫,必须发包;也适用于发包方与承包方之间彼此信任,承包方具有独特的技术特长和经验。缺点是发包方对工程造价不能真正控制,承包方对降低成本兴趣不大。因此,采用这种合同形式,条款必须严格。成本加酬金合同有以下几种形式:

(一)成本定比费用合同

成本加定比费用合同是指工程承发包双方签订的由工程发包人向承包人支付全部工程直接成本及一项按工程直接成本的固定百分比计算的定比费用进行工程价款结算的合同。

这里的"定比费用"内容与前两种合同中增加费用的内容基本一致。不同的是,这种合同中,不规定增加费用的具体数额,而只规定增加费用占该项工程直接成本的百分比。

成本加定比费用合同一般适用于招标时,业主方面还不能具体提出关于工程内容的明确要求,不便粗略估算工程所需费用的情况。这种合同形式,建筑安装工程总造价及付给承包方的酬金随工程成本水涨船高,不利于鼓励承包方降低成本。

(二)成本固定费用合同

成本固定费用合同是指工程的承发包人签订的由工程发包人向工程承包人支付全部工程直接成本及一笔数额既定的固定费用进行工程价款结算的合同。"工程直接成本"是直接用于工程并形成工程实体的人工费、材料费、施工机械费等;"固定费用"一般由经营管理费、属于成本的其他杂项费用及利润组成。固定费用总额在这种合同中已明确规定,一般固定不变,只有当工程范围或内容发生较大变更,超出招标文件规定的变动幅度,才允许调整。这种超出规定的范围通常是指成本、工期等方面实际发生的变更超过招标文件既定的百分比的情况。成本固定费用合同适用于业主方面能够事先对工程所需费用粗略估算的项目。为了避免承包方企图获得更多的酬金,不控制工程成本,业主方规定补充条款,鼓励承包方节约资金,降低成本。

(三)成本奖金合同

首先要确定一个目标成本(根据粗略估算工程量和单价表编制)在此基础上,根据目标成本来确定酬金的数额,可以是百分数的形式,也可以是一笔固定酬金。然后,根据工程实际成本支出情况,另外确定一笔奖金,当实际成本低于目标成本时,承包方除从发包方处获得实际成本、酬金补偿外,还可根据成本降低额得到一笔奖金;当实际成本高于目标成本时,承包方仅能从发包方处得到成本和酬金的补偿。还应视实际成本高出目标成本情况,若超过合同规定的限额,还要处以一笔罚金。除此之外,还可设工期奖罚。

这种合同形式可以促使承包商降低成本,缩短工期,而且目标成本随着设计的进展而加以调整,承发包双方都不会承担太大风险,故这种合同形式应用较多。

(四)限额成本奖金合同

首先确定一个成本概算额,在此基础上,根据成本概算额来确定酬金的数额,可以是百分数的形式,如在合同中对成本概算额规定"底点"是成本概算额的60%～75%,"顶点"是成本概算额的110%～135%,即限额成本和最低成本,奖金是在目标成本和顶点差额间。当实际成本低于成本概算额时,承包方除从发包方处获得实际成本,还可得到一笔奖金;当实际成本高于成本概算额时,承包方仅能从发包方处得到成本,若超过"顶点"还要处以罚金。

这种形式适用于招标时设计图纸及有关规定、规范不能确定,合同价格只能满足相关指标概算工程成本的情形。该形式可加强业主对工程价格的控制,刺激承包人降低工程成本。

思 考 题

1. 简述合同法律关系的主体、客体和内容?

2. 在工程项目的合同法律关系中的客体哪些类型是行为?

3. 建设工程招标投标的特征?

4. 简述各种招标形式的适用范围?

5.《招标投标法》规定的招标投标的程序是什么?

6.项目整体如何进行招标标段的划分?

7.目前国家规定的建设工程合同计价形式有几种?

8.根据附录,编制资格预审的相关文件?

9.简述资格预审的程序?

第三章　建设工程招标投标的风险管理

第一节　建设工程招标投标风险管理概述

一、风险管理的含义

风险,是指既定的时间内和特定的情况下各种不确定性之间的差异结果。也可将风险理解为是人们遭受灾害或意外事故的不确定性,英国学者弗兰根教授认为:不确定性是由于信息缺乏造成,风险事件的产生来源于风险因素。风险因素(风险管理称之为风险征兆或触发器)在一定条件下被诱发,产生风险事件,风险事件会造成风险损失。风险损失超过了预期损失额,就会产生风险。有时风险损失额小于收益额,就会产生效益,这就是风险管理所讲的投机风险的后果,当然,静态风险是不会产生收益的,如自然灾害等。风险管理就是通过风险规划、风险识别、风险分析、风险评估、风险应对,风险监控等过程,实现风险损失最小化或利用风险盈利之目的的工作。其中应对风险是对风险管理的重要环节。进行建设工程招标投标这样复杂的经济活动,客观上存在着巨大的风险,我们只有认识风险因素,控制风险征兆,才能有效地进行风险管理。

二、建设工程招标投标的风险因素

(一)社会环境的风险因素

现阶段业主方处于主导地位,造成工程合同风险分担不均衡,承包商承担了大部分风险。如投标失误风险、业主违约风险、业主支付风险、建设工程失误风险、垫资承包风险、工程师不公正的风险、索赔、分包风险等。从社会环境的角度看,投标过程非正常风险因素主要包括:政治风险、经济风险、不可抗力的自然风险。在国外参加施工项目投标要注意政治风险,即投标项目所在地的政治变化对投标活动的影响。经济风险主要注意经济社会中物价非正常上涨的风险;地方、行业保护主义、异域歧视等差别政策的风险。不可抗力自然风险要注意非正常不可预见、不可抗衡的自然灾害(地震、台风等)的出现可能性大小。

1. 政治风险因素

政治风险指工程所在国政局等方面对经济活动产生的负面影响。在经济活动中造成的风险。如政权更替、暴乱、罢工、内战等。工程所在国采取对本国企业保护性的法规,对外国公司在投标、税收等方面存在不公平待遇。工程所在国与周边国家、与投标承包人国家的关系紧张,权力机构腐败都会产生风险。

2. 经济风险因素

经济风险是指工程所在国的经济状况、经济实力、经济发展趋势等方面给经济活动造成的不利影响。如:通货膨胀,外汇风险,经济危机。

(二)公共关系风险因素

公共关系风险是指承包方在投标和承包的过程中,由于建设主管部门、监理机构、设计单位、中介代理机构、质量管理机构、环境管理机构的行为给承包商带来的风险。建设项目技术标准、规范的变化,监理机构处理实际问题的能力和公正性,环境管理的限制都对投标人的利益产生影响。在承包过程中设计变更多,设计水平低,提供图纸不及时、不准确都会对施工组织带来风险。施工材料的供应中,运输单位等其他协作单位的保障能力,各环节的连续关系的影响都会导致风险的产生。

(三)投标策略选择行为风险

投标过程风险是由于投标人在参加招标、争取中标、谋取利益的行为过程中产生的风险。例如:投标人采取低报价竞标时,收入与工程成本持平或偏低,造成企业亏损的风险。建筑企业有时采用低标策略进入某地区建筑市场,但不能盲目采取不合理低标策略。目前有的招标人提出带资承包的要求,即采取先贷款后支付的办法,但开工后,业主无力支付,承包商不能收回资金。特别是投标人采取优惠条件竞标的情况下,要采取定性与定量分析相结合的方法,对投标承包投入与产出的平衡关系进行风险分析。投标人编制的投标文件错误;参加陪标的不正当行为;确定投标代理中介单位等过程中,都会产生风险。大型工程项目承包商组成联合体竞标,联合体协议责权利不明确,将会产生风险。

(四)技术风险因素

如地质、地基、水文、气候条件的异常。这些条件与业主方估计不符。材料、设备的质量不符合要求或供应不及时,业主方的工程变更会给承包商造成新的问题,处理不当,极易产生风险。此外,图纸提供、运输问题等,也都会形成施工风险。投标人的技术能力涉及承包商对地质资料的理解;对工程所处的自然环境条件的预见与分析对建筑材料和设备的供应、质量、消耗量的可靠性与有效性分析;对施工技术标准规范的科学性与可行性分析及应用施工技术的整体性与先进性的分析都会形成风险。其中特别需要注意以下几个方面。

(1)地质地基条件。一般业主提供的地质和地基条件资料,不负责解释和分析,如现场地质条件与设计出入很大,施工中岩崩坍方等引起的超挖超填工作量,工期拖延等。

(2)水文气候条件。这包括两方面,一方面指对自然气候条件估计不足,如严寒、酷暑、多雨等对施工的影响;另外,是异常气候,如特大暴雨、洪水、泥石流等。虽然后一类异常气候是不可抗力事件,工期拖延可以补偿,但财产损失自身要承担一部分。

(3)材料供应。质量不合格,质量检验证明不全,工程师不验收,引起返工或拖延工期。材料供应不及时(包含甲方供应材料或承包商自购的材料),因而引起停、窝工。

(4)设备供应。质量不合格,供应不及时、设备不配套等问题,如供货时缺件,或未按安装顺序供货,运行状况不佳等。

(5)技术规范。要求过于苛刻,工程量表中说明不明确或投标时未发现。如某公司在中东某国承包某工程时,技术规范要求混凝土入仓温度为23℃,投标时未发现此条件有问题。实际该国每年5月～10月天气炎热,室外温度达45℃以上,承包商虽然多方努力(如大量采购人造冰、以冰水拌和混凝土,晚间预冷骨料等),增加了不少成本,也只能达到28℃,后与工程师多方协商,取得工程师的谅解,把入仓温度改为不超过30℃。此问题在招标答疑会上提出,是不会产生风险的。

(6)提供设计图纸不及时。如咨询设计工程师的问题、提供图纸不及时,导致施工进度延误窝工,而未在合同条件中有相应的补偿规定。

(7)工程变更,包括设计和工程量变更。变更常影响承包商原有的施工计划和安排,带来一系列新的问题。如果处理合适,在过程中向业主要求索赔,风险转化为利润。反之,则会受到损失。

(五)管理能力风险因素

即计划能力、组织能力、指挥能力、协调能力、控制能力。

(1)现场人员配备不合理。领导班子不协调;项目经理不称职,和业主、工程师沟通能力差。

(2)工人工作效率低。特别是雇用生疏的当地工人施工,应仔细了解当地工人的技术水平、工效等。

(3)开工准备工作不到位。工地内水、电、道路等准备工作不充分。施工机械或材料未能及时运到工地。

(4)施工机械条件。当地维修条件不能满足要求,备用件购置困难等。

(5)国家和地区习惯或其他条件差,开工后需要增加许多开支。

(六)行为主体风险因素

投标与承包过程中的行为主体,包括业主、承包商、承包商组合。行为主体的每个方面行为、行为效果的变化都会影响投标与承包活动的最终结果,会出现正向效益、负向效应和综合效应风险。

1. 业主引起的风险

业主的资信风险是投标项目的主要风险,资信主要指融资方式和社会信誉两个方面。信誉是业主经营的生命线,承包商要调查业主过去经济活动的信誉度。信誉度不高往往在施工中有意拖欠工程款,使承包商遭受损失。业主的融资方式直接关系到完工后的支付能力。一般自有资金投资项目,业主支付能力强,风险比较小。信贷资金项目投资的业主支付能力较差,对于信誉差、融资能力不强的企业,承包商应该放弃投标。但是在实际中对业主的资信程度,很难做出肯定或否定的结论,这就要求投标人调查了解:通过访问业主的有关客户,业主所在地区有关政府部门、银行等全面掌握业主的社会信誉以及经济实力,从而对业主的资信风险做出客观判断。

2. 承包商引起的风险

承包商包括总承包商、承包商、分包商、供应商等,它们引起的风险有:承包商的技术管理能力不足,项目经理和技术人员素质差,违约等会引起风险。施工组织管理技术失误造成工程中止。施工组织设计不科学造成工程进度、工程质量、工程成本、安全出现问题。设计文件不完备,不能及时交付图纸引起风险。

(七)竞争风险因素

市场经济的特征是竞争,通过市场竞争达到优胜劣汰。投标项目的竞争风险主要来自于竞争对手,因此,应对竞争风险首要任务调查竞争对手的实际情况,掌握其综合实力。首先收集竞争对手历年投标情况的商业情报(投标策略、报价高低、利润率高低)。掌握主要竞争对手当前的状况,分析竞争对手可能采取的策略(如:竞争对手当前任务是否饱满,最近投标是否取胜,管理水平是否提高,领导层是否有变动等)。如对手处于明显优势则要进一步仔细分析,了解其投标的态度。对于处于劣势的竞争对手分析其是否会提出优惠条件。了解业主与其他投标人是否有业务来往,从而全面分析投标人的基本情况,做到对投标竞争心中有数。

(八)合同风险因素

1.合同类型风险

合同范本规定了三种合同价款约定方式(固定价格合同、可调价格合同和成本加酬金合同)。根据《建设工程价款结算暂行办法》第二十八条规定:"合同示范文本内容如与本办法不一致,以本办法为准"。今后合同价款只可以采用以下三种约定方式:固定总价、固定单价和可调价格。固定总价合同,合同工期短、总价较低,它和固定单价合同带给承包人的风险最大,暂行办法规定:"固定单价合同双方约定综合单价包含的风险范围和风险费用的计算方法,在约定的风险范围内综合单价不再调整。风险范围以外的综合单价调整方法,应当在合同中约定"。可见,按照固定价格合同签约后,承包人将完全承担约定风险范围内的风险费用。固定单价合同价款的确定依据估算工程量,结算时按照实际工程量计算。实际工程量与估算计划工程量的偏离程度又会直接影响合同收入的结果,从而形成合同类型的风险。可调价格合同综合单价和措施费可以调整,遇到合同规定的五种调整类型(见本章第七节)可以调整。在其他条件下承包人会引起合同价的风险。

2.合同文件风险

我国施工合同范本通过条款规定:合同文件能互相解释、互为说明,组成合同的文件及优先解释顺序如下:①本合同协议书②中标通知书③投标书及其附件④本合同专用条款⑤本合同通用条款⑥标准、规范及有关技术文件⑦图纸⑧工程量清单⑨工程报价单或预算书。在招投标阶段要注意合同文件组成内容的协调一致性,避免矛盾。根据合同文件的优先解释顺序,对于原则性的大问题在协议书内可以约定的,不在中标通知书中注明,依此类推,从而减少项目实施中的合同纠纷(即合同文件风险)。如鲁布革水电站施工时,由于业主与承包商对项目的具体技术条款的解释不同出现了纠纷与索赔,特别是条款间的不协调内容与二义性是产生具体风险的着眼点。专用条款与通用条款的协调、工程量清单与工程报价单的协调是关键性环节。

3.工程变更风险

工程变更管理即项目管理中的范围管理,影响项目范围变更的因素有:项目要求发生变化、工艺技术变化、人员变化、项目设计变化、经营环境变化,也就是设计变更、技术方案调整、工程量调整等。工程范围变更的结果对双方的效益产生风险影响。一方面规定承包人不得对原设计进行变更,另一方面规定承包人在施工中提出的合理化建议涉及对设计的更改及对材料、设备的换用时,须经工程师同意,未经同意而擅自更改或换用时,承包人承担由此发生的费用,赔偿损失,不顺延工期。为获得工程量索赔,减少承包人的变更风险对业主、设计方、监理提出的工程变更,包括承包商提出的类似问题,超过设计图纸范围的工程量,必须让工程师确认计量。

4.分包风险

分包是建设工程施工合同中复杂棘手的问题。对发包人和承包人而言是一把双刃剑。一方面,对承包人而言分包可能使投标报价低、分工专业化;另一方面,发包人对分包人的资质了解不够、产生管理环节的增多和责任的分散的问题。对承包人而言也有类似的问题:合理使用分包能优化总包的资源配置,如使用机电工程专业分包弥补土建总包在机电专业的不足,降低成本、保证工期,将风险大的分项工程分包,向分包人转嫁风险,也是总包规避风险的常用策略。同时,不确定性增加,也给总承包人带来风险隐患。根据风险分担原则:承担风险者必须具有承担能力。因此招投标阶段合理划分标段,确定分包项目是规避分包风险的最好措施。

5. 期限风险

我国建筑行业很多法律、法规及示范文本规定,合同要在限定的时间内完成。如对工程师指令提出修改意见的限定期限:合同范本规定,承包人认为工程师指令不合理,应在收到指令后 24 小时内向工程师提出修改指令的书面报告。确定变更价款的限定期限:通用条款规定,承包人在双方确定工程变更后 14 天内不向工程师提出变更工程价款报告时,视为该项变更不涉及合同价款的变更。不可抗力的期限:通用条款规定,不可抗力事件结束后 48 小时内,承包人向工程师通报受害情况和损失情况,及预计清理和修复的费用。索赔的期限:通用条款规定,索赔事件发生后 28 天内,向工程师发出索赔意向通知;当该索赔事件持续进行时,承包人应当阶段性向工程师发出索赔意向,在索赔事件终了后 28 天内,向工程师送交索赔的有关资料和最终索赔报告。超过规定期限,就会影响效益。

6. 工期风险

投标人的投标文件要响应业主招标书的要求,这是竞标的前提条件。中标后,投标文件已对施工计划工期、总体工程单项的施工进度做出详细的安排。具体实施过程中,监理工程师要求承包商作出进入现场的施工组织设计。承包人要周密考虑中标前后两个组织设计的差异性,前者要保证中标,后者要保证按前者实施。实际工期会受到来自业主方和承包方的多种因素的影响(例如:施工组织不当,现场条件变化适应性不强,施工成本控制不合理等多方面原因)。工期的提前与延误会直接影响承包商的经济效益,必须要克服大量的潜伏在施工过程中的工期风险。

三、建设工程招标投标风险的特点

工程项目招投标风险是指所有影响该项目招投标目标实现的不确定因素的总和。任何一项工程,其项目招投标基于对不确定因素(包括政治、经济、社会、自然、承包人各方面的)预测之上,基于正常的技术、管理、组织之上。而在项目实施过程中,这些因素可能发生变化。这使原定的计划受到干扰,甚至可能使原定的目标不能实现。对工程项目招投标这些事先不能确定的内部和外部的干扰因素,称为工程项目招投标风险。它具有以下特点:

(一)多样性

工程项目招投标有多种类型的风险并存,如政治风险、经济风险、法律风险、自然风险、合同风险、合作者风险等。它们之间还有着复杂的内在联系,可以互为影响、互为消长。

(二)相对性

风险对不同工程项目招投标活动的主体可产生不同的影响。人们对风险事故的承受能力因人和时间而异,收益、投入的大小、项目活动主体地位的高下、拥有资源的多寡,都与人们对工程项目招投标风险承受能力的大小密切相关。

(三)长期性

风险在工程项目招投标整个过程中都存在。比如,在投标中可能有方案的失误,调查不够全面充分,市场分析错误;技术设计中存在专业不协调,图纸和规范错误;施工中物价上涨资金缺乏;市场变化,投标实施方案不完备,达不到设计能力等。

(四)整体性

风险的影响不是在局部或某一段时间、一个方面中存在,而是全局性的。例如反常的气候条件造成工程的停滞,将影响整个后期计划,影响后期所有参加者的工作。它不仅会造成工期的延长,而且会造成费用的增加、对工程质量的危害。即使局部的风险也会随着项目发展,其影响会逐渐扩大。一个活动受到风险干扰,可能影响与其相关的许多活动,所以在项目招投标中风险影响随时间推移有扩大的趋势。

（五）规律性

项目招投标的实施有一定的规律,工程项目招投标风险的发生和影响也有一定的规律性,是可以进行预测的。重要的是人们要有风险意识,重视风险,对工程项目招投标风险进行全面的控制。

（六）可变性

工程项目招投标风险的可变性是指风险性质的变化、风险后果的变化。风险后果包括后果发生的频率、益损大小。利用科学技术和其他方法,抵御风险事故,降低风险事故发生的频率并减少损失。如在工程项目招投标活动中,建立健全招投标组织机构、认真研究招标文件、细心踏勘现场,收集竞争对手商业情报,编制合适的投标文件,组织好合同谈判。在这种情况下甚至风险可变成收益。此外,信息传播技术和预测理论方法的不断完善,因而大大减少了工程项目的不确定性。

第二节　建设工程招标投标风险应对

一、风险效应

确定招投标过程风险因素的目的,是要研究风险效应,通过量化评价,确定建设工程招投标风险防范策略。

（一）风险效应

风险效应是风险对活动主体以及内外环境的有形和无形的影响,借助风险事件本身的特征和内在机制所产生的效果,决定于风险的性质和特征及活动主体的观念和动机。只有认识这种效应,才能做出正确的决策,过去理论研究没有在认识风险因素、风险特征的基础上逐步研究效应。风险效应有以下三种:

1. 诱惑效应

诱惑效应是对风险的有利后果(也称投机风险效益)作为一种外部刺激使人们萌发了某种动机,进而做出某种选择并导致行为(冒险行为)的发生。风险效益作为一种外部刺激使人们萌发了一种动机,当然风险利益是一种综合性的利益,它并不是确定的利益,而是一种可能的利益,未来的利益,只有在风险结果出现后才能知道是否真正获得这种利益。风险的不确定性、双重性及潜在性给许多决策者会带来诱惑力,巨大的风险往往会伴随着潜在的高额利润,如果没有这种因潜在利益而产生的诱惑力,很难想像会有决策者甘愿去承受高额损失风险。这种似乎看得见而可能到手的利益对任何人都有不同程度的诱惑力。诱惑效应大小取决于有利后果与不利后果(可称为风险代价)的组合方式。风险代价的大小又取决于风险的损害能力和风险发生的概率。损害能力大并且发生概率高,则风险代价大。

风险诱惑效应程度的大小(简称风险诱惑度,用 DRA 表示),主要取决于下列诱惑因素:风险事件带来的潜在发展机会、赢利机会(A_1),风险成本小于风险利益的机会与大小(A_2),风险被发现和识别的难度与程度(A_3),风险事件激发决策者的潜能创造性和成功欲望的程度(A_4)。四种因素中,A_1、A_2主要与风险事件本身有关,而A_3、A_4则要与决策者个人有关。因此风险诱惑效应程度(或称风险诱惑度 DBA)的大小,并不单纯取决于传统意义上的风险利益确定因素,而是多因素的复合函数,这些诱惑因素的强弱程度和不同的组合方式,决定了风险诱惑度的性质的大小。风险诱惑度不仅会影响人们对风险的选择和选择后行为动机的强弱,有时也会产生社会效益,例如对某一建筑商品市场的开发,如果风险诱惑度大,该市场一定会吸引许多竞争对手。一般说来,风险诱惑越大,则在与之有关的市场中,风险的选择竞争和经营竞争的程度就越激烈,反之则越平缓。

2. 约束效应

风险约束是指当人们收到风险事件可能的损失或危险信号的刺激后,感受到可能要付出的风险代价后,做出的为了回避或抵抗损失和危险的选择以及进而采取的回避行为。风险约束产生的威慑、抑制和阻碍作用就是风险的约束效应。构成风险约束效应的阻碍性因素一般不是单一的,而是多元的、多层次的,并具有集合性与系统性的特点。该阻碍性因素可能来自主体的外部,即外部约束,它取决于风险不利后果出现的概率、风险不利后果的损失能力以及风险成本投入这三种因素的组合方式。同时,也受到人们风险选择时所处的社会经济条件及对风险不利后果出现概率和损害程度的认识和判断的影响。风险约束效应程度的大小简称为风险约束度,用 DRC 表示,主要取决于下列约束因素:风险事件出现的概率或频率(C_1),风险结果的损害程度(C_2),风险分析与管理的投入成本大小及其变动幅度(C_3),风险事件结果的多样性(C_4),若 $C_1 \uparrow$,$C_2 \uparrow$,$C_3 \uparrow$,$C_4 \uparrow$,则 DRC 就趋向于最大;$C_1 \downarrow$,$C_2 \downarrow$,$C_3 \downarrow$,$C_4 \downarrow$,则 DRC 就趋向于最小。正确认识风险约束效应,可以避免在管理决策活动中的盲目性,促使人们在制定战略、计划目标和进行活动时,充分考虑风险可能带来的损失和负面结果,不能只凭主观愿望去冒险,应审时度势,量力而行,注意决策的科学性。另一方面,强调风险的约束效应不应产生对风险的恐惧心理。只看到风险损失,会使人们注意风险负面效应而被动,失掉机会,抑制人和社会的能量释放。

3. 平衡效应

风险一方面具有诱惑效应,产生诱惑力,驱使人们为了获得潜在的风险利益而尝试某种风险,作出某种风险选择;另一方面风险又具有约束效应,产生约束力,对人们产生某种威慑和抑制作用。人们对于风险的诱惑与约束总是要进行比较和权衡,这是一个思考过程、判断过程和选择过程。在权衡过程中,当风险诱惑力大于约束力,则会促使人们选择行动;当约束力大于诱惑力,人们则会放弃行动。这两种效应同时存在,同时发生作用,具有相逆性。每一种风险事件必然存在这两种效应相互冲突、相互抵消的作用,其结果是在两种效应之间会出现一交叉点,风险诱惑效应与约束效应相等,可称为风险效应平衡点。在现实生活中,人们常常要经历认识、判断、比较和权衡经济风险的利益与代价的过程。由于同一风险事件对于不同决策者的诱惑效应和约束效应不同,因此风险效应平衡点对于不同的决策者的位置也是不一样的。形成平衡点的过程,实质上是人们对诱惑与约束两种效应进行认识、比较、权衡的过程,即是一个观念过程、思想过程、判断过程和选择过程,在这个过程中人们结合自己的经验,根据特定风险的客观性,对风险损失和收益进行的一种"模拟平衡"。

决策者通过采取一系列的方法和措施,可改变需承担的风险环境,使其诱惑效应与约束效应达到平衡,在这种平衡状态下的风险环境是决策者可接受的,而劣于这样的风险环境则是不可接受的,这种现象可称为"风险诱惑 — 约束原理"。例如对于一份固定总价合同,承包商在进行投标报价决策时,可以通过适当提高报价水平和争取对自己有利的合同条款或向分包商转嫁一部分风险等措施,尽量争取一个自己能接受的风险环境,这就是风险诱惑效应与约束效应相互作用并达到相对平衡的过程和结果。事实上,风险效应平衡是动态的、相对的,不同的风险事件会有不同的平衡点,不同的管理者对于同一风险事件其平衡点也是不相同的。风险效应平衡点实际上是决策者所能接受的最大风险状态。在此状态基础上,任何可以减小或控制风险因素的措施都可以增加风险诱惑度,减小风险约束度,从而提高决策者接受该状态风险的信心。

二、建设工程招标投标风险的规避与防范

建设工程招标投标的风险管理,是指对招标投标的风险进行规划、识别、分析、评估并采取应对措施进行处理,过程中进行监控,以达到减少意外损失或利用风险盈利之目的。建设项目投标文件的递交、合同谈判、组织施工直至合同履约完毕的全过程中存在着不同形式、不同后果的风险,对待风险的态度和采取的对策要结合实际情况确定策略。一般情况下可以采取的策略有:避免风险策略、分散风险策略、转移风险策略、补偿风险策略、自留风险策略、利用风险策略。

（一）风险避免策略

避免风险最有效的办法是在投标报价前确定工程造价时考虑较高的风险系数。然而,这样做尽管最有效,却会因报价偏高而可能脱标。可行的办法是在准确计算工程量,分析影响造价的风险因素,承包商应根据抵御风险的能力,确定风险系数。在信息不充分的条件下,要想提高中标率,降低投标风险,除了常用报价方法外,还要采用一些补充策略确定报价方案。

避免风险的另一种措施是在工程承包合同中约定风险合同条款,如将投标项目环境风险因素应尽量约定为不可抗力的合同调整范围内;对经济风险与政策风险最好划归可调合同的调值范围内;利率和汇率风险应在合同中约定保值条款,对各类保函,争取将无条件保函改为有条件保函;设计变更造成工程量变化的,合同中规定可调整的幅度及计价办法。承包商要根据风险来源制定对策,在合同文件形成的过程中,要利用专用条款较通用条款的优先解释顺序,避免可能产生的风险。

（二）风险转移与风险减轻策略

转移风险又叫合伙分担风险,其目的不是降低风险发生的概率和不利后果的大小,而是借用合同或协议,在风险事故一旦发生时将损失的一部分转移到项目以外的第三方身上。实行这种策略要遵循两个原则:第一,必须让承担风险者得到相应的报答;第二,对于各具体风险,谁最有能力管理就让谁分担。

通过恰当的方式将风险转移给另一个主体,承包商对无法回避的风险,采用不同的方式进行风险转移已经成为国内外工程管理领域的通常做法。承包商对于业主拖延预付款和工程款的风险,对于建材和能源价格调整的风险;对于技术难度大、质量要求高的风险;承包商均可以采取风险转移的方法,选择分包商,利用分包合同条款转移给分包商分担。

分散风险主要是采用几家分包或联合承包的方式来分散造价风险。对于规模大、造价高、风险大的工程,作为总包一方面利用几家分包或几家联合承包来共同抵御造价风险,另一方面利用分包商或联合承包商的专业优势,取长补短共同完成承包项目。注意合作伙伴的承包能力、专业特长和资信情况,分包或合作协议条款要约定的合理完善,避免造价风险。

这种风险转移实质是非保险风险转移。方式实质是借助合同或协议,将损失的法律责任转移给非保险业的个人或群体。如出售,通过买卖契约将风险转移给其他单位,这种方法在出售项目所有权的同时,也就把与之有关的风险转移给了其他单位;如购买,购买是指从直接的项目之外获取产品或服务(例如,使用某种特定技术开发的风险,可以通过与一个已掌握该技术的组织签订技术合同来降低);如发包,发包就是通过从项目招待组织外部获取货物、工程或服务而把风险转移出去,发包时又可以在多种合同形式中选择。另外可以利用开脱责任条款避免自身的合同风险。

转移风险的另一类策略是保险转移的方法,是指合同双方当事人约定,一方交付保费,他方承诺特定事故发生后,承担经济责任的一种合同。保险是一种十分有效的方式,业主可以将风险转移给保险公司。除了保险,常用担保转移风险。所谓担保,指为他人的债务、违约或失误负间接责任的一种承诺。在项目管理上是指银行、保险公司或其他非银行金融机构为项目风险负间接责任的一种承诺。

(三)风险索赔补偿策略

工程索赔是补偿造价风险最有效的办法。要求承包商按照法定的索赔程序,提出充足的理由,准备齐全的证据,获得全部造价损失的补偿。

索赔在国内刚刚兴起,索赔人员要熟悉相关法律法规,具有丰富的索赔经验,善于从合同文件、来往函件、工程图纸、照片及档案、实施过程寻找和创造索赔机会,特别是在报价时应注意为日后索赔奠定基础。日本大成公司承包我国的鲁布革工程,以低标价中标,最终靠索赔补偿风险,是一个比较成功的例子。

索赔是指在合同履行过程中,对于并非自己的过错,而是应由对方承担责任的情况造成的实际损失向对方提出经济补偿或时间补偿的要求。合理的索赔符合《中华人民共和国民法通则》第111条规定,即当事人一方不履行合同义务或履行合同义务不符合约定条件的,另一方有权要求履行或者采取补救措施,并有权要求赔偿损失。利用国内外一些合同条件(如国际上的FIDIC合同,国内的建设工程施工合同)中索赔规定,进行施工索赔。

索赔必须具有客观性,即事实存在、后果存在、证据存在;具有合法性,即符合按合同、法律或惯例予以补偿;具有合理性,即符合合同规定、符合客观事实。索赔计算符合公认的核算原则,能够分清索赔的责任、类型及索赔的发生部位。索赔的过程中要注意优先责任分析、最终实际损失分析等方法的应用。利用索赔进行索赔损失的补偿,要充分注意有关规定和条款的具体内容。

(四)风险自留与风险利用策略

自留风险是当风险事故发生并造成一定的损失后,项目通过内部资金的融通,以弥补所遭受的损失,这是自己承担风险的一种处理方式。承包商自留风险有以下几种情况:首先,对风险的程度估计不足,认为风险不会发生;其次,这种风险无法回避或转移;再次,经过慎重考虑自己承担风险,因为损失自身能够承担或者自留比其他方式更加经济。

1. 防损和减损

防损和减损措施需要支付费用,但有些可以用较少的费用就取得较好效果。在项目早期以及项目的各个关键阶段实施风险预防措施,项目全过程的风险控制措施费用可降到最低。以火灾的防范为例,不一次大量采购易燃易爆的材料在施工现场大量储存,可以避免火灾的发生。仍以火灾的减损为例,保持施工现场交通畅通,设置施工消防设施并配置消防设备都可以减少火灾损失。及时发现事故并报警也可以减少损失造成的影响和程度。在施工现场安装连接消防站的火灾探测和报警装置的做法在发达国家比较普遍,在我国一些重要的工程上也已经开始使用,风险发生后,采取各种补偿措施尽量降低损失的程度。如尽快清理损失现场,恢复施工,以减少停工损失。

2．自保

在有些情况下,承包商通过对风险和风险管理的认真分析与权衡,决定全部或部分地承担某些风险。因为,由自己采取相应的措施来承担风险比购买保险或者采取其他转移措施更经济合算。当承包商自己承担可保风险时,这种行为称为自保,意即自我保险。自保的优点是可以节省开支,而且由于风险自担,承包商方还会积极主动地对工程风险进行控制。但是,自保本身也是一种风险,一旦发生巨灾造成工程全损,其后果往往是业主和承包商无法承受的。在风险的防范过程中,承包商应注意到风险因素如果预测准确、合理利用,还会带来赢利。可以赢利的投机风险在工程承包中经常出现,是承包商中标后索赔赢利的主要来源。利用投机风险的步骤是:首先,分析利用风险的可能性,找出可以利用的风险;其次,分析风险的利用价值和成本,选择利用价值高而利用成本低的风险;再次,制定利用风险的策略和步骤。

三、工程项目招投标风险评价决策案例

综合评价法也称主观评分法,是一种最常用、最简单,易于应用的风险评价方法。这种方法分 3 步进行:首先,识别和评价对象相关的风险因素、风险事件或发生风险的环节,列出风险调查表,请专家对可能出现的风险因素和风险事件的重要性进行评价;最后,综合整体的风险水平。以下用案例说明在项目招投标风险管理中应用综合评价法进行决策分析。

【案例 3-1】 某施工企业准备参加×××工程项目的竞标。在投标前,经理组织有关专家对投标风险进行评价,并采用了综合评分法。评价结果如表 3-1,根据以往经验,采用这种方法评价投标风险的风险标准为 0.8 左右,试判断该企业是否能参加本项目的竞标?

×××项目投标风险综合评价表　　　　　　　　　　　表 3-1

风 险 事 件 类 别	权 重 F	项目风险事件发生的可能性 P					F×P
		很大 (1.0)	比较大 (0.8)	中等 (0.6)	不大 (0.4)	较小 (0.2)	
政治局势动荡	0.05			√			0.03
材料价格上涨	0.15		√				0.12
业主拖欠工程款	0.10			√			0.06
工程技术难度大	0.20					√	0.04
施工工期紧迫	0.15			√			0.09
材料供应不畅	0.15		√				0.12
汇率变化	0.10			√			0.06
无后续项目	0.10				√		0.04
						$\sum$ F×P=0.56	

第一步,识别风险事件。第二步,评价风险事件。由专家们对可能出现的风险因素或风

险事件的重要性进行评价,给出风险事件的权重,反映风险因素对投标风险的影响程度。第三步,确定风险事件发生的可能性,并分 5 个等级表示。第四步,将风险事件权重与事件发生概率相乘,确定该风险事件的风险状态;再将风险事件的得分累加,得到工程项目投标风险总分,即为投标风险评价的结果。总分越高,说明投标风险越大。第五步,将投标风险评价结果和评价标准进行比较。本项目的投标风险评价结果为 0.56,风险标准为 0.8 左右,评价结果低于风险标准,因此,这个企业可以去参加该项目的投标。

第三节 建设工程保险和担保制度

一、工程担保

我国建筑市场上存在严重拖欠工程款问题,近两年没有减少趋势。2004 年底建设部出台《建设领域农民工工资支付管理暂行办法》,规定拖欠克扣农民工工资的企业将被记入信用档案。另外,我国建筑市场上也存在大量的从业人员未经培训,不具备职业资格,企业的资质能力与等级不相符,指定不合格的施工企业施工。低价中标的项目低质量交工,低标准验收。上述问题的核心是企业信用缺乏,社会信用制度不健全。因此,实行工程担保制度,规范建设市场运行,建立符合社会主义市场经济条件的担保制度已成为必然。对防止工程风险有着重要的作用。在投标过程中,投标人要对工程担保在招投标风险管理作用有充分的认识。

(一)担保的基本方式

我国的《担保法》明确规定,担保的方式是:保证、抵押、质押、留置和定金,这与国际上通行的做法基本一致。

1. 保证

保证是指保证人和债权人约定,当债务人不履行债务时,保证人按照约定履行债务或者承担责任的行为。保证人的主体是具有代为清偿能力的法人、其他组织或者公民,但国家机关(经国务院批准为使用外国政府或者国际经济组织贷款进行转贷的除外)、以公益为目的的事业单位及社会团体、未经法人书面授权的企业法人分支机构、职能机构不得担任保证人。保证人在承担保证责任后,有权向债务人追偿。

2. 抵押

抵押指债务人或者第三人不转移对依法可以抵押财产(如抵押人所有的房屋和其他地上定着物、机器、交通运输工具和其他财产等)的占有,将该财产作为债权的担保。当债务人不履行债务时,债权人有权依法以该财产折价或者以拍卖、变卖该财产的价款优先受偿。抵押人所担保的债权不得超出其抵押物的价值。为债务人提供抵押担保的第三人,在抵押权人实现抵押权后,有权向债务人追偿。

3. 质押

质押包括动产质押和权利质押两种形式。动产质押,是指债务人或者第三人将其动产移交债权人占有,将该动产作为债权的担保。当债务人不履行债务时,债权人有权依法以该动产折价或者以拍卖、变卖该动产的价款优先受偿。为债务人提供质押担保的第三人,在质押权人实现质押权后,有权向债务人追偿。权利质押,可质押的权利有:汇票、支票、本票、债券、存款单、仓单、提单、依法可转让的股份、股票、商标专用权、专利权、著作权中的财产权,依法可质押的其他权利。

4. 留置

留置是指债权人按照合同约定占有债务人的动产。债务人不按照合同约定的期限履行债务的,债权人有权依法留置该财产,以该财产折价或者以拍卖、变卖该财产的价款优先受偿。按照《担保法》的规定,因保管合同、运输合同、加工承揽合同而发生的债权,债权人有留置权。

5. 定金

定金是指当事人可以约定一方向对方给付定金作为债权的担保。当债务人履行债务后,定金应当抵作价款或者收回。给付定金的一方不履行约定债务的,无权要求返还定金;收受定金的一方不履行约定债务的,应当双倍返还定金。定金的数额由当事人约定,但不得超过主合同标的额 20%。

依据《担保法》的规定,我国的工程担保可以实行保证、抵押、质押和定金四种方式,但不能采用留置(我国的《担保法》规定,留置仅适用于动产,而在英美法等国家,留置权可用于不动产),即工程竣工验收合格后,承包商不得以任何理由将工程违法留置。但是,我国的《担保法》第 286 条规定:"发包人未按照约定支付价款的,承包人可以催告发包人在合理期限内支付价款。发包人逾期不支付的,除按照建设工程性质不宜折价、拍卖的以外,承包人可以与发包人协议将该工程折价,也可以申请人民法院将工程依法拍卖。建设工程的价款就该工程折价或者拍卖的价款优先受赔。"这是一种法定抵押权,即在建设工程合同生效后,承包人依法享有的权利。从我国的国情出发,当前,先推行投标担保、承包商履约担保、业主支付担保和保修担保,用经济手段约束市场行为,保证工程质量,解决拖欠工程款问题。

(二)工程担保的具体类型

工程项目招标投标时,业主要求承包商提供可靠的工程履约担保,承包商同时要求业主提供工程款支付担保,是业主方与承包方风险的共同转移与分散。常见的工程担保类型有投标担保、履约担保、业主支付担保、预付款担保、反担保、完工担保、其他形式的担保。

1. 投标担保

投标担保,是在投标报价前或同时,投标人向业主提交的投标保证金或投标保函等。保证一旦中标,即签约承包工程。《工程建设项目施工招投标办法》规定投标担保金额为标价总额的百分之二以下,最高不得超过八十万元,有效期为超过投标有效期三十天。《房屋建筑和市政基础设施工程施工招投标管理办法》规定最多不得超过五十万元,在组织招投标时要查阅地方性法规,结合当地情况确定(因为地方性规定要幅度更小)。投标担保一般有三种做法:

(1)银行提供的投标保函,一旦投标人在投标有效期内(一般是指招标文件中规定的投标截止之日后的一定期限)撤销投标,或者中标人在规定时间内不能或拒绝提供履约担保,或者中标人拒绝在规定时间内与业主签订合同的,银行将按照担保合同的约定对业主进行赔偿。它是一种保证担保形式。

(2)在投标报价前,由担保人出具担保书,保证投标人不会中途撤销投标,并在中标后与业主签约承包合同。一旦投标人违约,担保人应支付业主一定的赔偿金。赔偿金可取该标与次低标间的报价差额,同时由次低标成为中标人。它也是一种保证担保形式

(3)投标人直接向业主交纳投标保证金(俗称抵押金)。保证金可以是一笔抵押现金,也

可以是一张保兑支票或银行汇票。如《内蒙古自治区实施〈招投标法〉办法》规定如果投标人违约,业主将没收投标保证金,如业主违约,返还投标人两倍保证金。保证金具有定金性质。同时,担保人为投标人提供担保时严格审查其企业实力,可限制不合格的承包商参加投标活动。

2. 履约担保

履约担保是担保人为保障承包商履行工程合同所做的一种承诺,其有效期通常截止到承包商完成工程施工后工程保修期结束之日。业主中标通知书发出后,需在规定时间内签署合同书,履约担保要一并送交业主。在我国相关法律法规上没有规定履约担保金幅度,但在地方性法规上有些地区有规定,如《内蒙古自治区实施〈招投标法〉办法》规定履约担保金幅度为合同总金额的百分之五至百分之十。一般履约担保也有三类:

(1)银行履约保函,一旦承包商不能履行合同义务,银行要按照合同约定对业主进行赔偿。银行履约保函一般较履约担保金高。国外为合同价百分之二十五至百分之三十五。

(2)由担保人提供担保书,如果是非业主的原因,承包商没能履行合同义务,担保人将承担担保责任。具体方式:一是向该承包商提供资金及技术援助,使其继续履行合同义务;二是担保人直接接管工程或另找经业主同意的其他承包商完成合同的剩余部分,业主只按原合同支付工程款;三是担保人按合同约定,补偿业主的损失。

(3)中标人向业主交纳履约保证金。当承包商履约后,业主即退还保证金;反之亦反。履约保证金一般是担保合同价的10%,由承包商提供履约保证金的做法,优点是操作简便,缺点则是承包商的一笔现金被冻结,不利于资金周转。

3. 业主支付担保

业主支付担保,即业主通过担保人为其提供担保,保证将按照合同约定如期向承包商履行支付责任。这实质上是业主的履约担保(因业主履约主要是支付工程款)。实行业主支付担保,可以有效地防止发生拖欠工程款的现象。

4. 预付款担保

开工前,工程业主往往先支付一定数额的工程款供承包商周转。为了防止承包商挪作他用等,需要担保人为承包商提供同等数额的预付款担保,或银行保函。随着业主按照工程进度支付工程价款并逐步扣回预付款,预付款担保责任消失。预付款担保金额一般为工程合同价的10%～30%。

5. 反担保

被担保人对担保人为其向债权人支付的任何赔偿,均承担返还义务。由于担保人的风险很大(所提供的担保金额高,而收取的担保费不足2%),担保人为防止向债权人赔付后,不能从被担保人处获得补偿,可以要求被担保人以其自有资产、银行存款、有价证券或通过其他担保人等提交反担保,作为担保人出具担保的条件。一旦发生代为赔付的情况,担保人可以通过反担保追偿赔付。

6. 竣工担保

为了避免因承包商延期完工或完工后将工程项目占用而使业主遭受损失,业主还可要求承包商通过担保人提供完工担保,以保证承包商必须按计划完工,并对该工程不具有留置权。如果由于承包商的原因,出现工期延误或工程占用,则担保人应承担相应的损失赔偿责任。

7. 质保金保证担保

依据《建设工程价款结算暂行办法》第十四条规定发包人根据确认的竣工结算报告向承包人支付工程竣工结算价款,保留百分之五的质量保证(保修)金。工程保修期满后,全部返还给承包人。

总之,推广工程担保制度是业主保证工程质量的需要,无标底招标中,工程担保制度以经济手段解决工程费用纠纷,在规范工程交易行为中发挥着极其重要的作用。如果承包商的标价比业主的标底低很多时,业主就会要求承包商增加银行保函的金额。因此对于经评审的最低价中标法的顺利实施是一项必不可少的强有力的保证。我国建筑业最为头痛的四件事是:拖欠工程款、垫资垫料、压级压价、索要回扣。签订承包合同的过程中大多数情况下要求承包商对承包工程提出担保,而没有要求业主为承包商提供支付担保,造成交易双方的不公平责任分担,对业主拖欠工程款约束不力。这与我国工程担保制度不无关系。加入WTO后,我国与国外建筑领域的交流合作增加,建立工程担保制度是确保我国建筑业不受冲击的前提条件。我国工程担保的重点应集中于承包商提供投标保证和履约保证,业主提供支付保证。尽快解决久治不愈的业主拖欠工程款问题的力度,应在私人投资工程和三资建设项目,尤其是房地产开发项目中强制实行业主支付保证。政府的公共建设工程项目,按照市场模式运作,保证资金到位。政府业主也应提供保证建设资金充足到位的证明。我国工程担保公司刚刚起步,工程担保制度可以考虑采用银行保函的形式。

二、工程保险

(一)保险的相关概念

1. 保险的概念

保险是一种经济补偿制度,是通过对有可能发生的不确定事件的预测和收取保险费的方法建立保险基金,以合同的形式将风险从被保险人转移到保险人,由多数人分担少数人的损失。保险的基本作用是分散集中性风险,以小额的固定支出换取对巨额损失的经济保障。保险一般可以分为:人身保险(包括人寿保险、健康保险及伤害保险)、财产保险(包括财产损失险和责任保险)、信用保险与保证保险。项目担保前应选择信誉好的保险公司,以确保投保后的利益。一般而言,信誉良好的保险公司是指有足够的财务实力,保证赔偿能在规定的期限内兑现;能提供良好的风险管理服务和理赔服务;重合同,守信用,承保时能合理收取保费,受损后实事求是如期支付赔款。

2. 保险的作用

保险主要有三个经济补偿的作用。①当项目中发生保险事故时,保险人按保险合同为被保险人提供经济补偿,保障被保险人迅速恢复项目活动;②项目风险投保之后,因获得保险保障而消除或减少了风险带来的种种不确定性;③保险公司提供风险管理服务。保险公司向保户提供的风险管理服务包括:向保户提供风险分析、风险管理技术。值得注意的是,保险是处理风险的一种方式,但并非所有风险保险公司都承保,承保的风险必须具备以下几个特点:风险分为纯粹和投机风险,纯粹风险后果只有损失而没有获利的可能,风险的起因是各种自然灾害,人们的行为不慎,有规律可循,不会导致他人受益,对社会整体而言,是净损,保险公司可以承保。投机风险是可能损失,也可能获利,包括政治、经济、科学技术等因素引起,较复杂,不易预见。一人受损,必导致他人受益。对社会整体而言,损失为零,保险公司不可以承保。因此,风险的损失幅度不能大于保险公司本身的财务实力;必须有大量的风险独立单位投保,且仅有少数单位受损;风险所致损失的时间、地点、原因和数额都能确定。否则,损失出现后会赔偿的计算很困难;风险所致损失是可预测的;从被保险人的角度看,风险应该是意外的,即损失的发生不是由被保险人故意造成的。必须是纯粹风险。

(二)工程保险制度

建设项目的典型特点是规模宏大、技术综合、投资多元、风险集中。建设工程保险的具体内容涉及人身风险、财产风险、信用风险与保证风险等多个方面,工程保险是通过工程参与方购买相应的保险,将风险转移给保险公司,以求在意外发生时,其损失得到保险公司的经济补偿。建设工程保险属于财产保险和人身保险的范畴,他是以工程项目承包合同价格或概算价格作为保险金额,以建筑的主体、工程用料、临时建筑等作为保险标的,对整个建设工程期间由于保险责任范围内的危险造成的物质损失及列明的费用予以赔偿的保险。工程保险是业主和承包商转移风险的一种重要手段。

与发达国家相比,改革开放以来,工程项目投资来源已呈多元化,工程风险管理越来越为有关部门和企业所重视。1979年,中国人民保险公司拟定了建设工程一切险和安装工程一切险的条款及保单。同年8月,中国人民银行、国家计委、国家建委、财政部、外经贸部和国家外汇管理总局联合颁发了《关于办理引进成套设备、补偿贸易等财产保险的联合通知》,规定国内基建单位应将引进的建设项目的风险费列入投资概算,向中国人民保险公司投保建设工程险或安装工程险。当时,工程保险主要用于一些利用外资或中外合资的工程项目上。据有关资料表明,外资工程项目的投保率在90%以上,其中很多是向境外保险公司投保或由境内外保险公司合作保险;国内投资项目的投保率低于30%。在投保的国内投资项目中,商业性建筑占80%,市政工程占15%,其他占5%。目前,国内大型高速公路项目一般投保建设工程一切险。

(三)工程保险的类别

工程保险分为强制性保险和自愿性保险。所谓强制性保险,就是按照法律的规定,工程项目当事人必须投保的险种,但投保人可自主选择保险公司。自愿性保险是根据需要自愿参加的保险,其赔偿给付的范围及条件,由投保人与保险公司根据订立的保险合同确定。国外的工程险种:

1. 建设工程一切险

建设工程一切险是对工程项目提供全面保障的险种。对施工期间的工程本身、施工机械、建筑设备所遭受的损失予以保险,也对因施工给第三者造成的人身、财产伤害承担赔偿责任(第三者责任险是建设工程一切险的附加险)。被保险人包括业主、承包商、分包商、咨询工程师以及贷款的银行等。如果被保险人不止一家,则各家接受赔偿的权利以不超过保险标的的可保利益。建设工程一切险适用于所有的房屋工程和公共工程。承保范围包括自然灾害、意外事故以及人为过失,但被保险人因故意破坏、设计错误、战争原因所造成的损失,以及保单中规定应由被保险人自行承担的免赔额等除外。保险期自工程开工或首批投保项目运至工程现场之日起生效,到工程竣工验收合格或保单开列的终止日期结束。

建设工程一切险的保险费率视工程风险程度而定,一般为合同总价的0.2%~0.45%。在确定保险费率时,应考虑承保责任的范围、工程本身的危险程度、承包商资信水平、保险公司承保同类业务的损失记录、免赔额高低以及特种危险的赔偿限额等风险因素。

2. 安装工程一切险

安装工程一切险适用于以安装工程为主体的工程项目(土建部分不足总价 20%的,按安装工程一切险投保;超过 50%的,按建设工程一切险投保;在 20%~50%之间的,按附带安装工程险的建设工程一切险投保),亦附第三者责任险。其保险期自工程开工或首批投保项目运至工程现场之日起生效,到安装完毕通过验收或保单开列的终止日期结束。安装工程一切险的费率也要根据工程性质、地区条件、风险大小等因素确定,一般为合同总价的 0.3%~0.5%。

建设工程一切险和安装工程一切险,实质上都是对业主的财产进行保险,保险费均计入工程成本,最终由业主承担。

3. 雇主责任险和人身意外伤害险

雇主责任险,是雇主为其雇员办理的保险,以保障雇员在受雇期间因工作而遭受意外,导致伤亡或患有职业病后,将获得医疗费用、伤亡赔偿、工伤假期工资、康复费用以及必要的诉讼费用等。多数国家雇主责任险的特点是:伤害损失由雇主负担,而不以雇主是否有过失为前提;赔付金额不基于实际损失,而是依据实际需要;对伤残亡的赔付以年金形式代替一次性抚恤金;法律强制雇主对雇员可能遭受的伤害投保,不因雇主破产或停业而受影响。人身意外伤害险与雇主责任险的保险标的相同,但两者之间又有区别:雇主责任险由雇主为雇员投保,保费由雇主承担;人身意外伤害险的投保人可以是雇主,也可以是雇员本人。

雇主责任险和人身意外伤害险构成的伤害保险,在国际上通常为强制性保险。如美国 1970 年通过了《联邦职业安全和健康法》,规定雇主必须为其雇员投保工人赔偿险,由于雇主责任造成的工伤事故,雇员将得到保险公司的赔偿,包括工资损失、医疗费用及康复费用。德国的工伤保险制度已有百余年历史。德国政府授权建筑业联合会负责建筑施工安全和工伤保险管理,规定每个承包商都必须加入所在地区的建筑业联合会,按照雇工人数和工种的危险程度向该会交纳工伤保险费,费率平均为雇员工薪总额的 1.36%。建筑业联合会承保的范围,包括在工地上发生的工伤、上班途中发生的伤亡事故以及职业病,但在工地上干私活、故意违章等行为除外。一旦发生了工伤事故,由建筑业联合会负责其康复和补偿事宜,与雇主不再发生任何关系。建筑业联合会收取的工伤保险费,首先用于安全培训教育、安全防范监督,尽可能地防止工伤事故的发生;在发生工伤事故时,则尽可能地实施抢救,最后才是对伤残亡职工给予经济补偿。

4. 十年责任险和两年责任险

十年责任险和两年责任险属工程质量保险,主要是针对工程建成后使用周期长、承包商流动性大的特点而设立,为合理使用年限内工程本身及其他有关人身财产提供保障。法国的《建筑职责与保险》中规定,工程项目竣工后,承包商应对工程主体部分在十年内承担缺陷保证责任,对设备在两年内承担功能保证责任。鉴于工程的质量责任期较长,一旦出现大的质量问题,不但承包商的经济负担重,业主也不能及时得到赔偿,因而法国规定承包商必须投保,否则不能承包相应的工程。在承包商向保险公司投保后,如果工程交付使用后第一年发生质量问题,由承包商负责维修并承担维修费用;其余九年发生质量问题,虽然仍由承包商负责维修,但维修费用由保险公司承担。保险费率根据工程风险程度、承包商声誉、质量检查深度等综合测定,一般为工程总造价的 1.5%~4%。保险公司为了少承担维修费用,将在施工阶段积极协助或监督承包商进行全面质量控制,以保证工程质量不出问题;承包商则为了声誉和少付保险费,也要加强质量管理,努力提高工程质量。

5.职业责任险

在国外,建筑师、结构工程师、咨询工程师等专业人士均要购买职业责任险(亦称专业责任保险、职业赔偿保险或业务过失责任保险),对因他们的失误或疏忽而给业主或承包商造成的损失,将由保险公司负责赔偿。如美国,凡需要承担职业责任的有关人员,如不参加保险,就不允许开业。职业责任保险可分普通职业保险和个人职业责任保险。前者由单位投保,以在投保单位工作的个人为保障对象;后者由个人投保,以保障投保人自己的职业责任风险。

6.机动车辆险

机动车辆险的标的,除了机动车本身外,还包括第三者责任险。承包商必须为事故发生率高的运输车辆进行保险。此外,国外还有带有担保性质的信用保险和保证保险。

7.信用保险

信用保险是指权利人要求保险人担保对方(被担保人)信用的保险。投保人是权利人,也是受益人。保险标的是被担保人的信用风险。信用保险只有投保人和保险人两方当事人。例如,承包商担心业主不能如期支付工程款,可向保险公司投保,以保障业主的支付信用,一旦业主不能正常付款,承包商可从保险公司获得相应的赔偿。

8.保证保险

保证保险则是义务人(被保证人)根据权利人的请求,要求保险人担保自己信用的保险。投保人是义务人,而权利人是受益人。保险标的是投保人自己的信用风险。保证保险有被保证人、权利人及保险人三方当事人。例如,承包商应业主的要求向保险公司投保,以保障自己将正常履行合同义务,一旦不能正常履约,保险公司将向业主赔偿相应的损失。

在早期,国外的投保人多为承包商,现在则普遍推行由业主向保险公司统一投保。因为,业主是工程风险转移的最终受益人,且统一投保可获保费折扣,并避免出现"漏重保"的现象。如美国,业主多采用两种方式统一投保:一是综合险,即业主将原由承包商、分包商、设计商等自行投保的险种集合起来,统一向保险公司投保(适用于特大型工程项目);二是散险,通常包括一般责任险、雇主责任险、职业责任险、机动车辆险、航运险、海运险等,是一个提供超出保单保险限额的险种。散险的承保范围较广,但要求也更为严格。

三、工程保险与工程担保的区别

工程担保和工程保险都是工程风险管理的重要手段。在发达国家,从事建设工程活动的各方如果没有取得相应的工程担保,或者没有购买相应的工程保险,几乎无法获得工程合同。而且,在提供工程担保或进行投保时,银行及其他担保人、保险公司都要对被担保人或投保人进行评估。但是,工程担保与工程保险之间也有着一些明显的区别。

(1)工程担保通常由三方当事人组成,即业主、承包商和担保人;工程保险则除保证保险外,一般只有保险公司和投保人两方当事人。

(2)工程担保是由被担保人向担保人交付费用,通过担保人向权利人提供担保,保障他人(即权利人)的利益不受损害;工程保险则是通过投保人向保险公司交付保险费,使自己的利益(雇主责任险除外)得到保障。

(3)工程担保是承担因被担保人违约或失误而造成的风险;工程保险则是承担投保人自

己无法控制或偶然的、意外的风险,其故意行为除外。

(4)在工程担保中,对被担保人提供担保的根本目的并不是转移风险,而是为了满足对方要求的信用保障;在工程保险中,投保人购买保险则是为了转移风险,以保障自身的经济利益。

(5)在工程担保中,担保人的风险远小于被担保人,只有被担保人的全部资产都赔付担保人后仍无法还清费用时,担保人才会蒙受损失;在工程保险中,保险公司是唯一的责任者,将为投保人发生的事故负责,所承担的风险要大。

(6)二者同属工程风险管理手段。在工程担保中,由担保人暂时承担风险,担保人可要求被担保人提供反担保或签订偿还协议书,担保人有权追索其代为履约所支付的全部费用;在工程保险中,是将工程风险转移给保险公司,最终由保险公司承担风险损失,无权向投保人进行追偿。保险公司收取一定的保险费。

(7)在工程担保中,被担保人因故不能履行合同时,担保人必须采取积极措施,保证合同能继续完成;在工程保险中,保险公司仅需按合同支付相应数额的赔偿,而无须承担其他责任。

工程担保和工程保险作为一种经济手段,可通过"守信者得酬偿,失信者受惩罚"的原则,建立起优胜劣汰的市场机制。让担保人和保险公司愿为其提供担保,担保人和保险公司为维护自身的经济利益,在提供工程担保或工程保险时,必须对申请人的资信、实力、履约记录等进行全面审核,并实行差别费率和对履约过程进行监督,通过这种制约机制和经济杠杆,可以迫使当事人提高素质、规范行为,保证工程的质量、工期和施工安全。此外,作为建设工程的当事人,也要通过工程担保或工程保险来分散、转移风险。

近几年来,我国相继颁布了《建筑法》、《担保法》、《保险法》、《合同法》、《招标投标法》和《建设工程质量管理条例》等法律、法规,为在我国推行工程担保和工程保险制度提供了重要的法律依据。一些地方也陆续开展了工程担保和工程保险的试点工作。如上海市,山东、河北、辽宁、重庆等省市也开展了意外伤害保险试点工作。北京市建委1998年10月发布了《关于进一步加强工程招标投标管理的若干规定》,提出"逐步推行发包付款保函制和承包履约保函制,并将其纳入招标程序管理"。深圳市对市政工程还要求承包人同业主联名投保建设工程一切险和第三者责任险,保险费用由业主支付。我国推行的工程险一般包括下列险种:一是以工程项目本身为保险标的的建设工程一切险;二是以安装工程为主体的工程项目为保险标的的安装工程一切险;三是以从事危险作业的职工的生命健康为保险标的的意外伤害险;四是以第三者的生命健康和财产为保险标的的第三者责任险;五是以设计人、咨询师(监理人)的设计、监理错误或员工工作疏漏给业主或承包商造成的损失为保险标的的职业责任险等。

2001年2月,中国人民保险公司、中国太平洋保险公司、中国平安保险股份有限公司三家保险公司联合与中国长江三峡工程开发总公司签署的关于长江三峡左岸电站设备安装工程保险、变压器及运输保险的一份保单,整个合同总保险金额超过100亿元。如国家电力公司、水利部、铁道部开始在投资构成中列入了保险费一项。

银行出于自身风险管理的需要,也会积极推进工程保险,例如:国家开发银行出台的《贷款项目工程保险管理暂行规定》明确规定,开发行人民币贷款的国家大中型建设项目以及贷款额在3000万元(含3000万元)以上的其他建设项目,借款人或工程承包方,原材料(设备)

制造方、运输方、供货方原则应当根据风险情况投保建设工程一切险、安装工程一切险或综合财产险,未经开发银行同意,借款人对申请的贷款项目不承诺实行工程投保的,开发银行不予评审。《建筑法》第48条规定:"建筑施工企业必须为从事危险作业的职工办理意外伤害保险,支付保险费"。据此,建筑施工企业职工意外伤害保险属强制性保险。建设部已于1999年12月正式发文,在北京、上海和深圳市开展了工程设计保险的试点工作。工程监理及其他工程咨询机构的执业责任险也应逐步组织试点。《建设工程质量管理条例》第40条明确规定:基础设施工程、房屋建筑的地基基础工程和主体结构工程,最低保修期限为该工程的合理使用年限。建设工程保修责任的落实,可采取担保的方式,这比采用保险方式更适宜。

思 考 题

1. 简述风险管理工作分几个阶段进行?
2. 工程项目的招投标风险有哪几类?
3. 担保有几种方式? 工程项目的担保有几大类? 分别属于什么性质的担保?
4. 简述我国建设工程保险的种类? 目前哪几类保险必须强制进行?
5. 保险和担保有什么区别? 分别适用于哪种场合?
6. 工程项目风险应对的策略有几种? 保险和担保是哪一种策略?
7. 简述项目决策和风险效应间的关系?
8. 投标保证金是一种保证但保吗? 说明理由?
9. 论述:运用工程招投标风险管理的相关知识说明如何对项目的招投标过程进行风险管理? 应该注意哪几方面的问题?

第四章　建设工程评标实务

第一节　建设工程开标、评标和中标

一、建设工程开标

标前会议后,投标人要办妥投标保函手续,并将投标书在规定截止日期前送达招标人接收。招标人出具标明签收人和签收时间的凭证,投标担保可以采用投标保函或投标保证金的方式,投标保证金可以使用支票、银行汇票等。投标保证金通常为投标总价的 2% 左右;房屋建筑和基础设施工程不超过 50 万元;建设工程不超过 80 万元。投标文件的密封和标志,常采用二层封套形式。内层封面写明投标人名称地址,外层封面写明招标人(名称)收、合同名称、招标编号、开标前不得拆封等。内外层封套都应按招标文件的规定做好密封标志。

投标文件提交后,在投标截止时间前可以补充、修改和撤回,补充和修改的内容为投标文件的组成部分。投标截止时间后再对投标文件作的补充和修改是无效的,如果再撤回投标文件,则投标保函或投标保证金不予退还。招标人在招标截止日期同一时间开标,开标是整个招标过程中程序最严密、能力要求最严格的阶段。开标由招标人主持,邀请所有的投标人和评标委员会的全体人员参加,招投标管理机构负责监督,大中型项目也可以请公证机关进行公证。开标时间应当为招标文件规定的投标截止时间的同一时间;开标地点通常为工程所在地的建设工程交易中心。开标的时间和地点应在招标文件中明确规定。

开标会议程序如下:

(1)投标人签到。签到记录是投标人是否出席开标会议的证明。

(2)招标人主持开标会议。主持人介绍参加开标会议的单位、人员及工程项目的有关情况;宣布开标人员名单、招标文件规定的评标定标办法和标底。

(3)开标:

1)检验各标书的密封。由投标人或其推选的代表检查,也可由公证人员检查,公证。

2)唱标。经检验确认各标书的密封无异常情况后,按投递标书的先后顺序,当众拆封投标文件,宣读投标人名称、投标报价和其他主要内容。投标截止时间前收到的所有投标文件都应当众予以拆封和宣读。

3)开标过程记录。开标过程应当做好记录,并存档备查。投标人也应做好记录,以收集竞争对手的信息资料。

4)宣布无效的投标文件

开标时,发现有下列情形之一的投标文件时,应当当场宣布其为无效投标文件,不得进入评标,投标文件未按照招标文件的要求予以密封或逾期送达的。投标函未加盖投标人的公章及法定代表人印章或委托代理人印章的,或者法定代表人的委托代理人没有合法的授权委托书(原件)。投标文件的关键内容字迹模糊、无法辨认的。投标人未按照招标文件的要求提供投标担保或没有参加开标会议的。联合体投标的投标文件未附联合体各方共同投标的协议或联合体章程。

二、评标概述

评标是招投标核心的环节。投标的目的也是为了中标,而决定目标能否实现的关键是评标。评标的原则是公开、公平、公正原则;标价合理原则;工期适当原则;尊重业主自主权原则;评标方法科学、合理原则。《招标投标法》对评标有原则性的规定,为了规范评标过程,按照我国《招标投标法》的规定,招标人应当采取必要的措施,保证评标在严格保密的情况下进行。评标委员会成员名单在开标前确定,在中标结果确定前应当保密。2001 年 7 月 5 日,国家发布了《评标委员会和评标方法暂行规定》,对评标活动规定的更加具体、规范。

(一)评标委员会的组织要求

1. 组建评标委员会

评标委员会由招标人负责组建,负责评标活动,向招标人推荐中标候选人或者根据招标人的授权直接确定中标人。评标委员会由招标人或其委托的招标代理机构熟悉相关业务的代表,以及有关技术、经济等方面的专家组成,成员人数为五人以上的单数,其中技术、经济等方面的专家不得少于成员总数的三分之二。评标委员会设负责人的,负责人由评标委员会成员推举产生或者由招标人确定,评标委员会负责人与评标委员会的其他成员有同等的表决权。

评标委员会的专家成员应当从省级以上人民政府有关部门提供的专家名册或者招标代理机构专家库内的相关专家名单中确定。确定评标专家,可以采取随机抽取或者直接确定的方式。一般项目,可以采取随机抽取的方式;技术特别复杂、专业性要求特别高或者国家有特殊要求的招标项目,采取随机抽取方式确定的专家难以胜任的,可以由招标人直接确定。《评标委员会和评标方法暂行规定》对专家提出三个要求,四项不宜。

2. 评标委员会成员条件

(1)从事相关专业领域工作满八年并具有高级职称或者同等专业水平;

(2)熟悉有关招标投标的法律法规,并具有与招标项目相关的实践经验;

(3)能够认真、公正、诚实、廉洁地履行职责。

有下列情形之一的人员,应当主动提出回避,不得担任评标委员会成员:投标人主要负责人的近亲属;项目主管部门或者行政监督部门的人员;与投标人有经济利益关系,可能影响投标公正评审的;曾因在招标投标有关活动中从事违法行为而受过行政处罚或刑事处罚的。

评标委员会成员应当客观、公正地履行职责,遵守职业道德,对评审意见承担个人责任。评标委员会成员不得私下接触任何投标人或者与招标结果有利害关系的人,不得收受他们的财物或者其他好处,不得透露与评标有关情况。

(二)评标的一般程序

评标的一般程序如下:

(1)开标会结束后,投标人退出会场,开始评标;

(2)评标委员会审阅评标文件,检查投标人对招标文件的响应情况和文件的完备情况;

(3)对审阅后的有效投标文件进行实质性评议;

(4)评标委员会要求投标人对投标文件中的实质内容进行说明和解释;

(5)评标委员会对评标结果审核,确定中标人顺序,形成评标报告;

(6)评标结果送招标投标管理机构审查,确认后,根据评标结果宣布中标人。

从评标组织评议的内容来看,通常可以将评标的程序分为两段三审。两段指初审和终审。初审即对投标文件进行符合性评审、技术性评审和商务性评审,从未被宣布为无效或作废的投标文件中筛选出若干具备授标资格的投标人。终审是指对投标文件进行综合评价与比较分析,对初审择选出的若干具备授标资格的投标人进行进一步澄清、答辩,择优确定出中标候选人。三审就是指对投标文件进行的符合性评审、技术性评审和商务性评审,一般只发生在初审阶段。应当说明的是,终审并不是每一项评标都必须有的,如未采用单项评议法的,一般就可不进行终审。在不分初审、终审的情况下,评标组织对投标文件内容的审查、评议程序,一般是:

(1)对投标文件进行符合性鉴定;

(2)对投标文件进行技术性评价;

(3)对投标文件进行商务性评价;

(4)对投标文件进行综合性评价与比较。

有些项目招标时,开始不进行资格预审,而采取将资格预审与评标相结合完成的方法,这种方法称为资格后审。即在确定中标候选人之前,评标委员会对投标人的资格进行审查,投标人只有符合招标文件要求的资质条件时,方可被确定为中标候选人或中标人。

(三)评标过程

1.评标的准备

(1)评标委员会成员应当编制供评标使用的相应表格,认真研究招标文件,熟悉以下内容:招标的目标,项目的范围和性质;招标文件中规定的主要技术要求、标准和商务条款;招标文件规定的评标标准、评标方法和在评标过程中考虑的相关因素。

(2)招标人或者其委托的招标代理机构应当向评标委员会提供评标所需的重要信息和数据。招标人设有标底的,标底应当保密,并在评标时作为参考。

(3)评标委员会应当按照投标报价的高低或者招标文件规定的其他方法对投标文件排序。以多种货币报价的,应当按照中国银行在开标日公布的汇率中间价换算成人民币。招标文件应当规定汇率标准和汇率风险,未规定的汇率风险由投标人承担。

2.初步评审

(1)投标文件的符合性评审。投标文件的符合性评审包括商务符合性和技术符合性鉴定。投标文件应实质上响应招标文件的条款,无显著的差异或保留(显著的差异或保留是对工程的范围、质量及使用性能产生实质性影响;偏离了招标文件的要求,而对合同中规定的业主的权力或者投标人的义务造成实质性的限制;纠正这种差异或者保留将会对提交了实质性响应要求的投标书的其他投标人的竞争地位产生不公正影响)。

(2)投标文件的技术性评审。投标文件的技术性评审包括:方案可行性评估和关键工序评估;劳务、材料、机械设备、质量控制措施评估以及对施工现场周围环境污染的保护措施评估。

(3)投标文件的商务性评审。投标文件的商务性评审包括:投标报价校核,审查全部报价数据计算的正确性,分析报价构成的合理性,并与标底价格进行对比分析。修正后的投标报价经投标人确认后对其起约束作用。

(4)投标文件的澄清说明。评标委员会可以召开答辩会(针对某投标人),要求投标人对投标文件中澄清或者说明不明确的内容,但是不能改变投标文件的实质性内容。

澄清和说明招标文件有利于评标委员会对投标文件的审查、评审和比较。它包括投标文件中含义不明确,表述不一致或者有明显文字和计算错误的内容。投标文件中的大写金额和小写金额不一致的,以大写金额为准。总价金额与单价金额不一致的,以单价金额为准,但单价金额小数点有明显错误的除外,对不同文字文本投标文件的解释发生异议的,以中文文本为准(指国内工程招投标和境内国际工程招投标)。

如果投标人利用澄清的机会,乘机对其投标文件做出了实质性的修改、补充、撤回,则应承担缔约违约责任。招标人以书面方式要求投标人澄清、补正投标文件的细微偏差内容。澄清或者补正应以书面方式进行,投标人的澄清或补正内容将作为投标文件的组成部分。投标人拒不按照要求对投标文件进行澄清或者补正的,招标人将否决其投标,并没收其投标担保。招标人不接受投标人主动提出的澄清。

(5)投标人废标的认定。弄虚作假,以他人的名义投标、串通投标、行贿谋取中标等其他方式投标的,该投标人的投标应作废标处理。报价低于其个别成本,投标人的投标报价可能低于其个别成本的,应当要求该投标人书面说明,提供相关证明材料。投标人不能合理说明或者不能提供相关证明材料的,评标委员会认定该投标人低于成本报价竞标,其投标应作废标处理。评标委员会一定要慎重,不能把低于标底就确认为恶意低价竞标;投标人不具备资格条件或国家有关规定和招标文件要求的,拒不按照要求对投标文件进行澄清、说明或者补正的,评标委员会都可以否决其投标;未能在实质上响应招标文件的投标,投标文件与招标文件有重大偏差,应作废标处理。

(6)响应性审查。评标委员会应当分别对投标书的技术部分和商务部分进一步评审,应当审查投标文件是否响应了招标文件的实质性要求和条件,并逐项列出投标文件的全部投标偏差,投标偏差分为重大偏差和细微偏差。

下列情形属于重大偏差,即属于非实质性响应投标,应按规定作废标处理:没有按照招标文件要求提供投标担保或者所提供的投标担保有瑕疵;投标文件没有投标人授权代表签字和加盖公章;投标文件载明的招标项目完成期限超过招标文件规定的期限;明显不符合技术规格、技术标准的要求;投标文件载明的货物包装方式、检验标准方法等不符合招标文件的要求;投标文件附有招标人不能接受的条件;不符合招标文件中规定的其他实质性要求。

细微偏差是指投标文件在实质上响应招标文件要求,个别地方漏项或者提供了不完整的技术信息和数据等情况,补正这些遗漏或不完整不会对其他投标人造成不公平的结果。细微偏差不影响投标文件的有效性。评标委员会应当书面要求其评标结束前予以补正。拒不补正的,在详细评审时可以作不利于该投标人的量化,量化标准应当在招标文件中规定。常见细微偏差的如算术性复核中发现的算术性差错;在招标人给定的工程量清单中漏报了某个工程细目的单价和合价;在招标人给定的工程量清单中多报某个工程细目的单价和合价或所报单价增加或减少了报价范围;在招标人给定的工程量清单中修改了某些支付号的工程数量;除强制性标准规定之外,拟投入本合同段的施工、检测设备、人员不足;施工组织设计(含关键工程技术方案)不够完善。

细微偏差的处理办法是按规定对算术性差错予以修正;对于漏报的工程细目单价和合价以及其中减少的报价内容视为含入其他工程细目的单价和合价中;对于多报的工程细目报价或工程细目报价中增加的部分报价从评标价中扣除;对于修改了工程数量的工程细目报价按招标人给定的工程数量乘以投标人所报单价的合价修正,评标价作相应调整;在施工、检测设备或人员单项评分中酌情扣分,但最多扣分不得超过该单项评分满分的 40%;在施工组织设计(含关键工程技术方案)评分中酌情扣分,但最多扣分不得超过该单项评分满分的 40%。

(7)有效投标不足三家的处理。《评标委员会和评标方法暂行规定》规定,如果否决不合格投标者后,因有效投标不足三个,使得投标明显缺乏竞争的,评标委员会可以否决全部投标。招标人应当依法重新招标。

《评标委员会和评标方法暂行规定》的实际意义在于打击"陪标"现象。因为投标人故意把"陪标人"的文件做得毛病百出,导致废标。结果只有该投标人的文件为有效标。仅仅按照《招标投标法》的规定,招标投标的监督机关是无能为力的。但《评标委员会和评标方法暂行规定》恰好弥补《招标投标法》的未尽事宜,招标人可依法重新招标。

3．详细评审

经初步评审合格的投标文件,评标委员会应当根据招标文件确定的评标标准和方法,对其技术部分和商务部分做进一步评审、比较。中标人的投标应当符合下列条件之一:能够最大限度地满足招标文件中规定的各项综合评标标准;能够满足招标文件的实质性要求,并且经评审的投标价格最低,但是投标价格低于成本的除外。没有标底的招标项目,评标委员会在评标时应当有参考标底。评标委员会完成评标后,应当向招标人提出书面评标报告,并推荐合格的中标候选人。招标人根据评标委员会提出的书面评标报告和推荐的中标候选人确定中标人,招标人也可以授权评标委员会直接确定中标人。评标只对有效投标进行评审。评标方法包括经评审的最低投标价法、综合评估法或者法律、行政法规允许的其他评标方法,如双信封评标法、专家评议法等。

经评审的最低投标价法

(1)含义。这种评标方法是按照评审程序,经初审后,以合理低标价作为中标的主要条件。合理的低标价必须是经过终审,进行答辩,证明是实现低标价的措施有力可行的报价。但不保证是最低的投标价中标。这种方法在比较价格时必须考虑一些修正因素,因此也有一个评标的过程。世界银行、亚洲开发银行等都是以这种方法作为主要的评标方法。因为在市场经济条件下,投标人的竞争主要是价格的竞争,而其他的一些条件如质量、工期等已经在招标文件中确定,投标人必须响应招标人的这些要求。信誉等因素则是资格预审中的因素,信誉不好的企业应当在资格预审时淘汰。

(2)最低投标价法的适用范围。按照《评标委员会和评标方法暂行规定》的规定,经评审的最低投标价法一般适用于具有通用技术、性能标准或者招标人对其技术、性能没有特殊要求的普通招标项目,如一般的住宅工程的施工项目。

(3)最低投标价法的评标要求。采用经评审的最低投标价法的,评标委员会应当根据招标文件中规定的评标价格调整方法,对所有投标人的投标报价以及投标文件的商务部分作必要的价格调整。需要考虑的修正因素包括:一定条件下的优惠(如世界银行贷款项目对借款国国内投标人有 7.5% 的评标价优惠);工期提前的效益对报价的修正;同时投多个标段的评标修正等,这些修正因素都应当在招标文件中有明确的规定。中标人的投标应当符合招标文件规定的技术要求和标准,但评标委员会不得对投标文件的技术部分进行价格折算。根据经评审的最低投标价法详细评审后,评标委员会应当拟定一份"标价比较表",连同书面评标报告提交招标人。"标价比较表"应当载明投标人的投标报价、对商务偏差的价格调整和说明以及经评审的最终投标价。

综合评估法

(1)综合评估法含义。最大限度地满足招标文件中规定的各项综合评价标准的投标,应当推荐为中标候选人。衡量投标文件是否最大限度地满足招标文件中规定的各项评价标准,可以采取折算为货币的方法、打分的方法或者其他方法。需量化的因素及其权重应当在招标文件中明确规定。

在综合评估法中,最为常用的方法是百分法。这种方法是将评审各指标分别在百分之内所占比例和评标标准在招标文件内规定。开标后按评标程序,根据评分标准,由评委对各投标人的标书进行评分,最后以总得分最高的投标人为中标人。这种评标方法长期以来一直是建设工程领域采用的主流评标方法。在实践中,百分法有许多不同的操作方法,其主要区别在于:这种评标方法的价格因素的比较需要有一个基准(或者被称为参考),如报价以标底作为基准,为了保密,基准价的确定有时加入投标人的报价。

对于设计、监理等的招标,需要竞争的不是投标人的价格,不能以报价作为惟一或者主要的评标内容。但是,对于建设工程施工招标,以此种方法评标要合理量化各评分项目权重。

(2)综合评估法的评标要求

评标委员会对各个评审因素进行量化时,应当将量化指标建立在同一基础或标准上,使各投标文件具有可比性。对技术部分和商务部分进行量化后,评标委员会应当对这两部分的量化结果进行加权,计算出每一投标的综合评估价或者综合评估分。

三、定标

定标即决标,是业主对满意的合同要约(投标书)做出承诺的法律行为。

(一)招标人应当在投标有效期内定标

投标有效期是招标文件规定的从投标截止日起至中标人公布日止的期限。一般不能延长,因为它是确定投标保证金有效期的依据。如确需延长,报招投标主管部门备案,延长投标有效期。同时要获得投标人的同意。招标人应当向投标人书面提出延长要求,投标人应作书面答复。投标人不同意延长投标有效期的,视为投标截止前的撤回投标,招标人应当退回其投标保证金。同意延长投标有效期的投标人,不得因此修改投标文件,而应相应延长投标保证金的有效期。除不可抗力原因外,因延长投标有效期造成投标人损失的,招标人应当给予补偿。

(二)定标方式

(1)定标时,应当由业主行使决策权。招标人根据评标委员会提出的书面评标报告,在中标候选人的推荐名单中确定中标人。招标人也可以通过授权委托评标委员会直接确定中标人。

(2)定标的原则:中标人的投标能够最大限度地满足招标文件规定的各项综合评价标准。中标人的投标能够满足招标文件的实质性要求,并且经评审的评标价格最低,但是低于成本的投标价格除外。

（3）优先确定排名第一的中标候选人为中标人，如果第一候选人因故弃标，顺序确定第二名为中标人。

（4）提交招投标情况书面报告及发出中标通知书。评标报告包含业主的评标报告和评标委员会的评标报告。招标人按规定确定中标人以后，自确定中标人之日起15日内，向工程所在地县级以上的建设行政主管部门提交招投标情况的书面报告，发出中标通知书。招投标情况书面报告格式如下：

【招标单位的评标报告格式】

评标报告一般包括以下内容：

一、项目概述

主要包括：

1. 项目前期工作和批准情况简述

2. 招标项目规模、标准描述

3. 招标项目通过（所在）地区地形、地质情况的简单描述

4. 招标方式、方法及合同段的划分等

5. 招标代理机构的选择

二、招标过程回顾

主要包括：

1. 招标公告

2. 资格预审结果

3. 招标文件发售及标前会议情况

4. 开标情况

三、评标工作组织及评标程序

主要包括：

1. 评标委员会组成情况

2. 评标工作时间和评标程序安排

3. 评标细则

四、中标人的确定

主要包括：

1. 中标候选人基本情况

2. 确定中标人说明

3. 中标通知书

【评标委员会的评标报告】

评标委员会的评标报告一般应包括以下内容：

一、评标工作回顾

二、评标委员会组成情况

三、废标情况说明

四、澄清、说明事项纪要

五、综合评价后的投标人排序

六、评标结果和推荐的中标候选人

七、附表（评标委员会名单，综合得分排序表）

八、评标细则

评标委员会全体成员应当在评标报告上签字。对评标结论持有异议的评标委员会成员可以用书面方式阐述其不同意见和理由,评标委员会成员拒绝在评标报告上签字但不陈述其不同意见和理由的,视为同意评标结论。

(5)退回招标文件的押金

在招标与投标中公布中标结果后,未中标的投标人应当在公布中标通知书后的七天内退回招标文件和相关的图纸资料,同时招标人应当退回未中标投标人的投标文件和发放招标文件时收取的押金。

合同的内容已在招标文件中作了明确规定,一般不作更改,然而在正式签订合同之前,通常还要进行谈判磋商,最后签订正式合同。

(三)合同的履行

合同的履行,是指合同双方当事人各自按照合同的规定完成其应承担的义务的行为,在此特指中标人应当按照合同的约定履行义务,完成中标项目的行为。

(四)整理与归档

合同签订后,标志着招标工作已经结束,招标人和投标人建立合同法律关系。招标人在招标结束后,应对招投标过程中的一系列资料进行妥善保存,以便查考。

第二节 评标案例分析

【案例 4-1】 运用经评审的最低投标价法评标

背景

某国外援助资金建设项目施工招标,该项目是职工住宅楼和普通办公大楼,标段划分甲、乙两个标段。招标文件规定:国内投标人有 7.5% 的评标价优惠;同时投两个标段的投标人给予评标优惠;若甲标段中标,乙标段扣减 4% 的作为评标价优惠;合理工期为以 24～30 个月内,评标工期基准为 24 个月,每增加 1 月在评标价加 0.1 百万元。经资格预审有 A、B、C、D、E 五个承包商的投标文件获得通过,其中 A、B 两投标人同时对甲乙两个标段进行投标:B、D、E 为国内承包商。承包商的投标情况,见表 4-1。

承包商投标情况 表 4-1

投　标　人	报价(百万元)		投标工期(月)	
	甲　段	乙　段	甲　段	乙　段
A	10	10	24	24
B	9.7	10.3	26	28
C		9.8		24
D	9.9		25	
E		9.5		30

问题

1.该工程采用什么招标方式?如果仅邀请 3 家施工单位投标,是否合适?为什么?

2. 可否按综合评标得分最高者中标的原则确定中标单位? 你认为什么方式合适并说明理由?

3. 若按经评审的最低投标价法评标,是否可以把质量承诺作为评标的投标价修正因素? 为什么?

4. 确定两个标段的中标人?

分析要点

本案例考核招标方式和评标方法的运用。要求熟悉招标的运用条件及有关规定,并能根据给定的条件正确选择评标办法。本案例的问题均是课本的基本知识要点的反映,目的是提高学员阅读理解能力,实现素质教育宗旨,重点是评标的方法。

答案

问题1:

答:采用公开招标的方式。不合适,因为根据有关规定,对于技术复杂的工程,允许采用邀请招标方式,邀请参加投标的单位不得少于3家。而公开招标投标人应该适当超过三家。

问题2:

答:不宜,应该采用经评审的最低投标价法评标,其一,因为经评审的最低投标价法评标一般适用于施工招标,需要竞争的是投标人的价格,报价是主要的评标内容。其二因为经评审的最低投标价法适用于具有通用技术、性能标准或者招标人对其技术、性能没有特殊要求的普通招标项目。如一般的住宅工程的施工项目。

问题3:

答:能,因为质量承诺是技术标的内容,可以作为最低投标价法的修正因素。

问题4:

答:评标结果如下:

甲段,见表4-2。

甲标段评标结果　　　　　　　　　　　　　　　　　　表4-2

投标人	报价(百万元)	修　正　因　素		评标价(百万元)
		工期因素(百万元)	本国优惠(百万元)	
A	10		+0.75	10.75
B	9.7	+0.2		9.9
D	9.9	+0.1		10

因此,甲段的中标人应为投标人B。

乙段,见表4-3。

乙标段评标结果　　　　　　　　　　　　　　　　　　表4-3

投标人	报价(百万元)	修　正　因　素			评标价(百万元)
		工期因素(百万元)	两个标段优惠 (百万元)	本国优惠(百万元)	
A	10			+0.75	10.75
B	10.3	+0.4	-0.412		10.288
C	9.8			+0.735	10.535
E	9.5	+0.6			10.1

因此,乙段的中标人应为投标人 E。

【案例 4-2】

背景

某建设工程项目采用公开招标方式,有 A、B、C、D、E、F 共 6 家承包商参加投标,经资格预审该 6 家承包商均满足业主要求。该工程采用两阶段评标法评标,评标委员会由 7 名委员组成,评标的具体规定如下:

1. 第一阶段评技术标

技术标共计 40 分,其中施工方案 15 分,总工期 8 分,工程质量 6 分,项目班子 6 分,企业信誉 5 分。

技术标各项内容的得分,为各评委评分去除一个最高分和一个最低分后的算术平均值。

技术标合计得分不满 28 分者,不再评其商务标。

评标情况见表 4-4、表 4-5。

各评委对 6 家承包商施工方案评分的汇总表　　　　表 4-4

投标单位＼评标	一	二	三	四	五	六	七
A	13.0	11.5	12.0	11.0	11.0	12.5	12.5
B	14.5	13.5	14.5	13.0	13.5	14.5	14.5
C	12.0	10.0	11.5	11.0	10.5	11.5	11.5
D	14.0	13.5	13.5	13.0	13.5	14.0	14.5
E	12.5	11.5	12.0	11.0	11.5	12.5	12.5
F	10.5	10.5	10.5	10.0	9.5	11.0	10.5

各承包商总工期、工程质量、项目班子、企业信誉得分汇总表　　　　表 4-5

投标单位	总工期	工程质量	项目班子	企业信誉
A	6.5	5.5	4.5	4.5
B	6.0	5.0	5.0	4.5
C	5.0	4.5	3.5	3.0
D	7.0	5.5	5.0	4.5
E	7.5	5.5	4.0	4.0
F	8.0	4.5	4.0	3.5

2. 第二阶段评商务标

商务标共计 60 分。以标底的 50％与承包商报价算术平均数的 50％之和为基准价,但最高(最低)报价高于(低于)次高(次低)报价的 15％者,在计算承包商报价算术平均数时不予考虑,且商务标得分为 15 分。

以基准价为满分(60 分),报价比基准价每下降 1％,扣 1 分,最多扣 10 分;报价比基准价每增加 1％,扣 2 分,扣分不保底。

商务标评标汇总见表4-6。

标底和各承包商的报价汇总表(单位:万元) 表4-6

投标单位	A	B	C	D	E	F	标底
报　价	13656	11108	14303	13098	13241	14125	13790

3．评分的最小单位为0.5,计算结果保留二位小数。

问题

1．请按综合得分最高者中标的原则确定中标单位。

2．若该工程未编制标底,以各承包商报价的算术平均数作为基准价,其余评标规定不变,试按原定标原则确定中标单位。

3．该工程评标委员会人数是否合法? 评标委员会2名委员由招标办专业干部组成,是否可行?

分析要点

本案例也是考核评标方法的运用。本案例旨在强调两阶段评标法所需注意的问题和报价合理性的要求。虽然评标大多采用定量方法,但是,实际仍然在相当程度上受主观因素的影响,这在评定技术标时显得尤为突出,因此需要在评标时尽可能减少这种影响。例如,本案例中将评委对技术标的评分去除最高分和最低分后再取算术平均数,其目的就在于此。商务标的评分似乎较为客观,但受评标具体规定的影响仍然很大。本案例通过问题2结果与问题1结果的比较,说明评标的具体规定不同,商务标的评分结果可能不同,甚至可能改变评标的最终结果。

针对本案例的评标规定,特意给出最低报价低于次低报价15%和技术标得分不满28分的情况,而实践中这两种情况是较少出现的。从考试的角度来考虑,也未必用到题目所给出的全部条件。

答案

问题1:

解:各承包商施工方案评分和技术标评分分别见表4-7、表4-8。

计算各承包商施工方案的得分 表4-7

投标单位＼评委	一	二	三	四	五	六	七	平均得分
A	13.0	11.5	12.0	11.0	11.0	12.5	12.5	11.9
B	14.5	13.5	14.5	13.0	13.5	14.5	14.5	14.1
C	12.0	10.0	11.5	11.0	10.5	11.5	11.5	11.2
D	14.0	13.5	13.5	13.0	13.5	14.5	14.5	13.7
E	12.5	11.5	12.0	11.0	11.5	12.5	12.5	12.0
F	10.5	10.5	10.5	10.0	9.5	11.0	10.5	10.4

计算各承包商技术标的得分　　　　　　　　　　　　　　表 4-8

投标单位	施工方案	总工期	工程质量	项目班子	企业信誉	合　计
A	11.9	6.5	5.5	4.5	4.5	32.9
B	14.1	6.0	5.0	5.0	4.5	34.6
C	11.2	5.0	4.5	3.5	3.0	27.2
D	13.7	7.0	5.5	5.0	4.5	35.7
E	12.0	7.5	5.0	4.0	4.0	32.5
F	10.4	8.0	4.5	4.0	3.5	30.4

由于承包商 C 的技术标仅得 27.2,小于 28 分的最低限,按规定不再评其商务标,实际上已作为废标处理。

计算各承包商的商务标得分

∵ $(13098-11108)/13098=15.19\% > 15\%$

$(14125-13656)/13656=3.43\% < 15\%$

∴承包商 B 的报价(11108 万元)在计算基准价时不予考虑。

则:基准价 $=13790\times50\% + (13656+13098+13241+14125)/4\times50\%=13600$ 万元

各承包商的商务标评分见表 4-9。

各承包商的商务标得分　　　　　　　　　　　　　　表 4-9

投标单位	报价(万元)	报价与基准价的比例(%)	扣　分	得　分
A	13656	$(13656/13660)\times100=99.97$	$(100-99.7)\times1=0.03$	59.97
B	11108			15.00
D	13098	$(13098/13660)\times100=95.89$	$(100-95.89)\times1=4.11$	55.89
E	13241	$(13241/13660)\times100=96.93$	$(100-96.93)\times1=3.07$	56.93
F	14125	$(14125/13660)\times100=103.40$	$(103.40-100)\times2=6.80$	53.20

计算各承包商的综合得分见表 4-10。

各承包商综合得分　　　　　　　　　　　　　　表 4-10

投标单位	技术标得分	商务标得分	综合得分
A	32.9	59.97	92.47
B	34.6	15.00	49.60
D	35.7	55.89	91.59
E	32.5	56.93	89.43
F	30.4	53.20	83.60

问题 2:

答:计算各承包商的商务标得分见表 4-11。

各承包商的商务标得分　　　　　　　　　　　　　　表 4-11

投标单位	报价(万元)	报价与基准价的比例(%)	扣　分	得　分
A	13656	$(13656/13530)\times100=100.93$	$(100.93-100)\times2=1.86$	58.14
B	11108			15.00

投标单位	报价(万元)	报价与基准价的比例(%)	扣　　分	得　　分
D	13098	$(13098/13530)\times100=96.81$	$(100-96.81)\times1=3.19$	56.81
E	13241	$(13241/13530)\times100=97.86$	$(100-97.86)\times1=2.14$	57.86
F	14125	$(14125/13530)\times100=104.44$	$(104.44-100)\times2=8.88$	51.12

基准价 $=(13656+13098+13241+14125)/4=13530$ 万元

计算各承包商的综合得分见表 4-12。

各承包商综合得分　　　　　　　　　　　　　　表 4-12

投　标　单　位	技　术　标　得　分	商　务　标　得　分	综　合　得　分
A	32.9	58.14	91.04
B	34.6	15.00	49.6
D	35.7	56.81	92.51
E	32.5	57.86	90.36
F	30.4	51.12	81.52

因为承包商 D 的综合得分最高,故应选择其为中标单位。

问题 3:

答:合法,不可行。

【案例 4-3】

某建设工程施工企业通过资格预审后,对招标文件进行了仔细分析,发现业主所提出的工期要求过于苛刻,且合同条款中规定每拖延 1 天工期罚合同价的 19%。若要保证实现该工期要求,必须采取特殊措施,从而大大增加成本;还发现原设计结构方案采用框架剪力墙体系过于保守。因此,该投标人在投标文件中说明业主的工期要求难以实现,因而按自己认为的合理工期(比业主要求的工期增加 6 个月)编制施工进度计划并据此报价;还建议将框架剪力墙体系改为框架体系,并对这两种结构体系进行了技术经济分析和比较,证明框架体系不仅能保证工程结构的可靠性和安全性,增加使用面积,提高空间利用的灵活性,而且可降低造价约 39%。该投标人将技术标和商务标分别封装,在封口处加盖本单位公章和项目经理签字后,在投标截止日期前 1 天上午将投标文件报送业主。次日(即投标截止当天)下午,在规定的开标时间前 1 小时,该投标人又递交了一份补充材料,其中声明将原报价降低 49%。但是,招标单位的有关工作人员认为,根据国际上"一标一投"的管理,一个投标人不得递交两份投标文件,因而拒收该投标人的补充材料。

开标会由市招标办的工作人员主持,市公证处有关人员到会,各投标单位代表均到场。开标前,市公证处人员对各投标单位的资质进行审查,并对所有投标文件进行审查,确认所有投标文件均有效后,正式开标。主持人宣读投标单位名称、投标价格、投标工期和有关投标文件的重要说明。

问题

1. 该投标人投标过程是否得当? 请加以说明。在评标时有可能会出现什么问题?

2. 从所介绍的背景资料来看,在该项目招标程序中存在哪些问题? 请分别作简单说明。

3. 在规定的开标时间前 1 小时,该投标人递交了补充材料,将原报价降低 49%。但是,招标单位拒收该投标人的补充材料。招投标人是否有不妥之处?

4. 投标人增加建议方案是否有不妥之处? 说明理由。

分析要点

本案例也是考核评标方法的运用。本案例旨在强调评标时需注意对理论的全面运用,深刻理解。如问题 2 给学员的启示是简单内容,须深刻理解,才能灵活运用。

答案

问题 1:

答:该投标人运用多方案报价法、增加建议方案法和突然降价法。多方案报价时,必须对原方案报价,建议方案作为备选同时另报。而该投标人说明该工期要求难以实现,却并未报出相应的投标价。在投标文件的符合性评审时,该投标人不按原招标书要求报价。投标文件未实质上响应招标文件的条款,有显著的保留,初步评审不能通过。

问题 2:

答:该项目招标程序中存在以下问题:①招标单位的有关工作人员不应拒收的补充文件,因为投标人在投标截止时间之前所递交的任何正式书面文件都是有效文件,都是投标文件的有效组成部分,也就是说,补充文件与原投标文件共同构成一份投标文件,而不是两份相互独立的投标文件。②根据《中华人民共和国招标投标法》,应由招标人(招标单位)主持开标会,并宣读投标单位名称、投标价格等内容,而不应该由市招投标办工作人员主持和宣读。③资格审查应在投标之前进行,公证处人员无权对投标人资格进行审查,其到场的作用在于确认开标的公正性和合法性。④公证处人员确认所有投标文件均为有效标书是错误的,因为该承包商的投标文件仅有单位公章和项目经理的签字,而无法定代表人或其代理人的印鉴,作为废标处理。即使该承包商的法定代表人赋予该项目经理有合同签字权,且有正式的委托书,该投标文件仍应作废标处理。

问题 3:

答:原投标文件的递交时间比规定的投标截止时间仅提前 1 天多,这既是符合招投标法律法规要求,起到了迷惑竞争对手的作用。若提前时间太多,会引起竞争对手的怀疑,而在开标前 1 小时突然递交一份补充文件,这时竞争对手已不可能再调整报价了。

问题 4:

答:增加建议方案完全正确,通过对两个结构体系方案的技术经济分析和比较(这意味着对两个方案均报了价),论证了建议方案(框架体系)的技术可行性和经济合理性,对业主有很强的说服力。

【案例 4-4】

背景

某办公楼工程全部由政府投资兴建。该项目为该市建设规划的重点项目之一,且已列入地方年度固定投资计划,概算已经主管部门批准,征地工作尚未全部完成,施工图纸及有关技术资料齐全。现决定对该项目进行施工招标。因估计除本市施工企业参加投标外还可能有外省市施工企业参加投标,故招标人委托咨询单位编制了两个标底,准备分别用于对本市和外省市施工企业投标价的评定。招标人于 2000 年 3 月 5 日向具备承担该项目能力的

A、B、C、D、E 五家承包商发出投标邀请书,其中说明,3 月 10～11 日 9～16 时在招标人总工程师室领取招标文件,4 月 5 日 14 时为投标截止时间。该五家承包商均接受邀请,并领取了招标文件。3 月 18 日招标人对投标单位就招标文件提出的所有问题统一作了书面答复,随后组织各投标单位进行了现场踏勘。4 月 5 日这五家承包商均按规定的时间提交了投标文件。但承包商 A 在送出投标文件后发现报价估算有较严重的失误,遂赶在投标截止时间前 10 分钟递交了一份书面声明,撤回已提交的投标文件。

开标时,由招标人委托的市公证处人员检查投标文件的密封情况,确认无误后,由工作人员当众拆封。由于承包商 A 已撤回投标文件,故招标人宣布有 B、C、D、E 四家承包商投标,并宣读该四家承包商的投标价格、工期和其他主要内容。

评标委员会委员由招标人直接确定,共由 7 人组成,其中招标人代表 2 人,技术专家 3 人,经济专家 2 人。

按照招标文件中确定的综合评标标准,4 个投标人综合得分从高到低的依次顺序为 B、C、D、E,故评标委员会确定承包商 B 为中标人。由于承包商 B 为外地企业,招标人于 4 月 8 日将中标通知书寄出,承包商 B 于 4 月 12 日收到中标通知书。最终双方于 5 月 12 日签订了书面合同。

问题

1. 从招标投标的性质看,本案例中的要约邀请、要约和承诺的具体表现是什么?
2. 招标人对投标单位进行资格预审应包括哪些内容?
3. 在该项目的招标投标程序中哪些方面不符合《招标投标法》的有关规定?

分析要点:

本案例是考核招标程序和《招标投标法》的有关规定的运用。提高学员的招投标业务能力。

答案

问题 1:

答:在本案例中,要约邀请是招标人的投标邀请书,要约是投标人提交的投标文件,承诺是招标人发出的中标通知书。

问题 2:

答:招标人对投标单位进行资格预审应包括以下内容:投标单位组织与机构和企业概况;近 3 年完成工程的情况;目前正在履行的合同情况;资源方面,如财务状况、管理人员情况、劳动力和施工机械设备等方面的情况;其他情况(各种奖励和处罚等)。

问题 3:

答:该项目招标投标程序中在以下几方面不符合《招标投标法》的有关规定,分述如下:

①本项目征地工作尚未全部完成,不具备施工招标的必要条件,因而尚不能进行施工招标。

②不应编制两个标底,因为根据规定,一个工程只能编制一个标底,不能对不同的投标单位采用不同的标底进行评标。

③现场踏勘应安排在书面答复投标单位提问之前,因为投标单位对施工现场条件也可能提出问题。

④招标人不应仅宣布 4 家承包商参加投标。按国际惯例,虽然承包商 A 在投标截止时

间前撤回投标文件,但仍应作为投标人宣读其名称,但不宣读其投标文件的其他内容。

⑤评标委员会委员不应全部由招标人直接确定。按规定,评标委员会中的技术、经济专家,一般招标项目应采取(从专家库中)随机抽取方式,特殊招标项目可以由招标人直接确定。本项目显然属于一般招标项目。

⑥订立书面合同的时间不符合法律规定。招标人和中标人应当自中标通知书发出之日(不是中标人收到中标通知书之日)起30日内订立书面合同,而本案例为34日,已经违反了法律规定。

思 考 题

1.【背景】某大型工程,由于技术难度大,对施工单位的施工设备和同类工程施工经验要求高,而且对工期的要求也比较紧迫。业主在对有关单位和在建工程考察的基础上,仅邀请了3家国有一级施工企业参加投标,并预先与咨询单位和该3家施工单位共同研究确定了施工方案。业主要求投标单位将技术标和商务标分别装订报送。经招标领导小组研究确定的评标规定如下:

(1)技术标共30分,其中施工方案10分(因已确定施工方案,各投标单位均得10分)、施工总工期10分、工程质量10分。满足业主总工期要求(36个月)者得4分,每提前1个月加1分,不满足者不得分;自报工程质量合格者得4分,自报工程质量优良者得6分(若实际工程质量未达到优良将扣罚合同价的2%),近3年内获鲁班工程奖每项加2分,获省优工程奖每项加1分。

(2)商务标共70分。报价不超过标底(35500万元)的±5%者为有效标,超过者为废标。报价为标底的98%者得满分(70分),在此基础上,报价比标底的98%每下降1%,扣1分,每上升1%,扣2分(计分按四舍五入取整)。

(3)各投标单位有关情况见表4-13。

各投标单位的有关情况   表4-13

投标单位	报价(万元)	总工期(月)	报工程质量	鲁班工程奖	省优工程奖
A	35642	33	优　良	1	1
B	34364	31	优　良	0	2
C	33867	32	优　良	0	1

【问题】

(1)该工程采用邀请招标方式且仅邀请3家施工单位投标,是否违反有关规定?为什么?

(2)请按综合评标得分最高者中标的原则确定中标单位。

(3)若改变该工程评标的有关规定,将技术标增加到40分,其中施工方案20分(各投标单位均得20分),商务标减少为60分,是否会影响评标结果?为什么?若影响,应由哪家施工单位中标?

【提示】

本案例考核招标方式和评标方法的运用。要求熟悉邀请招标的运用条件及有关规定,并能根据给定的评标办法正确选择中标单位。本案例所规定的评标办法排除了主观因素,因而各投标单位的技术标和商务标的得分均为客观得分。但是,这种"客观得分"是在主观规定的评标方法的前提下得出的,实际上不是绝对客观的。因此,当各投标单位的得分较为接近时,需要慎重决策。

2.【背景】有一工程施工项目采用邀请招标方式,经研究考察确定邀请五家具备资质等级的施工企业参加投标,各投标人按照技术、经济分为两个标书,分别装订报送,经招标领导小组研究确定评标原则为:

(1)技术标占总分30%。

(2)经济标占总分70%,其中报价占30%、工期占20%、企业信誉占10%、施工经验占10%。

(3)各单项评分满分均为100分,计算中小数点后取一位。

(4)报价评分原则为:以标底的正负3%合理报价,超过认为是不合理报价,计分以合理报价的下限为100分,标价上升1%扣10分。

(5)工期评分原则为:以定额工期为准提前15%为100分,每延后5%扣10分,超过定额工期者被淘汰。

(6)企业信誉评分原则为:企业近三年工程优良率为准,100%为满分,如有国家级获奖工程,每项加20%,如有省市优良工程奖每项加10%。

(7)施工经验的评分原则为:企业近3年承建的类似工程与承建总工程百分比计算,100%为100分。

下面是五家投标单位投标报表、及技术标的评标情况。

技术方案标:经专家对各投标单位所报方案比较,针对总平面布置、施工组织网络、施工方法及工期、质量、安全、文明施工措施、机具设备配置、新技术、新工艺、新材料广应用等项综合评定打分为:A单位为95分、B单位为87分、C单位为93分、D单位为85分、E单位为80分。经济标汇总见表4-14。

经济标汇总表　　　　　　　　　　　表4-14

投标单位	报价(万元)	工期(月)	企业信誉	施工经验
A	5970	36	50%,获省优工程一项	30%
B	5880	37	40%	30%
C	5850	34	55%,获鲁班奖工程一项	40%
D	6150	38	40%	50%
E	6090	35	50%	20%
标　底	6000	40		

【问题】

要求按照评标原则进行评标,以获得高分的单位为中标单位。

3.【背景】某大型工程,由于技术难度大,对施工单位的施工设备和同类工程施工经验要求高,而且对工期的要求也比较紧迫。业主在对有关单位和在建工程考察的基础上,邀请了三家国有一级施工企业参加投标,并预先与咨询单位和该三家施工单位共同研究确定了施工方案。

【问题】

(1)《招标投标法》中规定的招标方式有哪几种?

(2)该工程采用邀请招标方式且仅邀请三家施工单位投标,是否违反有关规定?为什么?

第五章 建设工程勘察设计招标与投标

第一节 勘察设计招标的概述

一、工程勘察设计和工程设计的内容

（一）工程勘察设计内容

工程勘察是指根据建设工程的要求,查明、分析、评价建设场地的地质、地理环境特征和岩土工程条件,编制工程勘察文件的活动。由于工程勘察与工程设计紧密相连,通常在不严格区分工程勘察与工程设计时,用工程勘察设计统称工程勘察与工程设计。编制方案设计文件,应当满足编制初步设计文件和控制概算的需要。

可行性研究勘察阶段,应对所收集的地质资料等进行初步研究,并到现场实地核对验证,适当地利用简易勘探方法和物探,必要时可布置钻探,以了解沿线地质概况,为优选方案提供地质依据。初步工程地质勘察阶段,应配合设计方案及其比较方案制订,提供工程地质资料,以供技术经济的论证,达到满足方案的优选和初步设计的需要。详细工程地质勘察阶段,应在批准的初步设计方案的基础上,进行详细的工程地质勘察,以保证施工图设计的需要。对不良地质和特殊性岩土地段,应详细分析、评价,为满足编制施工图设计提供完整的地质资料。

（二）工程设计的内容

一般项目进行两阶段设计,即初步设计和施工图设计。技术上比较复杂而又缺乏设计经验的项目,在初步设计阶段后加技术设计。

1. 初步设计

初步设计是根据可行性研究报告的要求所做的实施方案,目的是阐明在指定的地点、时间和投资控制数额内,拟建项目在技术上的可能性和经济上的合理性,并通过对工程项目的基本技术经济规定,编制项目总概算。

2. 技术设计

技术设计是根据初步设计和更详细的调查研究资料编制的,进一步解决初步设计中的重大技术问题。

3. 施工图设计

施工图设计应完整地表现建筑物外形、结构体系、构造状况以及建筑物和周围环境的配合,在施工图设计阶段应编制施工图预算。一阶段施工图设计,应根据可行性研究报告批复意见、测设合同的要求,拟定修建原则,确定设计方案和工程数量,提出文字说明和图表资料以及施工组织计划,编制施工图预算,满足审批的要求,适应施工的需要。

工程勘察、工程设计资格分为甲、乙、丙、丁四级,目前主要的有甲、乙两级。

二、勘察设计招标的概念

(一)勘察设计招标的含义

工程勘察设计招标是指招标人按照国家基本建设程序,依据批准的可行性研究报告,对工程初步设计、施工图设计通过招标活动选定勘察设计单位的过程。

(二)勘察设计招标的特点

1. 勘察设计招标的标的物是勘察设计成果资料,这种资料凝聚着高技术劳动成果。

2. 勘察设计招标评标的标准要体现勘察成果的完备性、准确性、正确性,设计成果的评标标准要注重工程设计方案的先进性、合理性、设计质量、设计进度的控制措施,以及工程项目投资效益等。

3. 勘察设计招标方式的多样性。可采用公开招标、邀请招标,还可采用设计方案竞赛等其他方式确定中标单位。

(三)勘察设计招标方式

工程勘察设计招标可分为公开招标、邀请招标、一次性招标、分阶段招标、方案竞赛招标等。

工程勘察任务可以单独招标选择具有相应资质的勘察设计单位实施,也可以将勘察工作内容包括在设计招标任务中发包,由于工程勘察是工程设计的基础,直接为设计工作服务,勘察所取得的工程项目建设所需的技术资料是用来满足设计的需要,因此勘察、设计任务由同一个具有相应能力的勘察设计单位完成,对招标单位有利。这样既可以避免勘察、设计任务由两个单位实施时遇到的协调工作,又可以使勘察根据设计需要进行,满足设计对勘察资料的内容、精度和进度方面的要求,有利于保证设计工作的质量和进度。以下的一次性招标和分阶段招标可视为勘察与设计合并的招标方式。下面着重介绍一次性招标、分阶段招标、方案竞赛招标,公开招标与邀请招标见第二章。

1. 一次性招标

指对工程勘察设计来说,初步设计勘察设计阶段、技术设计勘察设计阶段(如需要)、施工图设计勘察设计阶段三个阶段实行一次性招标,确定勘察设计单位。这种招标方式可有效利用设计单位对勘察设计工作的统筹安排节省设计工期,同时也有利于降低勘察设计成本,使业主能得到较之分阶段招标更优惠的合同价。该招标方式对设计单位综合素质要求高。

2. 分阶段招标

指对工程勘察设计不同阶段,即:初步设计勘察设计阶段、技术设计勘察设计阶段(如需要)、施工图设计勘察设计阶段三个阶段分别进行招标。分阶段招标可使各阶段的勘察设计任务更加明确,提高勘察设计的针对性也有利于提高勘察设计的质量。

3. 方案竞赛招标

对于具有城市景观的特大桥、互通立交、城市规划、大型民用建筑等,习惯上常采取设计方案竞赛方式招标。

设计竞赛招标是建设单位为获得某项规划或设计方案的使用权或所有权而组织竞赛,对参赛者提交的方案进行比较,并与优胜者签订合同的一种特殊的招标形式。设计竞赛招标通常的做法是,建设单位(或委托咨询机构代办)发布竞赛通告,使对竞赛感兴趣的单位都可以参加。也可以邀请若干家设计单位参加竞赛。设计竞赛通告或邀请函应提出竞赛的具体要求和评选条件,提供方案设计所需的技术、经济资料。参赛单位(投标人)在规定期限内向设计竞赛招标主办单位提交竞赛设计方案。主办单位聘请专家组成评审委员会,根据事先确定的评选标准,进行评价。评价指标一般包括:①设计方案满足使用功能的程度;②建筑美学、城市景观、地方文化特色建筑要素;③是否符合规划管理部门的有关规定;④技术上的先进性与可行性;⑤工程造价的经济合理性。评委就上述方面提出评价意见和候选者排序名单。最后由建设单位决定,并与入选方案的设计单位进行谈判,就工程勘察设计工作的具体内容、进度要求、设计费用等问题进行谈判,达成一致后签订勘察设计合同。

第二节 勘察设计招标

项目已立项批准,获得工程可性行研究报告的上级批复文件,勘察、设计单项合同金额在一定限额以上,要采用招标形式选择勘察设计单位。在资格预审时主要对投标人在勘察设计经验、人员资历、技术能力、社会信誉等方面进行的审查。目的是检查、审核投标申请人是否能满意地执行勘察设计合同。

一、勘察设计资格预审

勘察设计单位资格预审的评审方法,通常分四步进行:

(一)对基本条件进行符合性检查

审查申请人是否对资审文件实质性响应。勘察设计招标中,必须通过以下条件:

(1)资格预审申请书的格式和内容齐全,符合资格预审条件的要求;

(2)资格预审申请人满足资质等级;

(3)资格预审申请人的名称与营业执照的法人名称一致;

(4)资格预审申请人授权代理人的授权书格式和内容符合资格预审文件的要求;

(5)资格预审申请人的法定代表人或其授权的代理人签字齐全;

(6)以联合体形式申请的资格预审,必须遵守相应条件。

(二)强制性指标审查

在勘察设计中的强制性指标包括:类似工程勘察设计经验、拟安排参与本工程勘察设计的主要人员资格等方面进行强制性资格条件评审。

(三)澄清与核实

评审委员会根据需要,可能要求申请人进一步提供相关资料或澄清有关问题。

(四)评分

对通过了强制性资格预审的申请人,按照资格预审细则,对申请人的工程勘察设计经验、技术力量、质量信誉、财务状况等分别进行打分,对总分达到标准的申请人,资格评审通过。招标人以书面形式将资格预审结果通知所有申请人,要求合格者购买招标文件。申请人应以书面形式回复,确认已收到通知。

二、勘察设计招标文件编制

(一)勘察设计招标文件组成

招标文件应当按照不同行业主管部门颁布的工程勘察设计招标文件范本,结合招标项目的特点和实际需要进行编制。为了使投标人能够正确地进行投标,招标文件应包括以下几方面的内容:

(1)投标须知。包括工程名称、地址、招标项目、占地范围、建筑面积、招标方式等。

(2)设计依据文件。包括经过批准的设计任务书或项目建议书及经批准的有关行政文件的复制件。

(3)项目说明书。包括对工程内容、设计范围或深度、图纸内容、张数和图幅、建设周期和设计进度等方面的要求,并告知工程项目建设的总投资限额。

(4)合同的主要条件和要求。

(5)设计基础资料。包括提供设计所需资料的内容、方式和时间以及设计文件的审查方式。

(6)组织现场踏勘和召开标前会议的时间和地点。

(7)投标截止日期。

(8)投标文件编制要求及评定原则。

(9)招标可能涉及的其他有关内容。

设计要求文件的编制。在招标文件中,最重要的文件是对项目的设计提出明确要求的"设计要求文件"或"设计大纲"。"设计要求文件"通常由咨询机构或监理单位从技术、经济等方面考虑后具体编写,作为设计招标的指导性文件,文件应包括以下几方面的内容:①设计文件编制的依据。②国家有关行政主管部门对规划方面的要求。③技术经济指标要求。④平面布置要求。⑤结构形式方面的要求。⑥结构设计方面的要求。⑦设备设计方面的要求。⑧特殊工程方面的要求。⑨其他有关方面的要求,如环境、防火等。由咨询机构或监理单位准备的设计要求文件须经过项目法人的批准。如果不满足要求,应重新核查设计原则,修改设计要求文件。设计要求文件的编制,应兼顾以下三方面:严格性。文字表达应清楚,不被误解;完整性。任务要求全面,不遗漏;灵活性。要为设计单位设计发挥创造性留有充分的自由度。

(二)投标邀请书

投标人通过资格预审后,招标人发出投标邀请书。投标邀请书通常包括下列内容:

1. 确认投标人已通过资格预审;

2. 招标范围;

工程勘察设计包括初步设计、技术设计(如需要)、施工图设计等工作。阐明工程勘察设计招标的阶段、招标的内容、合同段的划分等。

3. 勘察设计周期初步安排;

如采用一次性招标,应阐明各阶段的起止日期,包括:

(1)初步设计阶段勘察设计提交初步设计文件的最后时间。

(2)施工图设计阶段勘察设计提交施工图设计文件和工程量清单的最后时间。

(3)提交征地拆迁图的最后时间。

(4)施工现场配合服务的期限。

4. 购买招标文件价格(如要收费)、时间、地点;

5. 现场考察时间、地点、考察组织方式,标前会议时间、地点;

6. 递交投标文件的时间、地点、签收人等;

7. 投标人确认受到投标邀请书的时间。

(三)投标须知

勘察设计投标须知是投标人在工程勘察设计投标中的指南。投标须知是投标人在投标全过程中如何投标和怎样操作的投标行为规范。招标人通过制订投标须知来控制招标过程。投标须知通常以我国有关法律、国际惯例等为依据编制。投标须知通常包括:总则、招标文件、投标文件的编制、投标文件的递交、开标与评标、授予合同等部分。

因此,在编制招标文件"投标须知"时,可直接引用《勘察设计招标范本》投标须知,填写"投标须知资料表"和编制"投标须知修改表",其中《勘察设计招标范本》投标须知是基础。

(四)合同条款

勘察设计合同结构采用"通用条款"和"专用条款"两部分组成。在合同条件(或叫合同条款)中采用通用条款与专用条款形式,是国际上土木工程承包合同条款形式的惯例之一。通用条款是该行业长期以来形成的惯例,在通常情况下应遵循的,专用条款是针对特定工程的技术经济特点和管理要求制定的,仅限于该工程。通用条款在编制招标文件中直接可引用,专用条款结合拟招标项目具体情况制订,这有利于规范化管理和提高工作效率。合同专用条款是针对特定工程的技术经济特点制订的。

(五)勘察设计标准规范

工程的勘察设计过程和成果必须符合国家有关建设工程标准强制性条文和行业标准,包括标准、规范、规程、定额、办法、示例以及招标项目所在省市地区关于工程勘察设计方面的文件、规定。设计人在勘察设计工作中使用或参考上述标准、规范以外的技术标准、规范时,应征得业主或业主的指定代表人的同意。在设计过程中,如果国家或有关部门颁布了新的技术标准或规范,则设计人应采用新的标准或规范进行勘察设计。

(六)勘察设计原始资料

为了使勘察设计的设计理念、设计思想、方案设计满足业主的要求,使勘察设计单位充分了解和领会业主的设计意图,业主应向投标人提供必要原始资料,投标人应根据实际需要,自行搜集相关原始资料。

1.招标人向投标人提供的原始文件

(1)前一阶段研究或设计的成果文件;

(2)有关建设主管部门对项目建设的批复。

2.投标人应收集的原始资料

(1)勘察设计的原始资料:①地形图、地质图、规划图及所涉及的其他图纸或资料;②自费进行工程测量、工程勘察的资料;③研究试验、调查和其他资料。

(2)交通工程勘察设计的原始资料:①相关路网交通工程设施的配置资料(包括通信、监控、收费、安全、照明设施);②沿线高压供电的资料;③沿线公用通信网的数据;④沿线气象、环境、人文景观的有关资料;⑤相关路网的管理运营体制资料;⑥相关路网服务设施设置情况的资料;⑦与交通工程相关的规划资料。

(七)勘察设计工作量及报价清单

1.勘察设计工作量和清单项目的作用

勘察设计工作量是勘察设计计费报价的基础之一,清单项目是报价的具体表现形式,通常要求投标人正确理解勘察设计工作量和报价清单。其作用为:结算勘察设计费的计价依据,增加额外勘察设计工作量时,勘察设计的计费参考。

2.勘察设计工作量及报价清单的说明

(1)"勘察、设计工作量及报价清单"应与"投标须知"、"勘察设计合同条款"和"勘察设计技术标准和规范"一起使用。投标人应根据本招标项目前一阶段批复意见和强制性要求,按照本招标文件规定的勘察设计工作内容和计划工作量,认真阅读分析本招标项目勘察设计原始资料,在编制完成技术建议书和勘察设计工作大纲的前提下,慎重提出"勘察、设计工作量及报价清单",并以此作为项目勘察设计费的基础。

(2)投标人应按照国家有关建设工程标准强制性条文和有关标准、规范、规程、定额、办法、示例等要求的内容和深度,开展招标项目的勘察设计工作,并将勘察设计费计入相应的报价项目中。"勘察、设计工作量及报价清单"所列的报价,应包括测量、勘察、测试、设计,以及专题研究等为完成本招标项目勘察设计全过程的一切费用,包括按合同规定应完成的勘察设计费和后续服务费。

(3)勘察设计各阶段工作量及费用划分比例,应符合国务院价格主管部门制定的《工程勘察设计收费标准》(2002修订本)的规定。

(4)"勘察、设计工作量及报价清单"为通用表格,投标人应根据招标项目工作内容,严格按照表格格式填写,以免遗漏或有误。投标人没有报价的项目,业主将认为有关费用已包含在其他项目之中,不另行支付。

(5)投标人在"勘察、设计工作量及报价清单"中的报价应以人民币元为单位。

(6)"勘察、设计工作量及报价清单"应单独密封在第二个信封中,并注明"投标文件第三卷报价清单"。投标人应按照"投标须知"规定递交投标文件。

(7)投标人应在"勘察、设计工作量及报价清单"后附详细的计算说明,包括计算方法、取费依据等,以便招标人对投标人勘察设计报价的合理性进行判断。

3.勘察设计工作量及报价清单

勘察设计工作量及报价清单由四部分组成:勘察工作量及报价清单;设计工作量及报价清单;勘察设计报价清单汇总表;勘察设计工作量计算及报价计算说明。

(八)技术建议书

为了使投标人编制的投标文件满足招标人的要求,对投标文件在勘察设计中采用的方案、主要勘察设计内容要作出规定。

(九)勘察设计投标文件格式

为了统一、规范和有利于评标及管理,通常对有关协议书、授权书、保函以及其他可能统一的内容,尽可能采用统一格式,投标人按规定格式填写。这些格式有:①勘察设计合同书格式;②廉政合同格式;③履约保函格式;④投标书格式;⑤授权书格式;⑥投标担保(格式);⑦资格预审资料更新有关表格;⑧联合协议书(格式);⑨分包人表;⑩勘察设计大纲;⑪技术建议书。

三、组织现场考察、召开标前会议

在投标人对招标文件进行了研究后,业主组织投标人对现场进行考察。使投标人了解工程现场情况,如城市道路、桥梁、大型立交等设计,一般都要求拟建项目与地区文化、环境、景观相协调,现场考察对投标人拟定设计方案具有重要意义。投标人应按规定派代表出席标前会议,招标人将对投标人的疑问进行解答,并以书面解答及补遗书澄清方式回答投标人提出的问题。

四、开标、评标、中标

(一)开标

开标应当在招标文件确定的提交投标文件截止日期的同一时间公开进行。开标地点应当为招标文件预先确定的地点。招标人邀请所有投标人参加,并在签到簿上签名。开标由招标人主持,由监督机关和投标人代表共同监督。进行公证的,应当有公证员出席。投标文件的组成应按规定为双信封文件,如投标人未提供双信封文件或提供的双信封文件未按规定密封包装,经监督机构代表或公证人员现场核实确认后,招标人可当场宣布为废标,开标时,由投标人或者其推选的代表检查投标文件的密封情况,也可以由招标人委托的公机构检查并公证;经确认无误后,当众拆封投标文件的第一个信封,宣读投标人名称、投标签署情况及标前页的主要内容。投标文件中的第二个信封不予拆封,并妥善保存。开标过程应当记录,并存盘备查。开标时,属于下列情况之一的,应当作为废标处理:

1. 投标文件未按要求密封;

2. 投标文件未加盖投标人公章或者未经法定代表人或者其授权代理人签字;

3. 投标文件字迹潦草、模糊,无法辨认;

4. 投标人对同一招标项目递交两份或者多份内容不同的投标文件,未书面声明哪一个有效;

5. 投标文件不符合招标文件实质性要求。

(二)评标

1. 评标细则

评标细则是业主制订,评标委员会审定。评标细则中,应主要明确评标程序、评标方法、评标打分细则、推荐(确定)中标单位的原则等。工程勘察设计招标属于技术招标,工程勘察设计费占工程总投资额比例小(通常1%~3%)而勘察设计方案和勘察设计的质量对工程总造价影响十分敏感。在招标中,选择方案优秀、勘察设计质量高的设计单位,是非常重要的。因此,在进行勘察设计招标评标时,重点在对勘察设计的技术方案和勘察设计单位能力所决定的勘察设计质量进行评审,只有通过了在技术和商务的评审后,才考虑投标的标价。

勘察设计招标所得到的标的是勘察设计文件,其性质是技术服务,在进行评标的综合打分时,勘察设计费用报价所占综合评分比例较小,这是技术招标特性决定的。如公路工程勘察设计招标评标中(2003年有关文件规定),勘察设计报价仅占综合评分的5%左右。公路工程勘察设计招标评标采用双信封制:第一个信封封装技术与商务方面的投标文件的资料,第二个信封封装投标标价,在评定中采用综合评定的方法确定中标单位。综合评定指标及分值分配如下:

投标文件的第一个信封:

(1)投标人的信誉和与本项目相关的具体经验　　　　分值范围5~15,均值为10;

(2)拟从事本项目人员的资格和能力　　　　　　　　分值范围25~35,均值为30;

(3)对本项目的理解和技术建议　　　　　　　　　　分值范围25~35,均值为30;

(4)工作计划和质量管理措施　　　　　　　　　　　分值范围5~15,均值为10;

(5)技术设备投入　　　　　　　　　　　　　　　　分值范围0~10,均值为5;

(6)后续服务　　　　　　　　　　　　　　　　　　分值范围5~15,均值为10;

投标文件的第二个信封:

(7)报价　　　　　　　　　　　　　　　　　　　　分值范围0~10,均值为5。

2. 初步评审

招标人首先进行初步评审(符合性审查),对招标文件第一个信封(商务文件和技术文件)和第二个信封(报价清单)通过初步评审,经过澄清后未通过初步评审的符合性审查的,不允许投标人通过修正和撤销其不符合要求的差异而使之成为符合要求的投标文件。招标人将只对投标文件第一个信封和第二个信封均通过初步评审(符合性审查)的投标人的投标报价进行校核,修正算术性错误。

3. 详细评审

招标人只对通过初步评审(符合性审查)的投标人进行详细评审。详细评审工作由招标人依法设立的评标委员会负责。评标委员会的组成方式及要求按照有关规定执行。评标委员会应对投标人的业绩、信誉、拟投入项目的勘察设计人员的能力、对项目的理解以及勘察设计方案的优劣进行综合评价,独立评分并签名。勘察设计招标评标采用综合评价方法。

招标人可要求各投标人陈述其关于本招标项目的勘察设计思路和设计理念。投标人陈述应安排在评标委员会详细评审各投标人投标文件第一个信封之后进行,招标人应在此之前告之各投标人做好陈述准备工作。投标人在接到招标人要求陈述的通知之后,应派拟从事本招标项目勘察设计的项目负责人,携带本人身份证到招标人指定的地点(如项目负责人遇有特殊情况不能到场,投标人应在事前向招标人书面说明理由,并在排序前三名的分项负责人中选派一名分项负责人)到场陈述。如果投标人拒不参加或不派员到场陈述,将被取消参与评标的资格。如果投标人陈述与其投标文件有实质性不符的,应以其投标文件为准。

评标委员会对投标文件第一个信封通过初步评审(符合性审查)的投标人的信誉和与本项目相关的具体经验、拟投入本项目的人员资格和能力、对本项目的理解和技术建议、工作计划和质量管理措施、技术设备投入、后续服务分别进行评审打分后,在监督机构在场的情况下,拆封投标人投标文件的第二个信封(报价清单),对其进行初步评审(符合性审查),并宣读投标人报价,评标委员会应将有关情况记录在案,经监督机构代表签字后备查。

(三)中标

1. 确定或推荐中标单位

评标委员会应当依据对投标人综合得分结果的排序高低,推荐2名中标候选人,招标人也可以授权评标委员会确定中标人。确定或推荐中标单位后向招标人提出书面评标报告。

2. 评标报告

评标报告包含业主的评标报告和评标委员会的评标报告。招标人按规定确定中标人后。向主管部门提交评标报告报请核备后,发出中标通知书。

第三节　勘察设计投标

一、勘察设计投标程序

勘察设计投标程序:填写资格预审调查表;购买招标文件(资格预审合格后);组织招标班子;研究招标文件;参加标前会议与现场考察;编制勘察设计投标技术文件;估算勘察、设计费用,编制报价书;办理投标保函(如果招标文件有要求的话);递交投标文件。

二、投标文件内容

投标文件内容是方案设计综合说明书;方案设计内容及图纸;预计的项目建设工期;主要的施工技术要求和施工组织方案;工程投资估算和经济分析;设计工作进度计划;勘察设计报价与计算书。勘察设计投标文件由商务文件、技术文件和报价清单三部分组成。

三、投标文件的编制

(一)商务文件

商务文件大部分要按照招标文件中业主提供的格式填写。勘察设计大纲需投标人根据项目的特点编写,勘察设计大纲包括以下内容:

1. 项目概况

阐述项目所在地地理位置、地质地貌、工程地质及水文地质情况;建设项目技术标准;建设项目技术经济特点;项目的主要使用功能;建设项目的主要勘察设计内容及工作。以上内容可从工程可行性研究报告、地质灾害评估报告及环境评价报告等资料中摘录。

2. 勘察设计工作内容、方针及计划工作量

根据招标文件有关信息,准确理解本次拟招标进行勘察设计的内容。如公路工程项目勘察设计招标,应明确以下内容:

设计分部分项工程量大小;勘察设计阶段划分是初步设计、施工图设计,还是初步设计及施工图设计;勘察设计性质是勘察、设计,还是勘察设计全部内容;勘察设计内容是否包括其他附属工程等;根据设计内容要完成哪些勘察设计工作任务。

在明确了上述情况后,可以列出勘察设计工作内容。

勘察设计工作方针是指勘察设计工作理念、工作原则、工作指导思想、工作方法的融合。它既是勘察设计单位长期以来在勘察市场上形成的特色,也包含针对拟投标特定项目在进行技术经济分析后,制订的勘察设计工作方法。

计划工作量应根据勘察设计工作内容,需要完成的勘察设计任务来确定在具体进行勘察设计时要完成的工作。

3. 勘察设计进度

勘察设计进度包括两个基本内容:勘察设计周期(工期)、不同阶段的勘察与设计等完成的时间里程碑,通过制订进度计划图来表达。在安排进度时,应以业主的勘察设计工期要求为基础,确保勘察设计各工作的安排满足业主工期要求。

4. 勘察设计项目组织机构及主要人员安排

应根据勘察设计作任务和工作量来合理安排设计力量。人员专业技术配备应根据工作性质和工程难易程度并结合业主对人员的要求来确定。

5. 勘察设计质量保证体系

勘察设计质量保证体系应包括:勘察设计单位建立的在企业管理中应用的质量保证体系。它是勘察设计单位在质量管理中的基础文件。一般这样的质量体系应通过我国质量认证机构认证,这样能使业主确信该勘察设计单位的质量工作水平和工作质量确有保证;结合投标项目的技术经济特点、业主明确的质量要求特点和企业质量保证体系的质量管理有关内容,制订该勘察设计质量工作计划、质量保证体系措施。

6. 后续服务工作安排

后续工作又叫后期服务,它着重阐述:预计在工程施工中将会产生的主要与设计相关的并需在施工中进一步完善的设计工作;对提供施工中的技术支持方面拟派出人员情况;提供满足业主要求的后期服务的质量保证措施。

(二)技术文件

1. 对招标项目的理解

通过对招标文件研究,尤其是对工程可行性研究报告及相关资料的分析和研究,准确理解项目建设目的、技术标准、建设环境(自然、地理、地质、水文、地质灾害、地区经济发展、道

路运输、地方材料)、建设工程工期、设计周期、工程质量要求、工程管理模式等,对该项目的建设特点进行评述。重点阐述为了达到业主建设目标,在勘察设计中要重点解决的问题,包括关键技术上的难点,以及围绕这些重点与难点如何开展勘察设计工作的基本思路。

2. 对招标项目所在地区建设条件的认识

这是在进行勘察设计时确定勘察设计方法、路线方案、结构选型、地方材料选用等的重要前提。编制投标文件时,应根据招标文件提供的信息和现场勘察的情况,进行归纳总结和围绕勘察设计工作开展及对勘察设计工作的制约情况进行评价。

3. 总体设计思路

主要表述本设计的设计理念和原则。

4. 工程造价初步测算

可根据设计工作内容,以及主要项目的主要工程数量进行估算。

5. 对招标项目勘察设计的特点及关键性技术问题的对策措施

针对该项目的技术特点和关键技术问题,制订勘察设计方案和技术措施。应从工程水文地质勘探、工程勘察、总体方案设计、结构选型、力学模型及力学计算、结构设计、工程试验及实验、施工重要临时设施、施工监控方法等方面,制订解决关键技术问题的对策和具体落实解决关键技术问题的措施。

6. 必要的图纸

必要的图纸包括招标文件规定的图纸、表达设计理念和设计思想总体设计图及解决关键技术问题的主要图纸和重要结构的设计图或示意图。

(三)报价清单

勘察设计报价的编制见本节第五部分。

(四)注意事项

勘察设计投标文件应按照招标文件的要求编写,不允许存在重大偏差与保留,因此,编写投标文件应注意:

(1)仔细研究招标文件的内容,检查设计依据和基础资料是否完整。设计前要有批准的可研报告书、地质灾害评估报告、以及必要的勘测资料和环境要求。此外应注意核准以下内容:核准设计条件;核准阶段划分与设计深度的内容;核总费用支付规定;核准奖罚规定;核准投标保证的方式要求;核准投标截止的日期;核准争议解决的方式。

(2)严格按照招标文件中的要求,填写投标书及其附表、附录,严格执行招标文件的要求。

(3)适当配置专业技术成员,选择使用精良的仪器设备。

(4)依照设计文件的要求编制设计进度计划。适当缩短设计周期。

(5)勘察设计费的报价,可按国家标准浮动,提高投标的竞争力。

四、递送标书

(一)封装投标文件

(1)投标人应将第一卷商务文件和第二卷技术文件(包括正本及副本)统一密封在第一个信封中并加盖密封章;第三卷报价清单(包括正本及副本)单独密封在第二个信封中并加盖密封章,然后统一密封在一个外层信封中。未密封的投标文件将不予签收。

(2)内外层信封均应写明:按下述地址致招标人:("招标人");招标人地址;注明:(招标项目名称)工程勘察设计投标文件在×年×月×日×时(北京时间)前不得开封。

外层信封上不应有任何投标人的识别标志。在内层信封上还应注明"商务文件和技术文件"或"报价清单",并写明投标人的名称与地址,以便投标被宣布迟到时,能原封退回。

(3)如果因投递地点未写清楚而使投标文件迟到或在投递过程中遗失;或因密封不严、标记不明而造成过早启封、失密等情况,招标人不负责。

(二)投标截止期

招标人可按投标须知规定,以补遗书(有正式编号)的方式,酌情延长递交投标文件的截止时间,在此情况下,招标人与投标人在原投标截止时间前的全部权利和义务,将适用于延长后新的投标截止时间。

(三) 投标文件的更改与撤回

(1)在送交投标文件截止期以前,投标人可以更改或撤回投标文件,但必须书面提出,并由投标人的法定代表人或经正式授权的代理人签署。在时间紧迫的情况下,投标人可将撤回投标文件的要求,先以传真或其他便捷方式通知招标人,但应随即补发一份正式的书面函件予以确认。更改、撤回的确认书必须在递交投标文件截止期前送达招标人签收。

(2)送交投标文件截止期以后,投标文件不得更改。需对投标文件作出澄清时,必须按投标须知规定办理。

(3)如果在投标文件有效期内撤回投标文件,则将按规定没收其投标担保。

五、勘察设计投标报价

(一)投标报价程序

明确工程勘察与设计的工作内容和工作性质;复核(或确定)工程勘察与设计工作量;确定工程勘察与设计的计费方法;计算工程勘察设计费;投标报价决策。

(二)工程投标报价计算

根据招标文件工作量清单进行投标报价计算时,其报价由两部分组成:即勘察工作量报价和设计工作量报价。

1. 勘察工作量报价

勘察工作量由:工程勘察(专业勘察)工作量报价、通用工程勘察工作量报价、其他勘察工作量报价三部分组成。

(1)工程勘察工作量报价。工程勘察分为初测和定测阶段两阶段的工程勘察,其工程勘察费即工程勘察工作量报价按以下公式计算:工程勘察收费 = 工程勘察收费基价×实物工作量×附加调整系数。

(2)通用工程勘察工作量报价。通用工程勘察计费标准,适用于工程测量、岩土工程勘察、岩土工程设计与检测监测,水文地质勘察、工程水文气象勘察、工程物探、室内试验等工程勘察的收费。

通用工程勘察收费,采取实物工作量定额计费方法计算,由实物工作收费和技术工作收费两部分组成。通用工程勘察费计费按下式计算:

工程勘察收费 = 工程勘察收费基准价×(1±浮动幅度值)

工程勘察收费基准价 = 工程勘察实物工作收费基价 + 工程勘察技术工作收费

工程勘察实物工作收费 = 工程勘察实物工作收费基价×实物工作量×附加调整系数

或

工程勘察实物工作收费 = 工程勘察实物工作收费×技术工作收费比例

(3)其他勘察工作量报价。一般情况下,工程勘察(专业)费在工程勘察总费用中占主要部分,通用工程勘察费占一定比例,其他勘察根据项目具体情况变化大小,有时不取费。

2.设计工作量报价

工程设计工作量计费公式,工程设计费采取按照建设项目单项工程概算投资额分档定额计费方法计算收费。工程设计费计算公式:

工程设计费=工程设计收费基准价×(1±浮动幅度值)

工程设计收费基准价=基本设计收费+其他设计收费

基本设计收费=工程设计收费基价×专业调整系数×工程复杂程度调整系数×附加调整系数

非标准设备设计费计算公式=非标准设备计费额×非标准设备设计费率

(三)投标报价决策

在工程勘察设计投标报价决策时,应了解业主对勘察设计费计费标准的有关的要求。2002年勘察设计收费标准(修订本)与1999年版(修订本)收费标准差异很大,两版本计算的同一勘察设计工程量,前者比后者高很多。如何正确理解新收费标准和在投标书合理应用新标准,对于正确确定投标价,既能获得保证工程勘察设计质量的基本费用、获取利润,又可增加竞争力,是十分关键的。投标报价时应注意:应认真填写勘察设计工作量清单,对于未填写报价的项目,招标人认为该项目的勘察设计费摊入了其他项目中,该项目将得不到单独支付;工作量表中如给出勘察设计工作总量,在计算报价时,应根据组成该总量的各分项,分别进行研究。有必要时,分别计算后再合并,以准确计算虽属于同类型,但由于技术难度不一样的勘察设计工作的费用。因此要正确选用勘察设计费计算标准,充分结合市场,了解竞争对手,合理报价。

第四节 设计方案竞赛

一、设计方案竞赛概述

勘察设计招投标,对于提高投资效益,规范勘察设计招投标市场,积极作用是不言而喻的。但是实行设计招投标制,从实践看项目不够普遍,对方案设计的深度也无准确的规定,影响了评标的公正性,此外,对投标者的补偿费用太低,版权得不到保护。目前,为了优化建设工程设计方案,提高投资效益和设计水平,为了与国际惯例接轨,借鉴国外的做法,大中型建设工程项目的设计由初步设计和施工图设计改为三个阶段,即方案设计阶段、初步设计阶段和施工图设计阶段。对城市建筑设计实行方案设计竞选制,以改变单一的招投标制和议标制,特别强调方案设计,规定方案设计应有一定的深度。对方案设计竞选者,不论入选,达到规定的方案设计深度,均给予费用补偿。

(一)项目设计方案竞赛条件

凡符合下列条件之一的城市建设项目,必须实行有偿方案设计竞赛:建设部规定的特级、一级建设项目;重要地区或重要风景区的建筑项目;大于等于4万 m^2 的住宅小区;当地建设主管部门划定范围的建设项目;建设单位要求进行设计方案竞赛的建设项目。

(二)设计方案竞赛者的资质条件

凡参加方案设计竞赛的设计单位,须具备以下条件:

(1)设计单位(持有建设工程设计许可证、收费证、营业执照)盖章的,并经一级注册建筑师签字的方案才可竞选。工程勘察设计单位提交的勘察设计文件,在勘察设计文件封面上注明资格证书的行业、资质等级和证书编号。持有工程勘察设计资格证书与持有工程勘察设计收费资格证书的单位可联合承担勘察、设计任务,证书等级不同时,以级别高的为主,并由其对勘察设计质量负责;持有工程勘察设计收费资格证书的单位,不能与无工程勘察设计收费资格证书的单位联合承担勘察设计任务。

(2)持有建筑设计许可证、收费资格证和营业执照,但没有一级注册建筑师的单位,可以与有一级注册建筑师的设计单位联合参加竞赛。

(3)境外设计事务所参加境内工程项目方案设计竞赛,在国际注册建筑师资格未确认前,其方案必须经国内一级注册建筑师咨询并签字,方为有效。

注册建筑师是指依法取得注册建筑师证书并从事房屋建筑设计及相关业务的从业人员。我国的一级注册建筑师注册标准不低于目前发达国家的注册标准。

二、方案设计竞赛文件的发放

竞赛文件一经发出,组织竞赛活动的单位不得擅自变更内容或附加条件,如需变更和补充的,应在截止日期7天前通知所有参加竞赛的单位。发出竞赛文件至竞选截止时间,小型项目不少于15天,大、中型项目不少于30天。

三、方案设计文件的内容

(一)城市建筑设计方案设计文件的内容

按照国家有关规定,城市建筑设计方案设计文件的内容包括:设计说明书、设计图纸、投资估算、透视图四部分。除透视图单列外,其他文件的编排顺序为:

(1)封面(要求写明方案名称、方案编制单位、编制时间)。

(2)扉页(方案编制单位行政及技术负责人、具体编制总负责人签字名单)。

(3)方案设计文件目录。

(4)设计说明书。

(5)设计图纸。

(6)投资估算。

对一些大型或重要的民用建设工程,可根据需要加做建筑模型,其费用另收。在方案设计阶段,各专业的方案设计文件包括如下内容。

(二)专业方案设计文件内容

1. 总平面专业设计文件应包括

(1)设计说明书。应对总体方案构思意图作详尽的文字阐述,并列出技术经济指标表。

(2)设计图纸。

2. 建筑专业设计文件

(1)设计说明书。

1)设计依据及设计要求。计划任务书或上级主管部门下达的立项批文,项目可行性研究报告批文、合资协议书批文等;红线图或土地使用批准文件;城市规划、人防等部门对建筑提供的设计要求;建设单位签发的设计委托书及使用要求;可作为设计依据的其他有关文件。

2)建筑设计的内容和范围。简述建筑地点及其周围环境、交通条件以及建筑用地的有关情况,如用地大小、形状及地形地貌、水文地质、供水、供电、供气、绿化等情况。

3)方案设计的指导思想和原则。

4)设计构思和方案特点。包括功能分区、交通组织、防火设计和安全疏散,自然环境条件和周围环境的利用,建筑空间的处理,立面造型、结构选型和柱网选择等。

5)垂直交通设施。包括自动扶梯和电梯的选型、数量及功能划分。

6)关于节能措施方面的必要说明。特殊情况下还要对音响、温度、湿度等作专门说明。

7)有关技术经济指标及参数,如总建筑面积和各功能分区的面积,层高和建筑总高度。其他如住宅中的户型、户室比,每户建筑面积和使用面积,旅馆建筑中不同标准的客房间数、床位数等。

(2)设计图纸。

1)平面图(标准层平面)。底层平面及其他标准层平面的总尺寸、柱网尺寸或开间、进深尺寸;功能分区和主要房间的名称(少数房间如卫生间、厨房等可以用室内布置代替房间名称)。必要时要画标准间或功能特殊的建筑中主要功能用房的放大平面和室内布置;要反映各种出入口及水平和垂直交通的关系,室内车库还要画出停车位和行车路线;要反映结构受力体系中承重墙、柱网、剪力墙等位置关系;注明主要楼层、地面、屋面的标高关系;剖面位置及编号。

2)立面图。根据立面造型特点,选绘有代表性的和主要的立面,并表明立面的方位、主要标高以及与之有直接关系的其他(原有)建筑和部位分立面。

3)剖面图。应剖在高度和层数不同、空间关系比较复杂的主体建筑的纵向及横向相应部位到楼梯,并注明各层的标高。建筑层数多、功能关系复杂时,还要注明层次及各层的主要功能关系。

(3)透视图或鸟瞰图。

设计方案一般应有一个外立面透视图或鸟瞰图,当建设单位或设计部门认为有必要时,还应制作建筑模型。

3. 结构专业的设计文件主要为设计说明书

(1)设计依据。主要阐述建筑物所在地与结构专业设计有关的自然条件,包括风荷载、雪荷载、地震基本烈度及有条件时概述工程地质简况等。

(2)结构设计。主要阐述内容:结构的抗震设防烈度;上部结构选型概述;新结构采用情况;条件许可下阐述基础选型;人防地下室的结构做法。

(3)需要说明的其他问题。简要说明相邻建筑物的影响关系,深基坑的围护措施及其他事项。

4. 给水排水专业

给水排水专业的设计文件主要为设计说明书。

(1)设计依据。简述本工程所列批准文件和依据性资料中与本专业有关的内容及其他专业提供的有关资料。

(2)给水设计。主要阐述以下内容:设计范围;水源情况简述;用水量统计;给水系统;消防系统;热水系统;重复用水、循环冷却水、中水系统及采取节水节能措施。

(3)排水设计。主要阐述以下内容:污、废水及雨水的排放出路;排水系统说明;污、废水的处理设施;卫生洁具等涉及建筑标准的设备器材的选用;需要说明的其他问题。

5. 电气专业

电气专业的设计文件主要为设计说明书。包括：负荷估算；电源；高压配电系统；变电所；应急电源；低压配电干线；主要主动控制系统简介；主要用房照度标准、光源类型、照明器型式、防雷等级、接地方式；需要说明的其他问题。

6. 弱电专业的设计文件主要为设计说明书

设计说明书包括：电话通信及通信线路网络；电缆电视系统规模，接收天线和卫星信号、前端及网络模式；闭路应用电视功能及系统组成；有线广播及扩声的功能及系统组成；呼叫信号及公共显示装置的功能及组成；专业性电脑经营管理功能及软硬件系统；楼宇自动化管理的服务功能及网络结构；火灾自动报警及消防联动功能及系统；安全保卫设施及功能要求。

7. 采暖通风空气调节专业的设计文件主要为设计说明书

设计说明书包括：采暖通风和空气调节的设计范围；采暖、空气调节的室内设计参数及标准；冷、热负荷的估算数据；采暖热源的选择及其参数；空气调节冷热源的选择及其参数；采暖、空气调节的系统形式及控制；通风系统简述；防烟、排烟系统简述；需要说明的其他问题。

8. 动力专业的设计文件主要为设计说明书

(1)供热。主要阐述以下内容：热源及燃料；供热范围；耗热量估算；锅炉房、热交换站面积、位置及层高要求；环保、消防安全措施。

(2)供燃气。主要阐述以下内容：燃气气源；燃气供应范围；燃气计算流量；消防安全措施。

四、评定方案设计竞选文件

(1)组织竞赛的单位应按政府规定邀请有关单位专家组成评定小组，参加评定会议，当众宣布评定办法，启封各参加竞赛单位的文件和补充函件，公布其主要内容。

(2)评定小组由组织竞赛单位的代表和有关专家组成，一般为7~11人，其中技术专家人数应占2/3以上。参加竞赛的单位和方案设计的有关人员，均不能参加评定小组。

(3)评定办法须按技术先进、功能全面、结构全面、安全适用、建设节能的环境要求，经济、实用、美观的原则，综合设计优劣、设计进度快慢以及设计单位和注册建筑师的资历、信誉等因素考虑，择优确定。

(4)有下列情况之一者，参加竞赛的设计文件宣布作废：未经密封；无一级注册建筑师签字，无单位法定代表人或法定代表代理人的印鉴；未按规定的格式填写，内容不全或字迹模糊，辨认不清；逾期送达；参加竞赛的单位未参加评定会议。

五、选定中选单位的规定

(1)确定中选单位后，组织竞赛的单位应于7天内发出中选通知书，同时抄送各未中选单位，未中选单位应在接到通知后7天内取回有关资料。

(2)中选通知书发出30天内，建设单位与中选单位应根据有关规定签订工程设计承包合同。如施工图设计不委托中选单位设计时，建设单位应付给中选单位方案设计费，金额为该项目设计费的30%。

(3)中选单位使用未中选单位的方案成果时，须征得该单位的同意，并实行有偿转让，转让费由中选单位承担。

(4)对未中选的单位，应付给未中选单位一定的补偿费。如方案设计达到《城市建筑方案设计文件编制深度规定》的要求,补偿费金额为该项目设计费的 8%～10%,如未达到《深度规定》要求,补偿费金额由评定小组确定,补偿费在工程不可预见费中列支。

思 考 题

1. 简述工程勘察设计的内容?
2. 简述工程设计的内容?
3. 工程勘察设计项目承揽采用招投标方式和方案竞赛适用范围有何区别?
4. 简述勘察设计工作量和清单项目的作用?
5. 如何评定方案设计竞选文件?
6. 勘察设计招标的评标细则如何制定?

第六章　建设工程监理招标投标

第一节　建设工程监理招标投标综述

一、建设工程监理招标投标与国际惯例接轨

招投标制度是伴随着我国经济体制改革的不断深入,而不断完善。随着建设工程交易中心的有序运行而健康发展。《招标投标法》根据我国投资主体的特点已明确规定我国政府项目的招标方式不包括议标,这是个重大的转变,标志着我国的招标投标的发展进入了全新的历史阶段。目前,招标投标法律、法规和规章不断完善和细化,招标程序不断规范,必须招标和必须公开招标范围得到了明确,招标覆盖面进一步扩大和延伸,工程招标已从单一的土建安装延伸到道桥、装潢、建筑设备、水利工程、监理等。《建筑法》已将建设工程监理制作为一项必须实行的法律制度。建设工程监理制是社会发展对建设工程管理专业化、市场化、效益化要求的必然结果。对建设工程项目实施监理,已得到社会的广泛认同。在建筑市场,我国正在逐渐形成"业主—承包商—监理单位"的项目三元管理体制。监理单位作为独立的一方,受业主委托,对工程项目建设进行管理,对于提高建设工程水平和投资效益,发挥着重要的作用。因此作为项目业主,选择好一个高水准的监理单位来管理项目的实施是一项至关重要的工作。在国际上,政府的工程项目都要委托监理,私人的项目是否委托监理,自主决定。由于私人业主的投资利益与项目成败息息相关,故业主十分重视监理及对监理单位的选择。由于采取业主自行委托的议标形式选择监理单位弊端较多,而推行监理招投标制可以克服弊端,发挥以下积极作用:

(1)有利于规范业主行为。通过监理招投标,将可转变业主观念,加深社会对监理工作的认识,提高建设监理的地位,使业主自觉接受监理。

(2)有利于规范监理单位的行为,促进监理企业自身素质的提高,促进监理企业加强管理,提高竞争能力。

(3)有利于形成统一开放、竞争有序的监理市场,打破行业垄断、部门分割、权力保护。发挥市场机制作用,达到优胜劣汰。

我国于2001年12月11日正式加入世界贸易组织(WTO)之后,监理业与其他行业一样,面临着机遇和竞争,这就是迎接外来的竞争,即所谓迎进来;另外有了到国际上寻求发展的机遇,即所谓走出去。无论是迎进来还是走出去,都要求本身具备实力,了解对手。就监理招标投标活动而言,也更应该如此,而欲走出去寻求发展,则必须与国际惯例接轨。我们在国际工程咨询、监理市场的竞争中,对外接受咨询、监理业务,只要开始具备基本力量,不必要求十分完美程度才着手营运。主要是在运行过程中不断找出与对手之间的差距,迎接挑战,采取一切有效措施,努力提高,最后终会占领市场。实际上我国监理企业参加国外项目监理,与国外监理公司进入我国境内参与工程监理,对双方所产生的困难和弱势,应是对

等的,都存在重新适应和学习的过程。要清醒地认识到,工程咨询、监理者必须保持与业主有同一经济利益的立场,从而得到业主的信赖。国际监理业是以维护业主的权益为宗旨。明智的业主如能选择好可信的、确实可胜任的、实现项目最优目标的监理企业,必将取得事半功倍的双赢结果。

项目监理服务(简称项目监理)属工程咨询范畴,其基本特点是高技术密集型服务性工作。项目监理招投标与前几章讲述的工程招投标基本一致。项目监理咨询包括的内容比较广泛,项目监理主要包括:勘察设计监理;货物采购监理;施工监理。本章主要针对施工监理服务工作,以工程施工监理招标投标为背景,介绍监理招投标实务。

二、建设工程监理招标投标的法律依据与政策

国家有关法律、法规及地方文件有:《中华人民共和国建筑法》、《建设工程监理规范》、《建设工程质量管理条例》、《工程监理企业资质管理规定》、《建设工程委托监理合同》(示范文本)、《中华人民共和国招标投标法》、《房屋建筑和市政基础设施工程施工招标投标管理办法》、《评标委员会和评标方法暂行规定》等国家文件、法规及当地有关补充文件。现阶段由于我国的监理事业处于初级阶段,市场发育还不完善,业主在选择监理单位的过程中存在着种种问题,对监理单位的选择方式也有一些分歧。针对业主的要求和我国监理业的现状,推行建设监理招投标制势在必行。建设部在《1998年建设事业体制改革的工作要点》中提出"积极推进建设监理招标制",最新颁布的《中华人民共和国招标投标法》中规定了有关的工程项目应实行建设监理招投标。因此,建设监理实行招投标是完善我国建设监理制度和推进我国监理事业发展的有益尝试。

施工监理的招标方式有公开招标、邀请招标、议标。建设工程项目的施工监理招标一般均采取公开招标的形式进行。对个别技术难度较大、有特殊要求的建设工程项目,经工程项目的上级有关主管部门批准,可邀请符合工程相应资历资质的监理单位投标。

三、建设工程监理标段的划分

(一)监理标段的划分原则

监理标段的划分应与施工标段同时考虑。监理标段的划分应不低于施工标段标准。目前,监理标段往往包括几个施工标段。施工标段是一个施工单位的工作范围,监理标段则是一家监理单位的工作范围。标段划分对于施工和监理单位的工作都有重大影响。

(二)监理标段机构设置

监理标段要与施工标段相匹配,监理标段一般可以包括几个施工标段。如果施工标段足够大,一个监理标段可以就是一个施工标段,由一个驻地(或高级驻地)监理工程师办公室(驻地办)负责监理一家承包单位。施工标段比较小,监理标段可以包括若干施工标段,此时每个施工标段设置一个驻地监理工程师办公室,整个监理段设高级驻地监理工程师办公室,统管各驻地办。当然,也可将整个项目作为一个监理合同进行招标,此时,由中标的监理单位组建项目总监理工程师办公室,各施工标段设置驻地办(或高级驻地办)。

应当指出,施工标段或监理标段大小,同样明显影响监理工作的安排,影响监理人力和物力的投入。标段大,监理的工作量大,投入的人力、物力多;施工标段多,一个驻地监理工程师面对几家施工企业,其附加的协调工作量大增,其工作效率明显降低,人力增加了,限于额定的监理费,监理设备设施也只能简化,给工作带来不便和困难。例如,在某市一个近郊区高速公路长仅4.5km的监理标段,下分三个施工标段,由于三个施工段各自忙于中小型构造物施工,工作面多而分散,工地长期不能贯通,7个监理人员的工作量太大而照顾不过来。监理用车和试验、检测设备也穷于应付。监理成本自然也无法控制在额定范围之内。

第二节 建设工程监理招标

一、建设工程监理招标工作程序

(一)确定监理介入阶段与范围

监理公司介入建设项目的阶段,一般情况下业主在立项前决策。根据建设项目的规模、特点,以及业主对建设监理的认识深度,确定监理单位介入阶段:如在项目立项、项目投资决策、可行性研究、设计、施工及各阶段。

(二)组建监理招标机构或委托招标代理机构

初步确定监理范围与内容。可咨询有关建筑经济与管理专家,了解监理有关知识。

(三)收集监理单位信息,选择合格的监理单位

目前我国已实行建设监理招投标,让项目业主通过招投标来选择监理单位。而建设监理是一种智力服务,业主选择监理单位目的是得到高质量的技术咨询和管理服务,这种服务需要监理单位的高智能投入。监理单位要完成监理业务,不但需要配备足够数量具有较高专业技能和丰富工程管理实践经验的监理人员,而且要拥有一定的技术装备和测试手段,以及针对监理项目的实际,制定出一套切实可行的、科学的监理规划和实施细则,实施对工程项目的监督管理。目前,在监理招投标中要克服依据监理报价高低选择监理单位的做法;由于企业资质证书的高低与实际有差异,因此,企业资质不应作为选择监理公司的惟一首要条件来考虑,企业的资质只有在企业的其他方面都接近的情况下才作为补充评分条件;监理业绩可以说明该企业对类似工程的建设监理有较丰富的经验,即说明企业的技术力量等各方面都能胜任本工程的监理工作。同时,企业有业绩并不能说明派驻本工程现场的人员就有丰富的经验;企业的业绩少也不能说明派驻本工程现场的人员没有经验。故业主方在发出邀请监理单位之前要充分了解、调查、研究,走访有关原业主单位,听取、搜集实际第一手资料。

(四)成立评标委员会

按《评标暂行办法》的规定执行,具体内容参阅第四章《建设工程评标实务》。

(五)编制招标文件

监理招标文件由监理招标机构拟订。招标单位亦可委托招标代理单位拟订。

1.确定监理招标文件纲要与目录

在搜集了各类信息之后,研究确定本项目监理招标的规模、范围与内容和委托监理的任务,特别要注意项目投资决策和设计阶段的监理委托,因为该监理委托对项目投资效果起着举足轻重作用。故招标人可向有关专家咨询,听取专家们做出的较客观、公正、全面的评价和切合实际的意见,以加强决策的深度与正确性。另外,监理招标文件的纲目只是确定了文件的主体构架,为避免遗漏,允许后续补充和修改。

2.划分监理招标文件的范围与内容

工程项目监理范围以表格形式表示为好,在监理招标时,有的工程业主往往一时难以提出委托监理任务的全部数据,可以先估计数目,并加注最终以实际完成的数据为准的说明。

但是,各建设阶段的主导的数据和任务范围则仍应提出;对目前尚不能提出的任务数据,应提出原则和时间表,使投标人可准确报价和考虑风险系数,不致使投标人有模棱两可的感觉。各阶段监理工作的内容,是指监理实施过程中的三控制、二管理、一协调的具体工作内容在监理招标文件中要写明白。特别是本工程特殊的监理要求:如独立、平行检测,预控,方案技术经济评价及额外的监理任务,都一一写入招标文件中。做到事先提出而不致事后陆续增加监理工作的要求。

范围与内容是日常监理工作中涉及的实质性问题,双方在事先要彻底了解,不能含糊其辞。若在招标文件中不能表达清楚,或使投标人产生误解,必将在日后发生工作纠纷。

3. 监理工作的技术要求与监理目标

技术要求是指本监理项目中比较重要特殊工程的技术要求。常规的做法是遵照图纸要求与国家规范标准。凡重要特殊的工程技术要求,在监理招标文件中需提出所遵照的规范和技术标准,特别是新工艺、新技术的使用。有些在事先需进行试制和试验的内容,必须列出。对监理人员的基本要求与组成,在监理招标文件中需加以说明。完成监理任务主要是依靠各级相关的监理人员,人的因素是首要的。监理的目标在监理招标文件中应专列一段,主要是质量目标;进度目标;投资目标;安全目标;文明施工目标等。进一步则要求投标人在投标文件中提出达到这些目标的具体有效措施;对本工程项目从设计到施工提出合理化建议;工程质量检测见证取样的制度;需跟踪监理的重要部位、工序清单;独立、平行检测手段及保证措施及项目清单。

4. 对监理投标书提出的内容与要求

工程监理投标书分技术标书、公函标书和商务标书三部分。以下分别阐明其内容。

(1)对技术标书的要求

1)技术标书的综合说明;

2)各阶段工程监理质量控制的方法与实施措施,特别是质量预控手段;

3)各阶段工程监理投资控制的方法与实施措施,特别是投资控制中降低投资的手段;

4)各阶段工程监理进度控制的方法与实施措施,特别是采用各种优化控制手段;

5)根据本工程的特点而制定的检测、监测的方法;

6)合同管理、索赔管理的方法与措施;

7)信息管理的方法与措施;

8)安全文明施工的监理措施;

9)独立平行检测方法及取证措施;主要独立、平行检测项目清单;

10)选用、配备的监测仪器、设备清单;

11)24 小时旁站跟踪监理的重要部位,工序清单内容;

12)与业主、承包商、分包、政府部门、供应商、设计单位等工作协调的方法;

13)监理资料整理归档提供的管理方法、清单内容。

以上列出的内容是在监理招标文件中,对监理投标文件技术标书的主要内容和要求。在监理招标文件中只需列出要求、清单。投标人则须在投标文件的技术标书中详细阐明。

(2)对公函标书的要求

1)担任本工程监理组总监理工程师的学历、工作简历、特长,特别是参加过监理工程的经历；

2)参加本工程监理人员机构组成及监理组成员详细名单,特别注明职称、职务和监理经历,以及可在本工程参加监理的时间；

3)监理公司资质证明及以往参与相关工程监理的业绩、奖励、评价及其他说明；

4)监理公司关于对国际标准化组织(ISO)质量管理体系认证的状况及提交相关认证书及全套认证资料、质量手册等；

5)专业分包监理协议书及合作方式的资料。

(3)对商务标书的要求

1)监理报价书及编制说明(或监理成本估算)；

2)监理报价书的组成:监理费,监理设备使用费,监理现场经费,独立、平行检测费(列出各项费用组成),监理其他费用(税收、利润及其他费用),总计费用；

3)监理合同(草案)。

5．标书编制要求、送交时间、招标投标日程表

标书规格、标书送交份数、密封要求、送交投标书时间；发放招标文件的时间、地点；投标保证金；踏勘施工现场时间、集合地点；投标单位以书面形式返回招标文件中需澄清的以及踏勘施工现场后情况不明处的问题提交时间、地点；招标单位召开招标文件答疑会,对招标书中及投标单位书面返回问题进行口头解释与澄清的时间、地点；会后补发会议纪要,以书面文件为准。

6．评标原则

遵照国家2001年7月5日颁布的《评标暂行办法》等有关评标原则,结合本工程监理招标实际条件确定,在招标文件中公布,各方监督。

7．投标人须知

主要对招标文件中若干细节作进一步说明和澄清。

8．遵照招标文件进行招标

项目业主根据对监理市场的调查、研究、咨询,确切掌握本地区监理业实情之后,确定对本项目监理招标的最佳方案:即是否需要委托招标代理,采用公开招标或邀请招标,邀请哪几家监理公司投标,所有这些需业主做出决策。然后对投标单位进行资格预审,按时发出招标文件。

(六)评标委员会确定中标单位

本书第四章将对建设工程评标、决标作详细阐述。

(七)招标人应当向中标人发出中标通知书

中标通知书对招标人和中标人具有法律约束力。招标人与中标人签订合同后5个工作日内,应当向中标人和未中标人退还投标保证金。

(八)签订监理委托合同

其中主要遵照《建设工程委托监理示范文本》(GF-2000—2002)执行。

二、建设工程监理招标文件编制依据

首先贯彻招投标制度和监理制度的国家有关法律、法规及地方文件,特别要强调地方性法规、文件是国家相关文件的具体化和地区化,必须深入研究,严格执行。

其次建设项目前期资料和设计文件是建设监理招标文件编制依据。如:建设项目规划、

投资决策、可行性研究文件;项目前期审批文件、征地文件、地质勘探资料、气象资料、水文资料、交通情况、材料供应情况、项目投资资金计划概况;各阶段审批资料、初步设计图及说明、施工图设计等。

监理业、监理市场调研资料也是建设监理招标文件编制依据。当前国内监理业及监理市场及主要监理公司确切的实际情况,如监理质量、取费标准;监理范围、内容;监理人员水平;监理机构组成;主要监理公司的业绩、知名度;监理公司的优缺点、特点、特长、信誉、所有制、可靠性以及业主对监理公司的评价等。主要监理招标代理机构的信息,如代理质量、可靠性、信誉、取费标准、组成、业绩及监理招标代理内容等。

有关的技术文献和技术规范也是建设监理招标文件编制依据。如:与本建设项目相关的主要设计规范、施工验收规范、各类现行定额、标准;相应的国际标准资料;相关的主要设计、施工技术文献;新材料、新工艺、新设备;当地行政法规,当地基建程序规程等。

三、建设工程监理招标文件的内容

(一)建设工程监理招标文件总说明

说明如下内容:立项的批文、纳入年度计划文件、计划开工和竣工日期、准许招标的批文。本次招标的宗旨、择优决标的标准、招标机构的组成。本工程设计单位、监理招标的公证单位、监理招标的代理单位等。

(二)工程名称与工程地址

说明拟建工程的名称和所处的地理位置。

(三)工程概况

工程地点环境、交通等状况。工程建筑设计及结构简况;总建筑面积、层数、地下结构、桩基;建筑总图构成及简况;工程建筑设计、结构设计的特点。

(四)施工监理的范围

施工监理的范围应列表详细写明,定量表述,并尽可能说明各项工程内容。凡已有施工图设计的,列出图纸号。

(五)工程施工技术要求

包括工程施工图的设计说明及采用的国家、部门、地方的施工技术规程、规范。

(六)工程监理周期

即从监理中标通知书发出之日起,至工程保修期结束之日止。监理中标单位进场办公时间,根据建设单位进场通知书。

(七)监理工作内容、目标

监理工作内容及目标要分别列出,不得有遗漏。它包含监理过程,监理工作内容,还包括:质量控制、投资控制、进度控制、合同管理、信息管理及各部门工作协调。此外,图纸会审、施工组织设计审核及本工程从设计到施工提出合理化建议等进一步说明。对独立、平行检测,旁站监督,计量,安全文明施工,设计变更等要求。特别在投资控制中各项具体的监理内容及降低投资、技术经济评价等要求。监理工作目标包括:质量目标、进度目标、降低投资目标、安全目标及文明施工目标等。

(八)监理工作的基本要求

包括对监理人员的基本要求和对监理程序及技术的基本要求。如质量检测、见证、取样、送样制度;独立、平行检测工作项目;不得使用施工单位任何仪器设备;监理资料的提供等。

（九）监理费报价及监理费支付办法

监理费报价是投标单位对本工程最终监理费总金额。监理费支付办法是招标单位对监理费支付的承诺，详细列出各监理阶段支付监理费的百分率。

（十）投标标书的内容与编制要求

投标标书分技术标书、公函标书、商务标书三部分。

1. 技术标书

技术标书内容是投标标书综合说明及工程监理方案。技术标书编制要求是投标技术标书所有内容和文字说明，不能用图签、不注明投标单位名称、不署名。对投标技术标书应按招标文件的规定编制。

2. 公函标书

现场监理组人员名单；监理公司项目业绩。

3. 商务标书

商务标书的编制内容如报价编制说明；投标报价书、监理合同（草案）。标书的编制要求是指装订规格、投标书份数、盖章及密封要求。

（十一）评标原则

说明依据《评标暂行规定》评定标书。

（十二）日程安排

说明招标书领取、投标书送交等日期要求。

（十三）投标人须知

如招标文件解释、投送投标书注意事项、作为废标的规定、投送截止时间、公证等。

四、监理单位的选择

（一）选择监理单位的因素

业主在选择监理单位时应注重投标单位之间的能力和技术水平等诸方面的比较。具体包括以下主要因素：

（1）监理单位的实力和信誉。主要考察总监和专业监理人员的能力和资格，以及过去在监理工作中的业绩，业主单位对他们在监理工作中的履约情况和执业责任心方面的评价。

（2）项目监理的组织机构及人员。主要观察其人员结构配备的合理性。

（3）技术装备及测试手段。

（4）监理报价。只是其中的因素之一，不占主要比重，只有在其他方面同等条件下，适当予以考虑。

（二）评标办法的科学合理性

科学、合理的评标办法应该体现出公平和公正原则。为了体现评标办法的科学性和公正性，在评标之前必须组成评标小组，评标应该采用综合计分办法。对上述考虑因素分配不同的权重，评标小组按这些因素，对每份投标书进行打分，取加权得分最多者为中标单位。

（三）监理招标的公平性

公平性应使参加投标的单位得到平等的对待，有同等的权利和义务。具体表现在单位的资质和业绩上。招标中的评标原则如下：

(1)资质符合要求,企业资质高者优先;

(2)人员素质高,总监合适,企业信誉好;

(3)按监理业绩、企业规模、优良率等因素综合考虑,并以多次做过类似工程者优先;

(4)投标技术标书合理,监理水平高;

(5)公正诚信,服务承诺可行。

(四)监理投标文件质量是评标优选原则之一

建设监理是一项知识密集型的技术服务工作。在项目招标阶段其显著的个性表现为:监理招标是投标单位之间在高智能技术服务方面的优胜劣汰,而不主要着眼于监理取费的竞争。国家明确规定监理取费不得低于取费标准的下限。

根据有关建设监理招标项目的评标办法,评标一般采用综合计分法。在权重的分配上监理投标技术标书所占的权重较大,因为技术标书的编制内容综合了招标单位所要求的有关人员素质、主要监理措施和技术方案等方面的内容。因此,在通过资质审查后,中标的关键很大程度上取决于投标单位编制项目监理技术方案的优化程度。

因此要求投标文件要具有目标的确定性,即针对被监理项目的目标;职责分工的严密性,即监理单位的组织机构配置,包括现场监理岗位的制定的科学合理;工作的时序性,即将不同工作间逻辑关系,相关各方的衔接与联系、时间上的开展顺序反映出来。还要求投标文件要理解和响应招标文件的要求条件;对结构设计方案的优化建议;技术难点的监理方案;关键部位和关键工序的监理控制措施等;投标文件的格式化及直观、简洁的表达方式,以上都是投标文件质量的相关因素。

五、建设工程监理招标资格预审

(一)建设工程监理招标资格预审程序:

(1)招标人编制资格预审文件。

(2)发布招标(资格预审)通告。

(3)出售或发放资格预审文件。

(4)投标人编制资格预审申请书。

(5)投标人递交资格预审申请书。

(6)招标人组织资格评审。

(7)招标人编制资格预审报告,报上级主管部门审核备案。

(8)向通过资格预审者发出投标邀请。

以上的招标(资格预审)通告、资格预审申请书、资格预审文件请登录 http://www.cabp.com.cn/jc/13531.rar 下载查阅,要求必须能够编写。

(二)编制资格预审文件

施工监理资格预审文件,由招标公告(或资格预审通告,或投标邀请书),资格预审申请人须知,资格预审申请表,工程概况及合同段简介,资格评审标准和方法内容组成。招标人的资格预审通告基本格式与前章所讲资格预审公告相一致。基本内容不再详述;资格预审申请人须知主要包括:有关工程情况,对投标人的资格要求和资格预审文件编制报送要求等内容。如:监理实施方案编制要求(监理机构设置、人员配备、监理设施和设备配备要求,以及监理措施等。使用表格可参考监理招标文件中技术建议书部分;资格预审评审的标准和办法);资格评审表通常由招标人设计统一表格,申请人按表格规定填写内容的方式进行。

资格评审是由业主组建的评标委员会,依据评标细则,按照资格评审程序进行评审。评审程序如下:

1. 符合性检查

符合性检查主要内容:

(1)资格预审申请书递交时间、完整性、签署等情况应符合要求;

(2)检查申请人的营业执照和申请人授权书的有效性;

(3)监理单位资质等级和资信等级应符合要求。

(4)以联合体形式申请资格预审的,应提交联合投标协议书。未全部通过符合性检查的不能通过资格预审。

2. 强制性合格条件审查

业主可根据工程需要制订强制性条件,即必须达到的单项附加条件。

3. 澄清与核实

在评审过程中,评委会有权对申请书中不明确的内容,或与资格预审要求有偏离之处进行澄清与核实。申请人必须在一定限期内以书面形式予以答复。如果申请人未在限期内予以答复,或者澄清结果证明不符合预审要求,不能通过资格预审。

4. 资格评审

资格评审的标准和办法可参考监理招标评标办法的有关部分。

5. 评审结果

评委会对每个合同投标申请人进行资格审查后,提出合同段的合格投标人,每个合同段合格投标人不得少于3个。评委会将评审情况及其结果写成报告。采取邀请投标方式进行施工监理招标的项目,业主可参照上述办法进行资格预审,即根据掌握的信息邀请几家监理单位参加投标,在评标同时进行资格审查。

六、监理招标文件实例

某高级商品住宅小区工程监理招标文件摘要

(一)目录

1. 总则

(1)招标说明

(2)工程概况

(3)投标单位资质要求

(4)投标费用

(5)监理工作目标

(6)对监理人员的基本要求

(7)场地勘察

(8)为监理单位提供现场条件

2. 招标文件说明

(1)招标文件的组成

(2)招标文件的解释、澄清

(3)招标文件的修改

3. 监理取费报价原则

4. 投标文件编制

(1)投标文件的语言

(2)投标书的编制

(3)投标书的数量与签署

(4)投标书有效期

(5)投标保证金

5.开标、评标

(1)开标

(2)评标原则

6.招标日程安排

7.注意事项

8.建设单位和代理单位地址、联系人及电话

(二)总则

1.招标说明

(1)工程名称:某小高层(18层)住宅小区。

建设单位:某房地产经营(集团)有限公司。

招标管理机构:某市建设工程交易中心监理分中心。

(2)监理工作范围:施工和保修阶段的质量控制、投资控制、进度控制、组织协调、合同管理、安全文明施工监理。

(3)监理服务内容:

1)本工程监理工作内容为施工质量监理、投资控制、进度控制、组织协调、合同管理、安全文明施工监理。本次招投标全过程由本市公证处进行公证。

2)检查督促施工单位对本工程的竣工图,竣工资料的收集整理。

(4)招标方式:邀请招标。

(5)施工监理工期:按施工合同工期另加一个月的资料整理时间;保修期内适时解决监理事宜。

(6)有关说明:本招标文件及其附件以及招标单位根据需要在招标过程中可能发出的补充文件,均是施工监理招标过程中具有法律效用的文件,是各投标单位编制投标文件的依据,也是招标单位与中标单位签订监理合同的依据,并将作为施工监理合同的附件。

2.工程概况

(1)工程建设地点:某市、某区。

(2)工程建设规模:

总建筑面积:92400m²。

结构类型:框剪结构。

(3)工程计划开竣工日期:2002年7月~2004年12月。

(4)资金来源:自筹50%,贷款50%。

(5)工程造价(暂):1.2亿元。

(6)工程说明:

本工程为小高层住宅小区,位于某市某区。总占地面积24000m²。本次施工监理招标为七幢小高层,地下2层,地上18层,建筑总面积为92400m²,建筑高度为60m,小区内绿化率为40%,设有地下车库、儿童游乐场。小区周边环境良好,交通便利。

3.投标单位资质要求

(1)投标单位必须是具有国家或某市批准的暂甲级以上监理资质的监理单位,并是本市建设工程交易中心监理分中心会员单位。

(2)投标单位应在投标资质验证时提供资格文件,以证明其符合投标合格条件和具有履行合同的能

力,取得招标单位及有关管理部门确认。内容如下;

　　1)营业执照副本原件、复印件;

　　2)资质等级证书副本原件、复印件;

　　3)某市建设工程交易中心监理分中心交易席位证原件;

　　4.投标费用

　　投标单位应承担其投标书准备和递交所涉及的一切费用。不论投标结果如何,建设单位对上述费用不负任何责任。

　　5.监理工作目标。

　　质量控制目标:创优良工程。

　　6.对监理人员的基本要求

　　(1)监理单位派驻现场总监理工程师须为投标单位在编的注册监理工程师,即持有建设部颁发的"监理工程师岗位证书"或市建委颁发的"本市监理工程师资格证书",并有承担过同类工程总监理工程师业绩的人员担任,人选必须是土建类专业技术人员,投标时应附有相关证明资料。

　　(2)项目监理组人员须专业配套齐全,项目的重要专业监理工程师应该具有相关专业学历证书和监理工程师岗位证书,不得兼职带做。

　　(3)监理人员数量及工种应满足本施工监理工作需要,关键部位及工序应保证旁站跟踪监理。

　　(4)监理人员应有良好的职业道德和严谨的工作作风,在监理过程中不得向被监理方介绍指定分包商和供应商。

　　(5)派驻现场的监理组人员名单须经建设单位确认,未经建设单位书面批准不得更换。

　　(6)总监理工程师必须常驻施工现场,如有不尽其职或虚挂其名的情况,建设单位有权要求调换具有相应资历的人选的权利,直至有权要求监理单位退场并单方面终止合同。

　　(7)安全监理人员必须经过安全培训,并持证上岗。

　　7.场地勘察

　　由投标单位根据自身需要,自行组织对施工场地进行踏勘。

　　8.为中标单位提供现场条件

　　投标单位如需建设单位提供设施、设备等,请在投标书内明确(包括需提供的办公场所具体面积,通信工具及其他设备、设施的清单与费用)。

　　(三)招标文件说明

　　1.招标文件的组成

　　本招标文件包括下列内容:

　　投标须知;

　　合同格式;

　　合同通用条件;

　　合同专用条件;

　　附件。

　　2.招标文件的解释、澄清

　　投标单位如要求业主对招标文件的内容进行澄清,应按招标文件中规定的地址以书(传真)的方式通知业主或代理单位,凡在2002年5月15日前要求澄清的问题,业主或代理单位将予以签复。答复的副本将交给所有已取得招标文件的投标单位,该部分答复与招标文件具有同等法律效力。

　　3.招标文件的修改

　　(1)招标单位如需对招标文件进行修改,将在投标截止日前5天以书面形式通知所有投标单位。

　　(2)该修改文件将构成招标文件的组成部分,对投标单位起约束作用,投标单位应以书面方式尽快确认收到的修改文件。

（3）修改文件须报监理分中心核准。

（四）监理取费报价原则

本工程取费报价应根据本市监理分中心交易规则的规定和监理单位的承受能力作出报价。

本工程监理取费报价投标时按本招标文件提供的暂定工程造价的比例计取。投标单位应报出相应的监理费用，最终结算时按工程决算审计价及相应费率和投标下浮率计取。本工程监理承担实施阶段的全部监理业务，其浮动率和附加及额外工作酬金单价(以元/日·人作单位)由投标单位自报。

投标情况汇总表均以数字与算式标明(注明"＋"、"－"号，不注明者按"＋"号理解)。

投标单位应对合同条款中影响报价的条款做出说明，如建设单位提供现场条件的优劣等对合同价的调整说明等。

（五）投标文件编制

1. 投标文件的语言

投标文件及投标单位与招标单位之间与投标有关的来往通知、函件和文件均使用中文。

2. 投标书的编制

本工程监理投标标书分为技术标、商务标两部分编制并封装于一体。内容及编制要求如下：

（1）投标保证书。

（2）投标简况表：见附表，须加盖投标单位及法定代表人印章，并统一装订在投标书目录后第一页。

（3）投标书综合说明。

（4）技术标书。

1）工程概况；

2）监理范围；

3）监理依据；

4）监理机构组织，包括项目组人数、总监、副总监、专业监理、现场监理、安全监理的人员简况，并附横道图表示每阶段或工作部位拟派监理人员人数安排计划。

5）工程监理方案应包括(可不仅限于下列内容)：

a）监理工作程序及流程；

b）监理资料的提供；

c）工程质量、投资、进度控制的监理措施；

d）安全文明施工的监理措施；

e）根据本工程特点制定的检测、监测方法、手段和保证措施；

f）选用的监测仪器、设备清单；

g）须旁站监理的重要部位、工序清单；

h）其他必要的说明。

（5）商务标书：投标报价表及说明。

（6）附件：总监资历与业绩简介、在职情况及有关资格证明复印件。

参加本项目监理人员监理资格证书、技术职称证书(复印件)，安全监理人员的资格证书及简历。

3. 投标书的数量及签署

（1）投标书一式三份(正本一分，副本二份)，投标书封面(不规定统一格式)必须注明"正本""副本"字样。

（2）投标书应用不褪色的墨水书写或打印，由投标单位的法定代表人或其授权的代理人签署并加盖公章，并将授权委托书附在其内。

（3）投标书的任何一页均不得涂改、行间插字或删除。如出现上述情况，不论何种原因造成的，均须投标单位在改动处盖更正章。

（4）投标书密封袋正面必须标明投标单位名称、工程名称字样。

(5)投标书应密封后投送,密封包装的所有接缝须骑缝加盖投标单位印章。

(6)投标书有效期内,投标书不得更改或撤回。

4.投标书有效期

投标书的有效期为投标截止日后的40天,在此期限内,所有的投标书均保持有效。

在原规定投标有效期满之前如果出现特殊情况,经监理分中心批准,招标单位可以书面形式向投标单位提出延长投标有效期的要求。

中标单位的投标书有效期截止于完成本招标书规定全部施工监理内容,并通过竣工验收和保修期结束之日。

5.投标保证金

(1)本次招标须交纳投标保证金人民币3000元整,由招标单位统一收取。

(2)根据投标单位的选择,投标保证金可以是现金、支票两种。

(3)对于未能按要求提交投标保证金的投标单位,招标单位将视为不响应招标而予以拒绝。

(4)未中标的投标单位应在接到未中标通知书后14天内退回招标文件及有关资料,同时招标单位在最迟不超过规定的投标有效期满后的14天内,退还其投标保证金(无息)。

(5)中标单位的投标保证金将在签订监理合同后,予以退还(无息)。

(6)如投标单位有下列情况,将被没收投标保证金:

1)投标单位在投标书有效期内撤回其投标文件;

2)因中标单位原因而未能在规定期限内按规定签订监理合同;

3)未征得招标单位同意而中途退出投标。

(六)开标与评标

1.开标

(1)投标单位的法定代表人或其委托代理人参加开标会,须出具法定代表人证件或法定代表人委托书及本人身份证。

(2)开标时当场对投标书的密封、签署等情况进行核查,以确定其有效性。

(3)只对符合要求的投标书开标,开标由招标代理单位主持,并由本市建设工程交易中心监理分中心管理人员监督。

(4)招标代理单位将负责做好开标记录,并由投标单位代表书面签字确认。

2.评标原则

(1)评标将以各投标单位投标书对招标文件各项要求的满足程度,尤其是总监人选的工程经验、监理资历、工程监理措施和手段(特别是高难度及高技术要求的部位与工序)、常驻现场可信度及监理单位社会信誉等因素综合评定。

(2)按规定成立评标小组,经评委讨论后采用综合评议推荐评标方式,确定中标单位(评标内容见附件评标办法)。

(七)招标日程安排

1.定于2002年4月14日上午11时前在某市建设交易中心监理分中心领取招标文件,同时交纳投标保证金3000元人民币整(包括投标单位资格验证)。

2.2002年4月15日下午15时(北京时间)前将书面提问送达某市某工程技术咨询有限公司(传真)。

3.2002年4月21日下午13:30时正为投标截止期,且同时开标。

投标书送达某市建设交易中心监理分中心。

地址:

4.开标会前,送标人应带好身份证和法人代表委托书,同时,将对投标书中总监理工程师岗位证书和专职安全员的监理安全员上岗证进行验证(原件及身份证复印件)。

5.决标后,由建设单位发出中标通知书,并确定监理合同的具体签订日期,同时发出未中标通知书。

（八）注意事项

1. 中标单位在收到中标通知书后，应在规定的签约时间与建设单位履行合同的签约，合同双方不得提出与招标文件和投标文件不符的条款及异议。由于中标单位原因不按规定时间签订合同时，视为自动放弃中标资格，由此造成招标单位的损失由中标单位承担赔偿责任。因招标单位的责任不按规定时间签订合同，招标单位应双倍返回投标保证金，该工程的监理承包权仍属原中标单位。

2. 投标书不符合密封要求的，超过投送时限的，投标书封面及内容不符合招标文件要求、字迹模糊不清的投标文件均为无效。当投标书正本与副本不一致时，以正本为准；同一数字的表达不一致时，以大写者为准。

3. 投标文件中所报总监理工程师必须为国家或本市注册监理工程师，如不符则视为无效标。

4. 投标文件中的监理费报价或总监理工程师所持有的证书不符合招标文件要求的，均为无效投标文件。

5. 当本项目有关投标单位只有一家有效时，则本次招标将重新进行，原无效投标单位取消投标资格，投标保证金不予退回。

6. 投标单位不参加开标会议者，将被取消投标资格，并没收投标保证金。

7. 中标单位在施工监理合同签订后，持监理中标通知书、施工监理合同正本及复印件，到市监理分中心办理施工监理项目登记。

（九）建设单位和代理单位地址、联系人及电话

建设单位：某市房地产经营（集团）有限公司

联系人：　　　　　　　电话：

代理单位：某市某工程技术咨询有限公司

地址：

联系人：　　　　　　　电话：

（十）附件

1. 建设工程监理投标简况表（略）。

2. 授权委托书（略）。

3. 拟在本项目监理使用的主要仪器、检测设备一览表（略）。

4. 监理招标评标办法

全文如下：

监理招标评标办法

监理招标评标办法根据中华人民共和国国家发展计划委员会等七个部门颁布的《评标委员会和评标方法暂行规定》，结合本工程招标文件内容，特制定本评标办法。

（1）评标办法：

1）本工程评标决标工作由评标委员会（评标小组）负责。

2）本工程评标决标采用"综合评议推荐评标法"评标决标。

（2）评定方法：

1）本工程评标的内容主要包括：

a）监理大纲与技术措施，包括对本工程监理所提供的优质服务措施和手段。

b）总监理工程师素质，包括资格、资历、业绩和同类型工程的经验及驻地工作最低时限数（天/周）。

c）项目监理组织机构，包括专业人员的安排组合及各专业负责人的资历，常驻工地监理人员数量及合理性。

d）投标单位的信誉、业绩及企业的实力体现。

e）投标单位的监理费报价及附加、额外工作酬金报价。

2)本工程评标的规则为：由评标小组成员根据本评标办法和内容，对照各投标单位的投标文件，写出评语和推荐一家投标单位的意见，经评标小组综合评定后，再择优选定中标单位。

3)评标人员必须在推荐表和决标表上签字。

(3)本评标办法经评标人员讨论通过，并由招标管理部门核准。

评委会签栏：

招标单位：

年　月　日

第三节　建设工程监理投标实务

一、建设工程监理投标的策略

建设工程监理投标的策略使用是管理的重要组成部分。投标的实质是各个投标人之间实力、资质、信誉、效用观点之间的较量，是不同投标人所选择的策略之间的博弈。投标策略是指投标过程中，投标人根据竞争环境的具体情况而制定的行动方针和行为方式，是投标人在竞争中的指导思想，是投标人参加竞争的方式和手段。投标策略是一种艺术，它贯穿于投标竞争过程的始终。它包括投标项目的选择的市场策略、投标报价策略、投标的联合与协调策略、投标的谈判与答辩策略。

(一)投标项目选择的策略

现代社会是信息社会，建设监理投标信息的精确度、利益性、权威性、时效性是投标决策的前提，与招标项目有关的信息要完备、正确、及时，特别是与投标有关的环境信息、竞争信息的获取分析十分重要。监理公司在投标中失标的重要原因就在于此。常言道"知己知彼，百战不殆"，不打无准备之战，因此要具有广泛的信息来源渠道，与施工企业、勘察、设计单位建立长期战略合作关系，获得较为完整的信息。特别是与业主的关系，过去的业主评价是监理公司获得新项目的市场切入点。因为招标人选择监理公司的首要步骤是调查潜在投标人的业绩、信誉，监理服务质量，所以完备的信息网络，周密的信息分析，特殊的信息供给主体作基础是获得项目的最可行的策略。监理公司聘用一个技术专业水准强，社会知名度高，能够管理企业的经理，责权利分配合适，定能够提高企业任务占有率。

(二)监理投标决策的策略

建设监理投标决策的首要任务，是在获取招标信息后，对是否参加投标竞争进行分析、论证，并作出抉择，通常要综合考虑各方面的情况，如承包商当前的经营状况和长远目标，参加投标的目的，影响中标机会的内容、外部因素等。下列情形之一的监理招标项目不宜参加投标：①工程资质要求超过本企业资质等级的项目；②本企业业务范围和经营能力之外的项目；③本企业在手承包任务比较饱满，而招标工程的风险较大或盈利水平较低的项目；④本企业资源投入量过大的项目；⑤潜在竞争对手在技术等级、信誉水平和实力等方面具有明显优势的项目。

(三)监理投标性质的策略

建设工程投标存在着不同内容的风险。投标人对于风险的态度不同，往往确定投标的方案性质，根据自身实际，选择保险标、风险标、赢利标还是保本标。

保险标，是指基本上不存在什么技术、设备、资金和其他方面问题的，或虽有技术、设备、资金和其他方面问题但可预见并已有了解决办法的项目而投的标。在国际工程承包市场上,投保险标的更多。

风险标,是指承包商对存在技术、设备、资金或其他方面有未解决的问题,承包难度比较大。风险标要能想出办法解决好工程中存在的问题,如果问题解决好了,可获得丰厚的利润,开拓出新的技术领域,锻炼出一支好的队伍,使企业素质和实力上一个台阶;如果问题解决得不好,企业的效益、声誉等都会受损,严重的可能会使企业出现亏损甚至破产。因此,承包商对投标性质的决策,特别是风险标,应当慎重。

赢利标,是指该项目是本企业的强项,竞争对手少而弱,本企业任务饱和。

保本标,本企业任务少,人浮于事,该项目又不是本企业的强项,竞争对手多。

(四)投标的经济效益策略

工程完工时可能会出现亏损、盈利、保本三种结局。在投标决策中要对企业经营目标与效果进行可行性研究,并决定方案类型,主要对成本、目标利润、风险损失进行综合分析,即确定投标的经济效益策略。

监理公司投标报价之前,首先要估算自己的个别成本。在建设工程市场中,不断地降低成本是市场的客观趋势。承包商的个别工程成本估价是构成投标报价的基础,它决定着投标报价水平的高低。投标单位合理地预期目标盈利,是企业经营策略选择的体现。如何确定合理的预期利润,不仅要考虑在投标竞争中获胜,还要争取实现企业或项目的利润目标。在确定预期利润时,可结合长期利润、短期利润以及具体项目的利润综合考虑。笔者认为:建筑业竞争日趋激烈,监理公司只能向行业平均利润率看齐,甚至略低。针对私人业主项目可稳定市场占有率,针对公共项目可利用监理额外工作和项目范围变更等手段获得更大利润。但在具体确定某项工程的利润目标时,要预留风险损失费。项目的风险是多方面的,风险费用的大小受多种因素影响。

二、投标文件的编制

(一)建设工程监理投标文件编制原则

针对目前充满竞争的建设监理行业的现状,监理投标文件编制的优劣将直接影响到监理项目中标的可能性。最重要的是在编制监理投标文件时必须遵循其客观存在的规则,即监理投标文件编制的原则。

1. 公平、公正、诚实信用原则

我们在监理投标文件编制时,本着公平竞争的原则,本着对国家、社会、招标人及其他投标人负责的精神,决不能采用串通投标而获取信息作为监理投标文件编制的基础。

公正原则也是我们编制监理投标文件必须遵守的准则。《招标投标法》规定"投标人不得以低于成本的报价竞标,也不得以他人名义投标或者以其他方式弄虚作假,骗取中标"。避免投标人以低于成本报价中标后,再以极少的费用,聘用非专业监理进驻现场等手段不正当地降低成本。但是从长远的眼光看,由于监理属于服务性的行业,它是依靠高质量服务吸引业主,而不是纯粹的以比较低的投标价格来获取监理合同。采用公正原则进行监理投标文件编制,必然是今后监理招投标活动的主流。

再次,诚实信用原则是民事活动的基本原则。在我国《民法通则》和《合同法》都规定了这一原则,编制监理投标文件是监理招投标活动中的一项内容,而招投标活动又是以订立采购合同为目的的民事活动,这项原则要求在编制监理投标文件时,必须保证内容切合实际,真实可靠。常言道"人无信不立",如果采用各种手段去骗取标的,可能等不到法律的制裁,就会被市场淘汰。

2. 响应招标书的原则

是指投标人在编制投标文件前必须对招标人所出的招标文件仔细阅读,充分理解。编制投标书时,投标的监理单位必须对监理招标文件提出的实质性要求和条件做出响应,相对应地回答,不能存在遗漏或重大偏离,否则将被视为废标,失去中标的可能性。监理行业本身是一种服务性质的行业,它的最终目的是为业主提供满意的服务,因此充分理解业主对监理工作的需求是十分重要的。

3. 熟悉环境原则

在编制监理投标文件之前必须详细了解企业的外部和内部环境,为企业编制监理投标文件提供信息基础。外部环境指的是整个建筑市场监理服务行情,其他投标人资质能力。内部环境指的是组织自身的人员、仪器、管理等资源的现状。例如整个监理市场的监理取费情况、竞争对手的技术服务水平及其特长等等。一个监理单位对外部环境的熟悉程度越高,信息也就越多,编制的监理投标文件越有竞争性。其次,在编制监理投标文件前,充分了解监理单位自身的内部环境也是我们必须遵循的重要原则之一。低估自身现有的资源实力,失去与对手竞争机会;高估自身的资源实力,即使中标也没有能力完成或者很难完成,导致企业自身的信誉降低。

4. 科学性原则

监理投标书科学性的结构、内容能提高业主对投标方的信任度。首先投标文件科学化合理化的结构,能够吸引招标人注意。有层次地对此项目进行逐一论证,也会为最终说服招标人打下良好的基础;其次科学性的内容是我们获取标的重要法宝。社会监理是提供技术咨询服务的,科学技术是监理业其赖以生存的基本保障。如果投标文件中的科学技术含量越高,评标时加分也相应越高,同时也有可能降低成本费用,最终将以较高的分数击败其他竞争者而获取标的。

5. 服务性原则

监理行业是一种服务性质的行业,监理公司的优劣取决于是否能为业主提供满意的服务。业主在对监理实施招标时,必然会考虑监理方的服务能力,在编制监理投标文件(特别是技术标书)的时候,特别要注意要时时刻刻围绕此中心——为业主提供良好的服务,编写标书。

(二)建设工程监理投标文件编制依据

1. 国家及地方有关监理投标的法律、法规及条例

在编制监理投标文件时必须遵守《招标投标法》,它是监理投标文件编写的首要依据,因此我们必须以此为准绳来编写监理的投标文件,此外,其他相关法规,各地区结合当地实际情况,也颁布有相应的监理招标投标补充规定,更需要编制监理投标文件时作为依据。

2. 业主的招标文件

业主的招标文件是业主意图的集中体现,是监理招标文件编写的中心依据。归根到底,评价一本监理投标文件是否优秀,主要看内容是否与业主的意图或者说是业主的需求相符。

3.公司人力及设备资源

公司现有的人力以及设备资源是编制监理投标文件时的主要依据,是监理公司的主要资本,它们的质量以及储备将决定此监理公司是否能为业主提供优质的服务,也就决定了中标的可能性。就人力资源而言,就是总监理工程师、各专业监理工程师、各专业监理员。通常业主在审核投标文件时,都会仔细查看监理公司所派设监理人员的工作经历、业绩和职业责任性方面的评价,查看总监理工程师的履历,因为他们是做好监理工作的关键因素,阅历丰富有经验的监理人员将会吸引业主的注意,成为业主的首选和获得标的的保证。另外在编制监理投标文件时应当综合考虑公司现有的人力资源状况,尽量做到人尽其用,避免人力资源浪费。

其次,其设备资源也应当在监理投标文件中予以考虑。特别是对那些有特殊要求的业主,如业主强调监理单位要做好独立平行检测工作,监理公司必须要具备检测工程质量的设备,以便实施监理的独立平行检查。

4.公司的技术资源

对于监理公司来说技术能力是实现管理好整个工程项目并为业主提供优质服务的保证,它将直接关系到监理公司在投标中的竞争实力。以下是对监理公司主要的一些技术资源的归纳:

(1)有精通本行业业务和具有丰富经验的总监理工程师、监理师、监理员以及其他专业人员、管理专家组成的组织机构。

(2)有工程项目管理、设计及施工专业的特长,能帮助业主协调解决各类工程在施工过程中所产生的技术难题的能力。

(3)拥有同类工程监理所积累的经验。

(4)在各专业上有一定技术能力的合作伙伴,必要时可联合向业主提供其所需要的咨询。

由于在监理评标时,对各家监理投标文件中的技术含量的比较是一个重要的评比项目,技术标得分高的,其获取中标的几率也就相对较大。因此在编写监理投标文件时,应当依据本公司内部现有的技术资源,经充分利用并合理地进行组合后编写入监理投标文件中,以获取较高的技术标的得分。

5.公司的管理资源

判断一个监理公司是否能胜任业主招标的项目,很大程度上要看此监理公司在项目的日常管理上有何特长,有什么管理方面的措施能够向业主保证能够监理好项目,为业主提供满意优良的服务。例如,公司如果已经通过 ISO 9000——2000 质量管理体系的认证,则可以明确地在投标文件中向业主表示,本公司将严格按照质量标准化管理体系项目进行监理,以此来获取业主的信赖。另外,每个监理公司都有各自的监理管理系统,它是各个公司自身多年监理方面经验的总结,而编写投标文件也是此系统中的一个工作,因此在编写投标文件时应反映公司本身拥有的管理特色,从而提高投标文件的质量。

(三)建设监理投标文件编写程序

投标文件既是招标单位评选的依据,也是谈判监理合同的基础。因此要最合理地利用己方现有的资源来编制出一本结构合理、内容翔实的投标文件,必须响应业主的招标文件,融入自身的特色。一般的监理投标文件编制的程序是:

(1)投标保证书(投标函、投标书);

(2)总目录;

(3)总论;

(4)技术标书;

(5)商务标书;

(6)附件(公函标书)。

(四)建设工程监理投标文件编写的内容

1.总论

(1)投标保证书

投标保证书即投标函或叫投标书,是由投标单位的法定代表人或其授权的代理人签署的文件,它是投标文件的首要组成部分。投标函是投标监理单位向业主承诺的保证条款,对监理方具有约束力,是合同文件的组成部分,即监理投标方中标。业主可将此为依据对中标监理方的进行检查,发现违背保证书,可向中标监理单位反索赔。投标保证书应放在监理投标文件首页,加深业主或招标代理单位对整本监理投标文件的印象,提高投标文件的满意度。该文件由招标人在招标书中附录,投标单位的法定代表人或其授权的代理人签署盖章。具体格式如下:

投标保证书

_____招标单位:

如贵方接受我方投标,我方愿意完全遵照贵方的招标文件和政府的有关规定,以及根据合同要求承担本工程的施工监理工作。

在正式合同订立之前,本投标书同贵方中标通知书、双方签订的补充和修正文件以及其他文件和附件成为约束双方的合同。

我们对出具的监理业绩表、监理工程师各项表格以及反映投标人实力及信誉的各种证明材料的真实性负责。如有虚假行为,无条件同意贵方取消我们的投标资格。同意从规定的定标日起至我们双方签订的合同有效期内严格遵守本投标书的各项承诺。本投标书始终对我方具有法律约束力。

我方承诺,若中标,本投标书中监理班子的所有人员全部到岗,人员安排不作更改。

我方承诺,公司的派出人员将始终保持监理人员应有的"廉洁性、科学性、公正性"。不私自接收施工方的邀请及任何馈赠,不向施工方介绍施工队伍,推销设备材料。

投标单位:　　　　　　　　　　(章)

邮政编码:

投标单位地址:

法定代表人或其授权的代理人:　　　　(章)

联系电话:

传真号码:

日　　期:

(2)建设工程监理投标简况表(表6-1)

建设工程监理投标简况表是投标单位对所投标工程拟定安排的简单说明,它主要包括拟派监理人员人数、拟派总监及特殊专业监理工程师的简况、监理费用的简介,该表由招标人在招标文件中提供。

监理组人员数	总监理工程师简况				安全监理员简况			监理费/计算浮动率(%)	附加工作酬金(元/日×人)	额外工作酬金(元/日×人)
	姓名/年龄/专业/性别	职称/总监/证号	每周驻工地天数(下限)		姓名/年龄	职称/性别	证号			

总监同时任其他项目施工监理情况及其他说明:

_____

说明:1. 监理费:即正常的监理业务的酬金。
　　　2. 附加工作酬金:即发生附加工作时酬金的计算依据。
　　　3. 额外工作酬金:即发生额外工作的计算依据。

　　　　　　　　　　　　　　　　　　投标单位:　　　　　　　　　(盖章)
　　　　　　　　　　　　　　　　　　法人代表或委托代理人　　　(盖章)
　　　　　　　　　　　　　　　　　　　　　年　　月　　日

(3)投标文件综合说明

投标书综合说明主要是向业主介绍投标单位编制监理投标文件的基本原则、依据以及投标文件的内容,使业主能够整体了解投标文件。

2. 技术标

监理投标文件中的技术标又称监理大纲或监理技术大纲,它是监理单位在业主委托监理的过程中为承揽监理业务编写的监理方案性文件。它的作用其一是使业主认可技术标书中的监理方案,承揽到监理业务;其二是为开展监理工作制定方案,使监理单位按照此方案控制建设工程目标,实现总体目标。技术标的内容应当根据监理招标文件要求,通常包括的内容:监理单位根据业主所提供的和初步掌握的工程信息制定的监理方案(监理组织方案、各目标即三控制的方案、合同管理方案、组织协调方案、安全文明控制施工监理措施及其他特殊性方案,如独立平行检测方案);明确说明提供给业主的监理阶段性成果的文件;监理单位拟派往本监理项目的监理人员名单及资历。以下是监理技术标书的格式及内容。

(1)工程概况

工程概况主要编写内容如下:①建设单位名称;②工程项目名称;③工程项目的建设地点;④工程项目组成及建筑规模,如占地面积(m^2),建筑面积(m^2);⑤主要建筑结构类型及各分部工程的要求见表 6-2;⑥预计项目的投资总额;⑦建设工程周期;⑧计划开工、竣工日期;计划开工、竣工日期可以以工程项目的计划持续时间或者以工程项目的具体日历时间表示;⑨备注。

主要建筑结构类型及各分部工程的要求　　　　　　　表 6-2

编　　号	分部工程名称	概况和设计要求

(2)监理范围及内容

建设工程监理是监理单位接受建设单位委托对工程项目实施进行监督管理,具体地说监理工作就是依据合同对工程项目进行目标控制,尽可能实现项目的投资目标、进度目标和质量目标,通过风险管理,项目目标规划和项目目标的动态控制,使本工程的项目的实际投资不超过计划投资总额,实际建设周期不超过计划建设周期,实际质量达到预期的工程质量目标。接受委托的监理范围内容归属于如下建设阶段:①项目立项阶段;②项目设计阶段;③项目招投标阶段;④项目施工阶段(含项目保修阶段)。监理工作内容始终都包括以下六个方面:投资控制、进度控制、质量控制、合同管理、信息管理、组织协调。

(3)监理依据

监理依据是监理单位在实施监理工作时的准则,包括的内容:①建设工程委托监理合同;②国家和当地制定的建设工程法律、法规、规章和有关规定;③工程施工图纸等的相关设计文件;④工程项目所涉及的国家现行的建设工程质量标准和施工验收规范;⑤业主与施工单位签订的施工承包合同;⑥经监理审核和业主认可的施工单位编制的施工组织设计;⑦工程项目所涉及的各项设备的技术文件及安装说明。

(4)监理组织

项目监理组织的确定,既是提高投标文件中标率的重要内容,也是项目监理工作执行保障,项目监理组织根据监理公司管理系统、项目的具体情况设置。内容是:①组织机构图如按监理职能设置的最常见的组织形式——直线式,适用于中小型的监理项目;矩阵式项目监理组织形式,适合于大型的工程内容比较复杂的监理项目;②监理人员简况表是监理公司将监理人员的基本情况向业主或招标代理方说明,其中的主要内容包括姓名、性别、年龄、职务、职称、专业、以往承担过的工程及岗位。在编制此表格时,需注意对总监或总监代表及各监理人员承担过的工程及岗位描述,着重点是将与此项目相似的经历填写。监理人员的简况表具体格式详见表6-3;③施工阶段监理人数示意图是监理投标单位根据招标文件的信息及其经验而绘制的施工监理的需求量表,即工作阶段、各工作阶段计划适用的监理人数。各阶段监理人数安排的示意图结构详见表6-4,其中监理人数可用横道图予以表示,最多人数随项目不同而异。

拟派驻本工程监理人员简况表　　　　　　　　　　表 6-3

序　号	姓　名	性　别	年　龄	职务或职称	专　业	以往承担过的主要工程及岗位

各阶段监理人数安排示意图　　　　　　　　　　表 6-4

项目过程	工 作 阶 段	监理人数(名)						备　　注
		1	2	3	4	5	6	
项目前期	项目立项阶段							
	项目设计阶段							
	项目招投标阶段							
项目中期	施工准备阶段							
	桩基施工阶段							
	基础施工阶段							
	主体结构阶段							
	设备安装阶段							

项目过程	工作阶段	监理人数(名)						备 注
		1	2	3	4	5	6	
项目中期	装饰施工阶段							
	设备调试阶段							
	竣工验收阶段							
	资料移交阶段							
项目后期	项目保修阶段							

(5)施工监理方案

1)监理工作程序及流程　监理公司根据招标文件要求的监理内容,编制监理控制工作流程图;

2)监理资料的提供　监理单位提供书面资料的优劣将反映监理单位提供优质服务水平,因此编写技术标必须将此内容列入,可参考《建设工程监理规范》(GB 50319—2000),即监理单位向业主提供资料的基本内容。该内容分为 A、B、C 三类(详见《建设工程监理规范》),也可根据各公司内部的服务内容编制;

3)工程进度控制的监理措施　在编制进度控制前必须了解招标文件进度控制要求,一般进度控制编写内容包括:项目设计阶段的进度监控措施,项目施工阶段的进度控制措施。施工阶段的进度控制措施编写是一般技术标书进度控制中的主要内容,其中包括进度偏差分析,提出纠偏措施,对后期进度计划适当的调整;组织召开每周工程例会,不定期召开各种工程协调会。

4)工程质量控制的监理措施　在技术标中含金量最重,是最重要的考评依据。设计阶段质量控制监理措施的内容:设计阶段监理控制流程图;确定项目的设计质量要求和标准;编制设计任务文件,拟定规划设计大纲,明确设计质量方面的原则性要求;过程中跟踪监控,与设计单位技术磋商,贯彻业主的意图;审核设计文件(图纸与说明)是否符合质量要求和标准,对设计文件的规范性、结构安全性、工艺先进性、技术合理性、施工可行性审核;协助业主确定、审核招标文件和合同文件中的质量条款;施工阶段质量控制监理措施主要内容:施工质量的事前控制措施;施工质量的事中控制措施;质量的事后控制;各主要分部分项工程监理控制措施,它可向业主或招标代理方说明监理对分部分项工程的具体控制方式。如:地基与基础工程的监理控制措施;建筑电气安装工程的监理控制措施;通风与空调工程的监理控制措施。

5)工程造价控制的监理措施　工程造价控制监理措施的编写一般包括如下内容:在项目管理班子中落实投资控制人员并明确其职责;对工程项目总投资的分析、论证;编制总投资分解规划,并在项目实施过程中控制其执行,在必要时及时调整总投资分解规划;监督工程项目各阶段,各年、季、月度资金使用计划,并控制其执行;审核工程的设计概算、施工图预算标底,参与施工招标标底的编制或对标底进行审核,审核所发生的增减预算和决算;在项目实施过程中进行投资跟踪控制,定期进行投资实际支出与计划目标值的比较,发现偏差,分析原因,采取纠正措施;对工程施工过程中的投资支出做好分析与预测,经常或定期向业主提交项目投资控制及其存在问题的报告;对计划、施工、工艺、材料及设备作技术经济比较;审核招标文件和合同文件中有关投资的条款;审核各种工程付款单;对设计变更进行技术经济比较,严格控制设计变更;做好工程施工记录,保存各种文件图纸,特别是注有实际施工变更情况的图纸,注意积累素材。为正确处理可能发生的索赔提供依据,参与处理索赔事宜,参与合同修改工作;其他。

6)信息管理措施　信息管理措施包括:建立本工程的信息编码体系;整理和储存监理方收集的信息;建立监理信息的检索传递系统;运用电脑进行投资、进度、质量控制和合同管理;督促各方整理技术、经济资料。

7)合同管理措施　合同管理的编写内容包括:如何协助业主确定本工程项目合同体系及合同管理制度;如何协助业主起草合同,参与合同谈判;如何对合同跟踪管理;协助业主处理索赔和纠纷事宜。

8)组织协调措施　编写的内容包括:如何组织协调各方与业主签订合同关系,并协调各方配合关系;如何协助业主处理有关问题,并督促总包、分包单位的关系;协助业主办理审批事项;协助业主处理纠纷事宜。

9)安全文明施工的监理控制措施　一般编写内容包括:制定安全文明监理工作程序;督促施工单位落实安全保证组织体系,建立安全文明生产责任制;审查安全施工技术措施,审查落实安全教育内容,严禁违章操作,特殊作业持证上岗;检查督促施工单位按照建筑施工安全技术标准和规范要求落实分部分项工程或各工序及关键部位的安全防护措施;关键工序的设施应有设计数据,特殊部位应有专门的安全测试;监督安全生产、消防工作、文明施工、卫生防疫责任制的落实,做好防寒防暑工作;审查现场规划图;安全监理工程师在现场安全检查,违章作业者,停止其工作,发现安全隐患令其停工整改;不定期的进行安全文明检查,按有关规定组织评定。

10)其他控制措施　其他控制措施是指监理投标单位除了上述所要求的基本的监理控制措施以外,监理公司根据自身的特点,自行编制的控制措施。如:列出一份"须旁站监理的重要部位及工序清单",按各工程阶段列出需要旁站监理的内容,使业主方能够通过此表较直观地了解监理公司保证关键工序受控施工的情况。

3.商务标书

投标文件中的商务标书是监理单位投标报价的主体,是监理单位向业主反映所需监理服务费用的载体。商务标内容的合理性成为监理投标工作成败的关键。投标报价偏离标底价格太高或太低,将导致投标的失败。以下阐述商务标书的内容,商务标书包括三部分内容:标函、报价编制说明和投标报价书。

(1)标函　标函的作用是向业主明确投标方投标的总报价,是监理单位回复业主招标文件中投标报价的内容。以下是标函的编写格式。

标　　函

(工程项目名称):＿＿＿＿＿＿＿＿

根据＿＿＿＿＿＿＿＿工程施工监理招标文件,经研究,本公司愿以(RMB)＿＿＿＿＿＿＿＿万元(大写:　　　　元整)的报价,承担×××施工监理任务。

本投标书有效期为投标截止日后40日历天。

投标单位:　　　　　　　　(盖章)

法定代表人:　　　　　　　(签字盖章)

日　　　期:＿＿＿＿＿＿＿＿

注:我公司商务标书由以下几部分组成:1.本标函 2.报价编制说明 3.投标报价书

118

（2）报价编制说明　投标报价说明是投标人报价编制的根据，包括投标报价编制的主要依据，需业主提供的监理工作条件及设施。具体格式如下：

报价编制说明

本次报价主要编制依据为：

1．×××工程施工监理招标文件；

2．发包人对本工程项目的情况介绍；

3．发包人对施工监理服务方的要求；

4．根据×××号文有关监理取费的规定；

5．根据 XXX 工程工程监理招标书，本工程造价(暂)＿＿＿＿＿＿＿＿万元；

6．本商务投标书中的报价均按人民币计取。需建设单位免费提供如下条件或设施：

(1)办公及值班房间二间；

(2)电话一门；

(3)可以使用建设单位的复印设备；

(4)现场监理人员工作期间的午餐；

(5)建设单位承担外地考察的差旅费。

（3）投标报价书　投标报价书是投标单位以计算的方式向业主方澄清投标价格的组成，可参考以下格式进行编写：

投标报价书

监理费：

本次招标范围的工程造价为＿＿＿＿＿＿＿＿万元(暂)。根据本市《工程建设施工监理实施细则》的规定，及本工程监理招标书的说明，监理费费率为＿＿＿＿＿＿＿＿％，扣除＿＿＿＿＿＿＿＿(如其中某项监理任务)后的系数为＿＿＿＿＿＿＿＿，浮动率为＿＿＿＿＿＿＿＿(不计入算式中)。

按上述规定计算，本标段的监理费为：

(建筑安装工程造价×费率×工作系数＝应取监理费)

＿＿＿＿＿＿＿＿万元×＿＿＿＿＿＿＿＿％×＿＿＿＿＿＿＿＿＝＿＿＿＿＿＿＿＿万元

即本公司的施工监理报价为＿＿＿＿＿＿＿＿万元(大写＿＿＿＿＿＿＿＿元整)

4．附件　投标文件中的附件是监理单位的资质证书、监理单位的业绩、拟派总监理工程师简介，项目监理工作人员名录，资格证书等。业主通过他了解投标单位及人员实力，故投标人要精心整理相关资料。

三、编写技术标的注意事项

投标文件可以简单分成两个部分，即技术标书和商务标书，在评标时，业主或招标代理机构首先侧重于审核投标单位的技术能力，而后再进行报价审查。为了保证技术能力的评审客观独立，评标通常分成技术标书评审及商务标书评审两阶段，技术评审合格的，才能进行商务标书的评审。一般情况下技术标书评审权重占 70％～90％，而商务标书评审权重只占 10％～30％。技术标编制优劣会影响投标是否中标，也会影响监理工作的优劣。在编制前必须熟悉业主招标文件中的工作任务大纲，并以此为依据进行编写，只有熟悉评定标准和内容，编制的监理技术大纲才具有针对性。

（一）监理技术大纲评审的内容：

1．监理单位的资质条件

监理单位资质证书的等级；营业执照批准的工作范围；监理单位的隶属关系；监理单位的信誉。

2．监理单位的经验

执行监理工作的一般经验；本项工程特殊要求的监理工作经验。

3．实施监理的方案计划

监理工作的指导思想和工作目标；项目监理班子的组织机构；工作计划；对进度控制、质量控制、投资控制的措施；对合同管理、信息管理、组织协调的措施；所拥有的计算机软件管理系统；提交的方案是否有特色及创新性。

4．人员配备

总监理工程师的素质；拟派驻监理人员的专业满足程度；人员数量的满足程度；专业人员不满足时的措施计划；派驻人员的计划安排表。

（二）监理投标文件技术大纲的编写技巧

（1）充分注意招标文件工作任务大纲的关键字，如建筑面积、结构类型、开竣工日期、基础形式、监理范围、监理深度、监理人员配置、对总监的要求等内容，有助于编制技术大纲时准确把握招标要求，合理分配自身资源，编好监理技术大纲。

（2）注意评标要求，详细阐述这些内容，以使评标时能够获得较高的分值。

（3）将本监理公司国际认证的质量管理体系——ISO 9000—2000有关内容与质量控制措施组合编入技术大纲内。

四、监理投标文件

请读者登录 http://www.cabp.com.cn/jc/13531.rar 免费下载学习。

第四节　建设工程监理评标实务

一、建设工程监理开标

（一）建设工程监理开标概述

投标人提交投标截止时间后，招标人依据招标文件规定的时间和地点，开启投标人提交的投标文件，公开宣布投标人的名称，投标价格及投标文件中的其他主要内容。开标阶段的主要任务是做好开标现场工作，为此必须有一套良好的开标制度与规则，要求招标机构和所有投标人共同遵守。一般监理项目采取公开开标，有两种情况，一种是采用双封套制，即投标人将投标书分装在两只套内递交，其中一只封套内装投标书的技术部分，并无标价，另一只封套内只装标价。在开标时根据招标办法进行操作，如：先开启其中的一只内装标价的封套，入围的则再开启另一只内装技术部分的封套。另一种是采用单封套制，即投标人将所有投标文件装在一只封套内，在开标时，根据招标办法进行操作，如：开启封套，只将报价情况先公开宣读。被邀请的投标人可以了解开标是否依法进行，也可以了解其他投标人的投标情况。开标工作会议程序和前几章讲授的是一致的，由招标单位工作人员或会议主持人宣布会议开始，非当日定标或特殊要求的开标工作会议，开标结束后，由开标组织者编开标会议纪要。内容包括：开标日期、时间、地点；主持人；开标会工作人员名单，到场投标人代表和各部门代表名单;截标前收到的标书,收到时间及报价,截标后收到标书的处理等。如有必要,开标会议纪要应送有关部门,包括主管部门。

（二）建设工程监理开标会议程序表

（1）主持人宣布开标会议开始;

（2）宣读投标人法定代表人资格证明书及授权委托书;

（3）介绍参加开标会议的单位和人员名单;

（4）宣布公证、唱标、记录人员名单;

（5）投标人检查投标文件的密封情况;

（6）招标人检验投标人提交的投标文件和资料,并宣读核查结果;

（7）投标人宣读投标报价,建设工程监理投标简况等内容;

（8）宣读评标期间的有关事项;

（9）宣布休会,进入评标阶段(非当日定标时,开标结束);

（10）宣布复会,招标管理机构当众宣布审定后的工程标底,公布评标结果;

（11）会议结束。

二、建设工程监理评标

投标书一经开拆,即转送评定委员会进行评标,评标的目的是根据招标文件中确定的标准和方法,对每个投标人的标书进行评标比较,以选出最佳综合评价的中标人。开标之后,即进入评标阶段,评标的过程要经过初评和详评阶段。初评就是招标机构对标书初步审查。目的是确定标书是否完整有效,是否符合要求,即投标文件的符合性鉴定。详评是正式评标阶段,包括技术评估,商务评估,投标文件澄清,综合评价比较,编制评标报告。

（一）建设工程监理初评

即投标文件的符合性审查。初评目的是从所有标书中淘汰不合格的标书。初审的内容是检查投标文件是否实质上响应招标文件的要求,标准是投标文件应该与招标文件的所有条款相符,无显著差异或保留。初审一般包括如下内容:

1. 投标文件的有效性:

投标单位是否属于本次招标资格范围中的单位;投标单位中的有关人员资格要求是否符合招标资格规定;投标文件是否按要求进行了有效的签署;投标单位是否递交了监理单位的法人资格证书及投标负责人的授权委托书;以标底衡量有效标时,投标报价是否在规定的标底波动幅度内;投标保函的金额、格式、内容和有效期、开具单位是否满足招标文件要求;如果投标文件实质上不响应招标文件的要求,招标人将不允许投标人通过修正或撤销其不符合要求的差异或保留,成为具有响应性的投标。

2. 投标文件的完整性

投标文件是否包括招标文件规定递交的全部文件,审查标书的完整性:投标书是否按照规定格式方式递送;投标书指定签字处是否均已正式签字或草签。

3. 投标文件的一致性

招标中要求投标人填写的空白栏目是否全部填写,全部按要求明确回答;对招标文件是否有修改保留和附加条件;如果招标文件有所指明,投标书不得偏离招标要求或附加条件;如投标人对某规定有要求时,只能完全应答原标书后,以投标致函的方式另行提出建议;对原标书私自修改或用括号注明条件,都将导致废标。

4．报价计算的正确性：

审核报价是否有计算或累计上的算术错误。若错误在允许范围内,由评标委员会改正,投标人签字。经投标确认后,对投标人起约束作用。

(二)建设工程监理详评

经初步评审合格,评标委员会根据招标文件评标标准方法,对其技术部分和商务部分作进一步评审比较。详评的重点是围绕投标文件有关监理的措施、监测内容、旁站工序、组织机构、监测设备仪器等等,以及对合同条件的响应程度,报价的合理性等方面进行详细评定和比较。

1．投标公函的评估

投标公函的评估是综合评定总监理工程师资历、监理机构、人员资质、相关业绩等,这是一种保障措施。许多评标将它作为专项考评指标。

总监理工程师的评价包括专业领域、年龄方面、资历、信誉等方面。总监理工程师不仅要有管理、协调和专业技术能力,还要有个人信誉,即个人市场信誉。在响应标书承诺方面,由于市场供求影响,符合总监资质的人员相对数量不足,致使考核总监的出席率非常必要。这里所要求的就是对总监驻工地承诺指标的审查。

监理组织机构评估首先要根据工程情况来分析监理组织结构模式规划的合理性及可控性。因投标工程都有其特点,要考虑到工程规模大小、分散集中情况,业主和施工单位的模式体系,工程技术倾向性、复杂性等等。普通的工程结构形式较简单,通常可采用直线制模式较多。

对各专业需配备的监理工程师人数可以根据工程项目进度的需要及建设工程规模的大小来确定。一般来说一个专业配备比较齐全的监理组,它所包括的专业应该有土建专业、装饰专业、机电安装专业、资料专业、工程测量专业、见证专业等,这些专业都是保障正常工作开展的需要,当然根据工程规模的大小或有一定的条件的特别专业,可由有资格的专业监理人员兼职。评估监理组的人数,应根据工程规模和工程情况配置合理的人数。可参考协会颁发的《工程项目监理最少人数配置参照表》确定。监理单位准备委派到工程项目上具体负责管理的总监和总监代表的人选是业主最关心的问题,而整个监理组的其他成员也需要重点考核。

质量保证体系的建立对工程质量的保证有较大作用。有很多监理单位已经通过贯标,建立了相关的质量保证体系。是否建立这种体系是有区别的。在评标时首先比较投标单位是否有该体系,其次比较是否建立起这种体系的运用机制。

审查监理项目业绩时不仅看该监理单位的业绩多少,分析以往项目业绩与本项目是否相似,其次分析投标人现有的人力资源实力与正在承担工程项目的数量、规模之间的配置情况等等。

2．技术标书的评估

监理技术标书称监理大纲。针对监理大纲主要评定其内容是否齐全,是否包括了招标书的全部内容;对本工程的特点、技术要点等是否充分了解;监理大纲的内容是否符合招标文件及工程施工的要求;是否能从工程监理内容、监理工作程序及各程序中的流程、监理资料的提供、工程进度、质量、安全文明施工的监理措施等方面,反映监理大纲能切合本工程的实际特点,做好监理工作。是否体现出对本工程监理工作中难以预料的困难有充分的思想认识等;对本工程从设计到施工可能存在的问题是否提出有建设性的意见等。通常评估方法有如下两种:其一根据监理大纲编制的要点评估。每个投标人编制投标书时,在响应招标文件的基础上,都结合本身的特点和经验对标书阐述。可以进行程序性分析、针对性分析、特色性分析、实用性分析。这就是根据大纲要点进行评估。其二可以根据大纲的内容进行评估。它包括:根据本工程采用的检测方法、措施进行分析,审查投标文件是否立足于监理角度,服务于工程理念。专业服务精神是评委评审的核心。独立、平行检测方法的分析也是评审的一个重要内容。所谓独立、平行检测就是监理相对施工单位的检测工作,监理应独立进行检测,不得参照施工单位的做法,在时间上要符合工程进度要求,做到与施工单位同步,不滞后。工作程序及流程编制的分析也是评审的一个重要内容。审查监理工作程序是否对,流程是否合理,内容是否齐全,是否结合监理的工作内容和范围建立了必要的流程;质量监控方法的分析,在这方面评委应当重点给予评估;投标人对工程进度控制方面所采取的措施应该结合招标文件的相关要求制定。

3. 商务评估

商务评估的目的是从成本、财务和经济分析等几个方面评定投标标价的合理性和可靠性,估量比较授标给各投标单位后将产生的经济效果。在技术评审中合格和基本合格的投标单位中,最后确定一个中标单位,商务评审的结论将起到决定性的作用。监理的商务评估比较简明,商务构成要素简单,通常取费标准由监理直接成本、间接成本、税金和合理利润四部分组成,取费原则是根据地方协会规定的方法或特殊工程下的具体测算方法。

(1)公式法报价分析。此方法是投标人根据招标文件中监理取费报价的原则,计算出的费用,评估时应首先看报价计算方法是否符合招标文件规定。公式法为:

监理费用 = 工程建安造价 × 费率 × 工作系数 × 下浮费率(或上浮费率)

该法评估时注意费率和工作系数的取定。费率按照规定,根据工程不同规模的比例予以确定,但往往并不能直接套用对应的费率,而需用插入法计算确定,评标委员应进行适当验算。系数是根据工作范围确定,如实施三控制即工期、质量、投资时可设定系数等于1.0;如实施二控制即工期、质量时可设定工作系数等于0.9。有关下浮费率和上浮费率也就是监理单位对价格的竞争态度,在这方面有些监理单位有意获取监理权的,都会作最低限度的下浮幅度。

(2)预测性报价分析。所谓预测性报价是采用规定的公式法不适当时,依据竞争机制,投标人根据各自优势、工程概况和经验等,主要测算人数、设备、工作周期等耗费的成本和应得的利润的竞争性报价。这种方法通常是根据所有投标人的报价相对于平均价格的情况来确定的,如某些招标文件明确要求列出监理费、独立平行检测费、设备费等。要分析比例关系和合理性,对存在差异比较大的地方找出其原因,从而评定报价的合理性。

商务法律评审是对招标文件的响应性检查。主要审查投标书与招标文件是否有重大偏离。审查商务优惠条件的实用价值。商务优惠条件除延期付款条件外,还可能包括一些承担附加及额外工作酬金,专业咨询和协助业主其他方面的业务服务内容。分析从优惠条件方面考虑授标给该投标单位,可能存在的实际价值。

(三)投标文件的澄清

(1)评标委员会有权个别要求投标人澄清其投标文件。

(2)投标文件的澄清一般召开澄清会,先口头质询。后书面确认做出正式答复。

(3)澄清须经法定代表人或授权代理人签字。

(4)澄清答复是投标文件的组成部分,是合同文件的一部分。

(5)澄清不更改投标价格或投标文件中的实质性内容。

(6)澄清会之前应将问题清单预先通知有关投标人。

(7)评标委员会人员要求投标人员代表澄清问题的范围没有任何限制。

(8)评审小组人员不得向任何人透露任何评审情况。

(9)评审人员的活动只限于提问和听取回答,不宜对任何投标人代表评论或表态。

(10)评审人员应向投标人提出经主持人签字的完整的问题清单,投标人代表也应正式提出书面答复,并由授权代表正式签字。

(11)在澄清会期间,还可根据需要提出补充问题清单,并由投标人予以书面澄清。

(四)评标方法

1.综合评议评标法

综合评议评标法对投标文件的施工监理方案(工程质量、进度、安全文明的监理措施,根据工程特点制定的检测、方法及手段和措施)、监理能力、总监业绩等,能否最大限度地满足招标文件规定的要求和评标标准进行评审比较。以评分方式进行评估,各种评比奖项不额外计分。

评标委员会根据招标项目特点,将评审内容分类,再细分成小项,确定各类及小项的评分标准。如某工程评标分值划分:工程报价20分;公函20分;监理大纲50分;独立、平行检测10分。当然分值划分需要根据具体情况确定。评委独立地对标书分别打分,各项统计之和即为该标书得分。最终以得分的多少排出次序,作为综合评分结果。

2.两阶段评标方法

两阶段评标方法要求监理单位的投标文件分为"技术部分"和"商务部分"两个单独部分,并分别包装密封。一般在技术部分要求的投标资料包括两类:即公函类和监理大纲类。其中公函类应有监理单位资质证明材料,监理业绩、在类似工程中监理经验、监理简介、组织机构,拟派现场监理机构总监理工程师的人选及主要经历,承担各阶段监理工作人员的组成表及主要经历,人员数量的规划;而监理大纲类应有执行监理任务时的规划、方法、措施、手段、检测和监测控制的方案,并对工程项目难点、要点的阐述等等。在商务部分要求的投标资料包括:监理报价的依据、费用的计算方法和清单、报价的条件、应要求而提供的计算分析等,招标人要以统一的规范标准表格和格式,让监理单位来填报,便于评审。

两阶段评标法在执行过程中,一种方法是先开"技术部分"评审,对评定入围的单位再开启"商务部分",最后选择综合评分最高的1~2家单位作为中标候选人。另一种方法是先开"商务部分"评审,对商务评定入围的单位,再开启"技术部分",最后选择综合评分最高的1~2家单位作为中标候选人。在通常评标中倾向前者。二者都是将经评审入围的投标文件中的技术和商务部分的评分相加,得到监理单位的总分。

两阶段评标量化分值,确定分值有合理方法。如:总分值为100分,技术部分权重要比商务部分大,比例多少根据具体情况确定,一般经验为技术部分比商务部分应为4:1;又如:技术部分中监理单位的工作经历、经验,人员情况和方案措施之比为1:1:2。实际运用该评标方法时,为防止报价过高或过低,事先指定商务报价原则,如规定标底价范围的幅度。在技术标方面,可分项划分,形成若干小点,并制成标准格式,再对应打分,汇总得分。评委应根据招标文件的要求和制定的标准和方法打分。最后确定中标单位。

(五)编写评标报告

评标报告是评标委员会评标结束后提交给招标人的文件。评标报告编写完成后报招标管理机构审查。

(六)评标应注意事项

1. 不能盲目追求低报价

由于对监理的意义、职责认识偏差,认为监理酬金超出了专业人员工资,而将监理费用少作为选择监理单位的主要条件。俗话说"几分价钱,几分货",低报价的同时,企业肯定要考虑到成本的降低,在人员数量质量上、仪器设备的质量等都会降低,监理的效果自然受影响。因此,应对报价客观地予以综合评定。

2. 尊重实际,实事求是

评标委员在对投标书审查时,应避免对投标人持倾向性意见,参与投标的单位都是符合资质和信誉要求的,应该依据招标精神,根据评标办法和标准,对投标文件合理评估。

三、建设工程监理决标

招标人根据评标委员会提出的书面评标报告和推荐的中标候选人确定中标人。招标人也可以授权评标委员会直接确定监理中标人。所有标书经过审查和评比之后,最后裁决确定中标人,就是决标或叫定标。

(一)建设监理决标的基本规定

1. 决标时间

(1)依法必须进行招标的项目,招标人应自确定中标人之日起 15 日内,向有关行政监督部门提交招标投标情况的书面报告。

(2)招标人和中标人应当自中标通知书发出之日起 30 日内,按照招标文件和中标人的投标文件订立书面合同。

(3)招标人与中标人签订合同后 5 个工作日内,应当向中标人和未中标的投标人退还投标保证金。

2. 中标人的条件

能够最大限度地满足招标文件中规定的各项综合评价标准;能够满足招标文件的实质性要求,并且经评审的投标价格最低,但是投标价格低于成本的除外。

(二)建设工程监理决标程序

1. 建设工程监理决标前谈判

在评标委员会提交评标报告后,招标人通常还要与评标报告推荐的几名潜在中标人就工程监理实施方法中的有关问题谈判,然后再决定合同授予人。虽然招标文件已经对监理项目内容作了明确规定,投标人在投标文件愿意遵守,产生谈判的原因是进一步细化监理操作程序、工作方法、工作角色。

2. 定标和授标

(1)当日定标的监理项目,在复会后,宣布中标监理单位名称、中标监理费用等。

(2)当日不能定标的监理项目,自开标之日起确定的定标期限为:小型工程不超过 7 天,大中型工程不超过 14 天。特殊情况下经招标监督管理机构同意可适当延长。

(3)中标人确定后,招标人应当向中标人发出中标通知书(表 6-5)并确定监理合同的具体签订日期,同时将中标结果通知所有未中标的投标人。

建设监理中标通知书

表 6-5

建筑面积 (m²)			结构层次		监理费 (万元)	
委托监理阶段 范围及内容	质量控制		工期控制	投资控制	协助招标	其　　他
项目监理组	人数	总监理工程师情况				
		姓名		年龄		性别	
		职称		专业		证号	
发包单位:　　　　　(盖章) 法人代表:　　　　　(盖章)			鉴证部门:　　　　　　　　(盖章) 经办人:　　　　　　　审核人: 审定人: 鉴证日期:			

填表日期:　年　月　日

3. 招标人报送招标投标书面报告

如果项目属于依法必须进行招标的项目,招标人应当自确定中标人之日起15日内,向有关行政监督部门提交招标投标情况的书面报告。所谓依法必须进行招标的项目,指依照中华人民共和国有关法律,必须以招标形式选择承包商的有关项目。

决标后,对未中标人也应当发出未中标的通知书。这种通知书主要是告知该投标人未能中标,不必说明任何理由。应当注明,对于所提交的投标保函,该投标人可以办理适当手续后取回或由招标机构直接退给开具投标保函的银行。

第五节　商　签　合　同

一、合同谈判

中标人接到中标通知书后,就成为该项工程的监理承包商,应在自中标通知书发出后30日内,按照招标文件和中标人的投标文件订立书面合同,在签订合同时,招标人还要与中标人进行决标后的谈判,将双方以前谈判过程中达成的协议具体落实到合同中,并最后签署合同。

(一)订立监理合同的行为要求

(1)经过决标,订立正式书面合同后,招标人和监理中标人不得再订立背离合同实质性内容的其他协议。即"阴阳合同":正式的书面合同后,再订有一份实际运用的私下合同,私下合同的内容一般是对正式的书面合同中的监理费用作手脚。

(2)监理中标人不得转让监理项目,也不得肢解后向他人转让。

(3)监理人按合同约定或经招标人同意,可将项目的非主体,非关键性工作分包。接收分包的人应当具备相应的资格条件,不得再分包。

(4)监理人应就分包项目向招标人负责,分包人承担连带负责。

(5)中标通知书具有法律效力。招标人改变中标结果的(或中标人放弃项目),都应承担法律责任。

(6)国有资金投资或融资项目,排名第一的中标候选人为中标人。若第一中标人放弃,因不可抗力提出不能履行合同的,招标人可以确定第二中标候选人为中标人。

(7)如果中标单位未在规定时间签订合同,后果是不仅投标保证金不予退还,而且招标人取消中标人的监理权。若是招标人未在规定时间签订合同,那么招标人应双倍返还保证金。

(二)合同的谈判

无论是直接委托还是招标投标,业主和监理方都要对监理合同的主要条款和应负责任具体谈判。如业主对工程的工期、质量的具体要求必须具体提出。在使用《示范文本》时,要依据招投标文件结合通用条款逐条加以谈判,对专用条款的哪些条款要进行修改。哪些条款不采用,还补充哪些条款,双方已达成共识,必须在专用条款内加以确定的,如委托监理的工程范围、业主为监理单位提供的外部条件的具体内容、业主提供的工程资料及具体时间等都要提出具体的要求或建议。谈判的顺序通常首先是工作计划、之后是人员配备、最后是业主方的投入。在谈判时,双方应本着诚实信用、公平等原则,内容要具体,责任要明确,对谈判内容双方应达成一致意见,要有准确的文字记载。

二、投标书与合同文件的关系

(一)建设工程委托监理合同示范文本的组成

目前,在我国签订建设工程委托监理合同一般采用《建设工程委托监理合同(示范文本)》(GF-2000—0202),它是根据《建筑法》、《合同法》,在对 1995 年建设部、国家工商行政管理局联合颁布的《工程建设监理合同》示范文本(GF-1995—0202)进行修订基础上,由建设部、国家工商行政管理局于 2000 年 2 月联合颁布的。《建设工程委托监理合同(示范文本)》由"建设工程委托监理合同"(下称"合同")、"标准条件"和"专用条件"组成。

"合同"是一个总的协议,是纲领性文件。主要内容是当事人双方确认的委托监理工程的概况(工程名称、地点、规模及总投资);合同签订;生效时间;双方愿意履行约定的各项义务的承诺以及合同文件的组成。下列文件是建设监理合同的组成:

①建设工程委托监理合同(称"合同")

②监理投标书或中标通知书;

③本合同标准条件;

④本合同专用条件;

⑤在实施过程中双方共同签署的补充与修正文件。

(二)投标书与合同文件的关系

从建设工程委托监理合同示范文本的组成可以看出,约束业主和监理人的合同文件应能相互解释,互为说明。除专用条款另有约定外,组成本合同的优先解释顺序如下:监理投标书或中标通知书;本合同的标准条件;本合同的专用条件;在实施过程中双方共同签署的补充与修正文件。因此建设监理投标书是合同文件的主要组成部分之一。其法律效率仅次于合同,当二者有矛盾,解释发生歧义以"合同"为准。在监理工作的实施过程中,作为工程技术管理人员,应以"合同"为准,熟悉投标文件,按合同文件的约定,圆满完成监理任务,克服一些错误的观念。如:把招标书作为合同的组成,认为其效力高于"合同"、投标书,给施工管理活动和监理工作造成了混乱,甚至发生了不合理的索赔、反索赔,没有起到监理的公正的第三方作用。有的人认为:施工合同文件的预算书是解决项目投资的最高指导性合同文件,是结算和审计工作的"尚方宝剑",由此得出了一些错误的结论,给当事人造成了极大的损失。一般补充合同和变更的效力比原合同高。

思　考　题

1.怎样划分建设工程监理标段?

2.建设工程监理招标文件的内容是什么?

3.建设工程监理投标文件的内容是什么?

4.怎样选择监理单位?

5.建设工程监理招标资格预审程序是什么?

6.编写技术标的注意事项是什么?

第七章　建设工程材料与设备采购招标投标

第一节　采购招标投标的基本程序

一、建设工程材料与设备采购的概念和范围

(一)建设工程材料、设备采购及采购招标含义

建设工程材料、设备采购是指采购主体对所需要的工程设备、材料向供货商询价或招标。约请供货商通过报价竞争，确定商品质量、期限、价格，采购主体选择优胜者，达成交易协议后按合同进行采购的方式。

材料设备采购招标包括采购大宗建筑材料和定型生产的中小型设备等机电设备。广义的包括：按照工程项目要求进行的设备、材料的综合采购、运输、安装、调试等以及交钥匙工程，即指工程设计、土建施工、设备采购、安装调试等实施阶段全过程的工作。

材料设备询价可采取口头方式如电话、约谈等，也可以采取书面方式如电传、传真和信函等。材料设备询价要求对方在规定期限内报价，并比较报价，选择报价合理的制造商或供货商。

(二)建设工程材料、设备采购的范围

材料、设备采购的范围是指建设工程需要的建材、工具、用具、机械设备、电气设备等，这些材料设备约占工程合同总价的 60% 以上，大致范围是：工程用料(土建、水电设施及其他专业工程的用料如钢筋、水泥等)；暂设工程用料(工地的活动及固定房屋的材料、临时水电道路工程及生产设施的用料)；施工用料(周转模板、脚手架、工具、安全防护网等，以及消耗性的用料如焊条等)；工程机械(土方、打桩、混凝土搅拌机械等)；工程机电设备，建设工程的电梯、空气调节设备等(不包括生产性的机械设备，如加工生产线等)；其他辅助办公试验设备等，如办公家具等。建设工程材材料、设备采购主体可以是业主，也可以是承包商或分包商。

二、建设工程材料与设备的采购方式

1. 招标方式

适用于大宗的建设工程材料，工程项目中的生产辅助和其他昂贵的大型设备。承包商或业主根据项目的要求，详细列出采购物资的品名、规格、数量、技术性能要求；承包商或业主自己选定的交货方式、交货时间、支付货币和支付条件，以及品质保证、检验、罚则、索赔和争议解决等合同条件和条款作为招标文件，邀请有资格的制造厂家或供应商参加投标(可采用公开招标方式)，通过竞争择优签订购货合同，这种方式实际上是将询价和商签合同连在一起进行，在招标程序上与其他工程招标基本相同。设备和特别大宗工程材料通过招投标方式，工程材料适用询价方式。

设备招标方式多样，最常见是国际竞争性招标、国际有限竞争性招标和国内竞争性招标三种。

(1)国际竞争性招标即国际公开招标。业主对采购设备的供货对象,无国家、地域的限制,只要求制造商和供货商能响应招标文件,提供质量上乘、价格低廉的设备,经过开标、询标等阶段,评出性能价格比最佳的中标者,特点是无其他限制供货商的条件,它要求招标信息公开,这类方式需要组织完善,涉及环节多,时间较长,标的数量大,招标金额在 200 万美元以上的大多采用这种方式。国际竞争性招标是国际常见的设备采购方式,国内设备采购活动主要向该方式过渡。

(2)有限竞争性国际招标。其一该采购的设备制造厂商在国际设备供应市场内不多。其二对拟采购设备的制造商、供应商的情况比较了解,对其设备性能、供货周期和在我国的履约能力熟悉,潜在投标者资信可靠。其三由于项目的采购周期很短,时间紧迫;或者由于对外承诺(由于资金原因,或技术条款保密等因素造成的),不宜于进行公开竞争招标。有限竞争招标实质就是邀请招标。

(3)国内竞争性招标包括两种情况:一是利用国内资金;二是利用国外资金条件下,对允许进行区域采购的部分,在中国各地区的设备制造商或代理商中采购设备的招标方式。首先要掌握投标者的资信和制造供应设备的能力,必要时可组织专人到现场考察。其次,要核实招标方资金情况,国内签约要注意履约能力。

2. 询价方式

这种方式是采用:询价——报价—— 签订合同的程序,即采购方对三家以上的供货商就采购物资进行询价,报价比较后选择其中之一签订供货合同。这种方式实质是议标行为。招标程序简单,又能保证价格的竞争性。适用采购建筑材料或价值较小的标准规格产品。

3. 直接订购方式

直接订购方式由于不能进行产品的质量和价格比较,是一种非竞争性采购方式。一般适用于以下几种情况:其一是向原招标或询价选择的供货商定购标准化设备或零配件;其二是所需设备是专卖商品;其三是设计要求定点采购的部件(作为保证工程质量的条件)。

三、建设工程采购招标的基本程序

建设工程材料设备采购是为了保证产品质量、缩短建设工期、降低工程造价、提高投资效益,建设工程的大型设备、大宗材料均采用招标的方式采购。原物资部和国家经贸委分别于 1991 年和 1997 年签署颁发了《建设工程设备招标投标管理暂行办法》和《机电设备招标投标管理办法》,在全国范围内推广使用,用以规范我国大型物资采购市场行为。作为大宗材料的招标采购和设备采购基本相似,故本章仅介绍设备招投标。对工程常采用的询价采购建筑材料的方式,我们在本章附有阅读资料,请查阅。

设备招标的一般程序如下:①办理招标委托;②确定招标类型和方式;③编制实施计划,筹建项目评标委员会;④编制标书;⑤刊登招标通告,发投标邀请函;⑥资格预审;⑦发售标书;⑧投标;⑨公开开标;⑩阅标、询标;⑪评标、定标;⑫发中标通知书;⑬组织签订合同;⑭项目总结归档、标后跟踪服务。

第二节 设备采购的资格审查及招标准备

目前建设工程中的设备采购,有的是建设单位负责,有的是施工单位负责,还有的是委托中介机构(或称代理机构)负责。为此,招投标单位应具备一定条件,要审查其资质情况。

一、审查招标投标单位应具备的资质条件

(1)是否具有法人资格。即招标单位要具有合格的营业执照。

(2)具有与承担招标业务和设备配套工作相适应的技术经济管理人员。

(3)有编制招标文件、标底文件和组织开标、评标、决标的能力。

(4)有对所承担的招标设备进行协调服务的人员设施。

上述主要是对招标单位人员素质,技术、经济管理能力和招标工作经验以及协调、服务的能力的规定,目的是保证招标工作的进行和良好的效果,保证招标单位能编制招标和标底文件,签订设备供货合同。鉴于国内工程款拖欠严重,三角债层出不穷。考察招标单位经济实力显得尤为重要。

不具备上述条件的建设单位,委托招投标代理机构进行招标。代理机构也应具备上述四项条件,由于目前招投标代理机构注册资金要求低,应该严格考查代理机构经济实力,使其与承担的招标任务相适应。保证代理机构因自身原因给招标、投标单位造成经济损失时,能够承担相应的民事责任。

二、投标人资格预审

投标人是实行独立核算、自负盈亏的法人。包括持有营业执照的国内制造厂家、设备公司(集团)及设备成套(承包)公司、在国内注册的具备投标基本条件代理商。必须办理了在本地区销售设备的相关证件。以上投标主体均可独立参加投标或联合投标,但与招标方有财务隶属关系或股份关系的单位及项目设计单位不能参加投标。如果联合投标,必须明确总的承担责任者,应以联合协议形式明确彼此责任权利义务,在投标文件中说明。投标人信誉评价无瑕疵,售后服务优。经济实力应该符合本项目要求。以下对投标人的资格审查的具体内容进行说明,资格预审包括投标人资质的合格性审查和所提供货物的合格性审查。

(一)投标人资质的合格性审查

投标人在接受资质审查时要认真填写资格证明文件,投标人必须具有履行合同的财务、技术和生产能力;若投标人是销售代理人,则提供制造厂家或生产厂家正式授权委托书。资质审查包括以下几方面内容:营业执照的复印件;厂家的法人代表的授权书;银行出具的资信证明;产品鉴定书;生产许可证;产品的荣誉证书;厂家的资格证明。

厂家的资格证明要提供名称、地址、注册的时间、主管部门等情况,还有:①职工情况调查,主要指技术工人、管理人员的数量调查;②资产负债表;③生产能力调查;④近3年该货物主要销售情况;⑤近3年的年营业额;⑥易损件的供应条件;⑦贸易公司(作为代理)的资格证明;⑧其他证明材料。

(二)投标人提供货物的合格性审查

是指投标人提交货物及其附属服务的合格性证明文件,利用手册、图纸和资料说明以下情况:表明货物的主要技术指标和操作性能;为使货物正常、连续使用,应提供货物使用两年期内所需零配件和特种工具清单,包括货源和现行价格情况。招标文件指出的工艺、材料、设备、参照的商标或样本目录号码是基本要求,不作为严格的限制条件。投标人可以选用替代标准,但必须相当于技术规范要求标准。

三、采购招标前的准备

(一)信息资料的准备

正式招标工作之前,招标机构尚需完成一些前期准备工作。招标机构要了解、掌握本建

设项目立项的进展情况、项目的目的与要求,了解国家关于招标投标的具体规定。作为招标代理机构,则应向业主了解工程进展情况,并向项目单位介绍国家招标投标的有关政策,介绍招标的经验和以往取得的效果,介绍招标的工作方法、招标程序和招标周期内时间的安排等;招标人根据项目设备、工程和服务的要求,开展信息咨询,收集各方面的有关资料。该工作切记一要做早,二要做细。做早,就是招标工作要尽早地介入,一般在项目建议书上报或主管单位审批项目建议书时就要介入。这样在编制标书时对项目的各种需要和原则问题能配合紧密。招标机构从这时起,就应指定业务人员专门负责,不宜变动,与用户、信息中心多联系,发挥专门人员的积极性。

(二)招标前分标工作

1. 分标的原则

有利于吸引投标者参加的原则,有利于发挥供货商专长的原则,有利于降低机电设备价格的原则,有利于保证供货时间和质量的原则,有利于招标工作的管理的原则。设备采购分标和工程招标不同,一般设备招标内容按工程性质和机电设备性质划分为若干个独立的招标文件,而每个标又分为若干个包,每个包又分为若干项。每次招标时,可根据货物的性质只发一个合同包或划分成几个合同分别发包。

2. 分标时考虑的因素

招标项目的规模。根据工程项目设备间的关系,预计金额大小分标。如果分标太大,一般中小供货商无力问津。投标者数量少,引起报价的增加。反之,如果分标比较小,能吸引众多的供货商,但不宜引起外围供货商的兴趣。评标工作量加大。

3. 性质和质量要求

按相同行业划分(例如大型起重机械可划分为一个标),则可减少招标工作量,吸引更多竞争者。如考虑技术要求国内能达到,可单列标段向国内招标,又可根据需要向国外招标。

4. 工程进度与供货时间

根据工程进度与供货时间,从资金、运输、仓储等条件来进行分标,以降低成本。

5. 供货地点。

6. 市场供应情况。大量的建筑材料和设备,应合理计划、分批采购。

7. 贷款来源。贷款单位对采购有不同要求,应根据要求,合理分标,以吸引更多的供货商参加投标。

第三节 设备采购招标投标

一、设备的招标文件

我国设备招标文件由招标书、投标须知、招标设备清单和技术要求及图纸、投标书格式、合同条款、其他需要说明的问题等内容组成。

(一)招标书

包括招标单位名称、建设工程名称及简介、招标设备简要内容(设备主要参数、数量、要求交货日期等)、投标截止日期和地点、开标日期和地点。

(二)投标须知

包括对招标文件的说明及对投标者投标文件的基本要求,评标、定标的基本原则等内容。

(三)招标设备清单和技术要求及图纸

(1)招标文件中技术条款对设备的技术参数和性能要求应根据实际情况确定,不宜过高,否则会增大费用。主要技术参数要具体准确,波动幅度不能太大;

(2)应写明设备的质量要求,交货期限、方式、地点和验收标准等,专用非标准设备应有设计技术资料说明及齐全的图纸,以及可提供的原材料清单、价格、供应时间、地点和交货方式;

(3)投标单位应提供的备品、备件数量和价格要求;

(4)售前、售后服务要求。

(四)主要合同条款

包括价格及付款方式、交货条件、质量验收标准以及违约罚款等内容。条款要详细、严谨,防止以后发生纠纷。

(五)投标书格式、投标设备数量及价目表格式。

(六)其他需要说明的事项

招标文件一经发出,不得随意修改或增加附加条件。一般应在投标截止日期前10天以信函或电报等书面方式通知到投标单位。

国际货物招标文件的内容则较为具体全面,包括投标邀请书、投标者须知、货物需求一览表、技术规格、合同条件、合同格式、各类附件等7大部分。在投标邀请书中一般写明所附的全部招标文件,买方回答投标者质询的地址、电传、传真,投标书送交的地点、截止日期和时间,以及开标的时间和地点;投标须知要进行说明的主要内容有:①对建设工程的简要说明;②招标文件的主要内容,招标文件的澄清、修改;③投标文件的编写;④投标书格式;⑤投标报价;⑥投标的货币;⑦投标者资格证明文件;⑧投标文件的澄清,内容基本与工程招标文件相同;⑨保密程序,内容基本与工程招标文件相同;⑩授予合同的准则。买方将把合同授予能基本符合招标文件要求的最低标,并且是买方认为能圆满地履行合同的投标者;⑪授予合同时变更数量的权利,买方在授予合同时有权在招标文件事先规定的一定幅度内对"货物需求一览表"中规定的货物数量或服务予以增加或减少;⑫买方有权接受任何投标和拒绝任何或所有的投标;⑬授予合同的通知,内容基本与工程招标文件相同;⑭签订合同及合同格式;⑮履约保证,内容基本与工程招标文件相同。第三大部分货物需求一览表。第四大部分技术规格文件。合同条件、合同格式依据示范文本规定,是招标书的第五、第六部分,各类附件是招标书的第七部分。

二、设备的采购投标

(一)投标信息跟踪调查

为使投标工作取得预期的效果,投标人必须做好投标信息跟踪调查工作。对于公开招标的项目,多数属于政府投资或行业垄断的大型设备采购,一般均在行业报刊等新闻媒体上刊登招标公告或资格预审通告。但是,经验告诉我们,对于一些大型或复杂的项目,招标公告发布后做投标准备时间仓促,将使投标人处于被动地位。因此要提前介入,要做好信息资料的积累整理工作;另一方面要提前跟踪项目。在我国电力行业的市场类型是完全垄断市场,国家及行业投资力度大,大型设备的采购均采用招投标形式。国外的一些品牌产品在国内设立分支机构及寻找代理商,在经营模式上内部采取划分市场网络,派遣高级专业经销员进行地区市场的监控,建立长期的商务密切接触关系。达到了投标信息获取准确及时,中标率及利润较高的目的,使企业形象及市场占有率逐年攀升。笔者在为国内同类生产厂家惋惜的同时,也希望国内企业在跟踪投标信息方式上有所突破,提高员工的待遇,塑造企业形象,角逐这块利润丰厚的设备采购市场。获取设备招标的主要渠道有:

(1)根据我国国民经济建设的五年建设规划和投资发展规模;近一段时期国家的财政、金融政策所确定的中央和地方大政方针、项目计划;

(2)可从投资主管部门、建设银行、政策性金融机构处获取具体投资规划等信息;

(3)了解大型企业及地方水利、电力等基础设施项目实施计划;

(4)收集同行业其他投标人对设备投标的意向;

(5)注意有关大型项目的新闻报道。

(二)编制投标文件

设备采购的投标文件同样要响应招标书的要求,编写的内容要采用招标文件规定的格式,如有备选方案应该在投标书的附录中提出,并说明如被采纳标价降低的数额和服务提高的内容。在确定投标报价时,首先要研究判断招标人的标底。标底文件是招标人依据设计单位出具的设计概算和国家、地方发布的有关价格政策编制,标底价应当以编制标底文件时的全国机电设备市场的平均价格为基础,并包括不可预见费、技术措施费和其他有关政策规定的应计算在内的费用。一般情况下,设备投标人不同于工程施工投标人,前者与招标人的合作关系较为密切,投标人根据先前的投标经验数据基本可确定该项目的标底。其次要判断竞争对手的竞价趋势(一般同行业设备投标人彼此经常竞争同一项目,投标人对其他竞争对手的价格策略较为了解)。最后根据自身利润空间,合理调整投标报价。对于大型公共项目的设备采购严禁投标人私下串通约定,哄抬标价进行"围标",谋取非法利益。以下是投标文件的内容组成:投标书;投标设备数量及价目表;偏差说明书(对招标文件某些要求有不同意见的说明);证明投标单位资格的有关文件;投标企业法人代表授权书;投标保证金(根据需要);招标文件要求的其他需要说明的事项。

投标书的有效期应符合招标文件的要求,其期限应能满足评标和定标要求。投标单位投标时,如招标文件有要求,应在投标文件中向招标单位提交投标保证金,金额一般不超过投标设备金额的2%,招标工作结束后(最迟不得超过投标文件有效期限),招标单位应将投标保证金及时退还给投标单位。投标单位对招标文件中某些内容不能接受时,应在投标文件中申明。在投标书编写完毕后,应由投标单位法人代表或法人代表授权的代理人签字,并加盖单位公章,密封后递送招标单位。

投标单位投标后,在招标文件规定的投标截止日期前,可以用补充文件的形式修改或补充投标内容,补充文件作为投标文件的一部分,具有同等效力。

(三)投标技巧及答辩

1. 投标技巧

投标技巧是指投标人通过投标决策确定的既能提高中标率,又能在中标后获得期望效益的编制投标文件及其标价的方针、策略和措施。响应招标文件,诚实信用是最基本的投标技巧,是其他技巧的指导基础。常见的设备采购投标技巧如下:

(1)服务取胜法 服务取胜法是投标人在设备采购投标书中,主动向业主提供优质的服务,如延长保修期限,对设备中某一部分可以提出终生质保的承诺,特别是对于公共投资项目的业主往往更注重设备采购后的责任保障(很多公共项目招标人不惜提高标价获取质保期的延长)。只有与招标人建立起良好的合作关系,争取进入评标委员会的推荐名单,中标机率才能提高。

(2)低标价取胜法　中小型项目往往技术要求明确,有成功的经验,招标人大多采用"经评审的最低投标报价法"评标定标。对于这类设备采购的投标人,应把握采购设备的成本,在不低于成本的条件下,尽可能降低报价,争取中标。

(3)缩短安装调试期取胜法　项目管理实行法人负责制后,招标人投资的资金时间价值的意识明显提高,投标人应在充分认识缩短安装调试期的风险的前提下,制定切实可行的技术保障措施,合理压缩安装调试工期,以招标人满意的期限,争取中标。

(4)质量信誉取胜法　质量信誉取胜法是指投标人依靠自己长期努力建立起来的质量信誉争取中标的策略。质量信誉是企业信誉的重要组成部分,是企业长期诚信经营的结晶,一旦获得市场的认同,企业必定进入良性循环阶段。企业在创建质量信誉的过程中,需要付出一定的代价。

投标技巧是投标人在长期的投标实践中,逐步积累的投标竞争取胜的经验,在国内外的建筑市场上,经常运用的投标技巧还有很多,例如开口升级法、突然袭击法、联合保标法、先亏后赢法等等。投标人应用时,一要注意项目所在地国家法律法规是否允许使用;二要根据招标项目的特点选用;三要坚持贯彻诚实信用原则,否则只能获得短期利益,却有可能损害自己的声誉。

2．现场答辩

设备采购投标的现场答辩是招标人确定中标人的重要补充环节,在评标到最后定标的定标期内,招标人和招标机构必要时要召集现场答辩会。业主可要求任何投标人澄清其投标书,包括单价分析表,但投标人不应寻求或提出对其报价价格或实质性内容进行修改。投标人在投标的过程中,要做好现场答辩的准备工作,要求答辩人具有较强的语言表达能力,较高的专业水平,同时要熟悉标书。答辩人在答辩过程中心理素质要好,能迅速应对。树立良好的企业形象和个人形象,对招标人针对投标书提出的所有问题,要做出合理满意的解释说明。现场答辩的策略是:第一是认真分析,有的放矢。仔细分析招标人问题的实质,在保证自己报价及服务不改变的情况下给招标人一个满意的回答;第二,仔细斟酌,创造机会。根据招标人的问题寻求一种将来能够提高标价的理由;第三,把握主动,有进有退。在签订合同阶段,招标人与投标人商谈合同条件时应具有创新思维,组织答辩,应以技术方案,价格和合同条件作为谈判核心。还要做到知己知彼,合理承诺,讲求策略,步步为营。

第四节　设备采购招标投标评审办法

一、设备采购评标、定标

(一)设备采购评标一般性规定

评标工作由招标单位组织的评标委员会或评标小组秘密进行。大型项目设备承包的评标工作最多不超过 30 天,设备招标的评标工作一般不超过 10 天。在评标过程中招标人在特定的时间(开标和定标期间)如有必要可请投标单位对投标内容作澄清解释,但不得对投标内容作实质性修改。澄清解释内容要做书面纪要,经投标单位授权代表签字,作为投标文件的组成部分。

（二)设备采购的评标与施工的评标的区别

设备采购的评标与施工的评标有很大差异,它不仅要看采购时所报的现价是多少,还要考虑设备在使用寿命期内可能投入的运营和管理费高低。尽管投标人所报的货物价格较低,但运营费很高时,就不符合招标人以合理低价采购原则,因此,评审方法与施工评标不同。但初评程序与施工评标相同,以下介绍设备采购招标评审详评阶段主要考虑的因素。

(1)投标价。对投标人的报价,既包括生产制造的出厂价格,还包括他所报的安装、调试、协作等售后服务的价格。

(2)运输费。包括运费、保险费和其他费用,如对超大件运输时道路、桥梁加固所需的费用等。

(3)交付期。以招标文件中规定的交货期为标准,如投标书中所提出的交货期早于规定时间,一般不给予评标优惠,因为当施工还不需要时要增加业主的仓储管理费和货物的保养费。如果迟于规定的交货日期,但推迟日期尚属于可以接受的范围之内,则在评标时应考虑这一因素。

(4)设备的性能和质量。主要评审设备的生产效率和适应能力,也包括设备的运营费用(燃料、原材料消耗、维修费用和所需运行人员费)。如果设备性能超过招标书的要求,提高了设备的使用效益,给予评标优惠。否则不予考虑。

(5)备件价格。说明两年内购置易损备件的途径和价格。

(6)支付要求。投标人提出了付款的优惠条件,招标人接受后,应给予评标优惠。

(7)售后服务。包括人员培训。

(8)投标偏差。

二、采购设备招标的评标方法

采购设备的评标方法通常有以下几种形式。

(一)低投标价法

采购简单商品、半成品、原材料,以及其他性能质量相同或容易进行比较的货物时,价格可以作为评标时考虑的惟一因素,以此作为选择中标单位的尺度。国内生产的货物,报价应为出厂价,出厂价包括为生产所提供的货物购买的原材料和支付的费用,以及各种税款,但不包括货物售出后所征收的销售税以及其他类似税款。如果所提供的货物是投标人早已从国外进口,目前已在国内的,则应报仓库交货价或展室价,该价格应包括进口货物时所交付的进口关税,但不包括销售税。

(二)综合评标价法

综合评标价法是指以报价为基础,将其他评标时所考虑的因素也折算为一定价格而加到投标价上,去计算评标价,然后再以各评标价的高低决出中标人。对于采购机组、车辆等大型设备时,大多采用这种方法。评标具体处理办法如下:①运费、保险及其他费用。按照铁路(公路、水运)运输、保险公司以及其他部门公布的费用标准,计算货物运抵最终目的地将要发生的运费、保险费及其他费用;②交货期。以招标文件"供货一览表"规定交货时间作为标准,早于标准时间,评标时不给予优惠;如迟于标准时间,每迟交货一个月,可按报价的一定百分比(货物一般为2%)计算折算价,将其加到报价上;③付款条件必须按招标书要求的条件执行,但大型设备采购招标中,如投标人在投标致函中提出改变付款方式降低报价的备选方案,该付款要求在评标中应予以考虑。当投标人的付款要求偏离招标文件不很大,应根据偏离条件给招标人增加的费用,按招标文件的贴现率折算成净现值,加到投标致函中的修改报价内作为评标价格;④零配件和售后服务。零配件的供应和售后服务费依据招标文件的规定,当这笔费用已要求投标人包括在报价之内,则评标不考虑该因素。反之,应将其加到报价中。如招标文件未作规定,按技术规范附件由投标人填报在运行前两年需要的部件的名称数量,计算可能需支付的总价格,加到报价中。招标书规定售后服务费由招标人负担的也应加到报价中去;⑤设备性能、生产能力。投标设备应具备技术规范中规定的基本生产效率,评标时应以投标设备实际生产效率单位成本为基础。投标人应在标书内说明其所投设备的保证运营能力或效率,若设备的性能、生产能力没有达到技术规范要求的基准参数,凡每种参数比基准参数降低1%时,将在报价中增加若干金额;⑥技术服务和培训。投标人在标书中应报出设备安装、调试等方面以及有关培训费,如果未包括在总报价内,应将其加到报价中。

计算出各标书的评标价后,最后选出最低评标价者。

(三)以寿命周期成本为基础的评标价法。

在采购生产线、成套设备、车辆等运行期内各种后续费用(零配件、油料及燃料、维修等)很高的货物时,可采用以设备的寿命周期成本为基础的评标价法。该方法相当于投资方案评价的最小公倍数法,首先确定统一的设备运行期,然后再根据各标书的实际情况,按招标文件中规定的贴现率折算成现值。该方法在综合评标价法的基础上,加上运行期内的费用,这些以贴现值计算的费用包括3个部分:①估算寿命期内所需的燃料费;②估算寿命期内所需零件及维修费用;③估算寿命期末的残值。

(四)打分法。

打分法是指评标前将各评分因素按其重要性确定评分标准,按此标准对各投标人提供的报价和各种服务进行打分,得分最高者中标。货物采购评分的因素包括以下几个方面:①投标价格;②运输费、保险费和其他费用;③投标所报交货期;④偏离招标文件规定的付款条件;⑤备件价格和售后服务;⑥设备的性能、质量、生产能力;⑦技术服务和培训。采用打分法时,首先要确定各种因素所占的比例,再以计分评标。下面是世界银行贷款项目通常采用的比例:投标价65~70分;零配件价格0~10分;技术性能、维修、运行费0~10分;售后服务0~5分;标准备件等0~5分;总计100分。

三、定标与签订合同

评标结束以后,由评标委员会向招标单位推荐中标候选人,招标单位最终确定候选人,向中标单位发出中标通知,中标单位从接到中标通知书之日起,一般设备在十五日内,大、中型设备在三十日内,与投标人签订设备供货合同。如果中标单位拒签合同,招标单位将没收其投标保证金。如果招标单位或建设单位拒签合同,由招标单位按中标总价的2%的款额赔偿中标单位的经济损失。

合同签订后十日内,由招标单位将合同副本送达招投标管理机构备案,招投标管理机关检查实施情况。

注:【设备采购招标投标文件示例请登录 http://www.cabp.com.cn/jc/13531.rar 下载查阅】。

【阅读参考】

建设工程材料采购询价(包括设备)

对于大型机电设备和成套设备,为了确保产品质量,获得合理报价,一般选用竞争性的招投标作为采购的常用方式。而对于批量建筑材料或价值较小的标准规格产品,则可以简化采购方式,用询价的方式进行采购。由于市场上的销售渠道有进出口商、批发商、零售商和代理商等多层次,材料设备的生产制造厂家众多,其质量和性能规格差别甚大,而且交货状态和付款方式也各有不同,所以,要通过多方正式询价、对比和议价才能作出决策。在正式询价之前,应首先搞清楚材料、设备的计价方式,其次要讲究询价的方法。

一、材料、设备报价的计价方式和常用的交货方式

货物的实际支付价格往往同货物来源、交货状态和付款方式以及销售和购买方承担的责任和风险有关。总的来说,材料设备的采购来源可分为两大类:国内采购和国外进口。按照采购货物的特点又可分为标准设备(或标准规格材料)和非标准设备(或非标准规格材料)。根据以上的划分,材料、设备采购价的组成内容和计价方式也有所不同,但基本均由两大部分组成,即材料、设备原价(或进口材料、设备到岸价)和运杂费。

1. 国内采购标准材料、设备的计价。国产标准材料、设备是指按照主管部门颁布的标准图纸和技术要求,由我国生产厂家批量生产的,符合国家质量检验标准的材料、设备。国产标准材料、设备原价一般指的是材料、设备制造厂的交货价,即出厂价。如设备是由设备成套公司供应,则由其报价作为原价。有的设备有两种出厂价,即带有备件的出厂价和不带备件的出厂价,在计算设备原价时,一般按带有备件的出厂价计算。

如交货方式为在卖方所在地交货,则货物计价中不含买方支付的运杂费;相反,如交货方式为运抵买方指定的交货地点,则计价中应含从生产厂到目的地的运杂费,运杂费包括运输费和装卸费等。

2. 国内采购非标准材料、设备的计价非标准材料、设备是指国家尚无定型标准,各生产厂不可能在工艺过程中采用批量生产,只能按一次订货,并根据具体的设计图纸制造的材料、设备。非标准材料、设备原价有多种不同的计算方法,如成本计算估价法、系列设备插入估价法、分部组合估价法、定额估价法等。如按成本计算估价法,非标准设备的原价由以下费用组成。

(1)材料费

材料费=材料净重×(1+加工损耗系数)×每吨材料综合价

(2)加工费。包括生产工人工资和工资附加费、燃料动力费、设备折旧费、车间经费、加工费部分的企业管理费等。其计算公式为

加工费=设备总重量(t)×设备每吨加工费

(3)辅助材料费(简称辅材费)。包括焊条、焊丝、氧气、氩气、氮气、油漆、电石等的费用,按设备单位重量的辅材费指标计算。其计算公式为:

辅助材料费=设备总重量×辅助材料费指标

(4)专用工具费。按(1)~(3)项之和乘以一定百分比计算。

(5)废品损失费。按(1)~(4)项之和乘以一定百分比计算。

(6)外购配套件费。按设备设计图纸所列的外购配套件的名称、型号、规格、数量、重量,根据当时有关部、省、市机关规定的价格加运杂费计算。

(7)包装费。按以上(1)~(6)项之和乘以一定百分比计算。如订货单位和承制厂在同一厂区内,则不计包装费。如在同一城市或地区,距离较近,包装可简化,则可适当减少包装费用。

(8)利润。可按(1)~(5)项加(7)项之和的10%计算。

(9)税金。现为增值税,基本税率为17%。其计算公式为:

增值税=当期销项税额-进项税额

当期销项税额=税率×销售额

(10)非标准设备设计费。按国家规定的设计费收费标准另行计算。

综上所述,单台非标准设备出厂价格可用下面的公式计算,即:

单台设备出厂价格=〔(材料费+辅助材料费+加工费)×(1+专用工具费率)×(1+废品损失费率)

＋外购配套件费〕×（1＋包装费率）×（1＋利润率）＋增值税＋非标准设备设计费

运杂费的计算同标准材料、设备。

3. 国外进口材料、设备的计价

（1）进口材料、设备的交货方式。进口材料、设备的交货方式可分为内陆交货类、目的地交货类和装运港交货类。

内陆交货类即卖方在出口国内陆的某个地点完成交货任务。在交货地点，卖方及时提交合同规定的货物和有关凭证，并负担交货前的一切费用和风险；买方按时接受货物，交付货款，负担接货后的一切费用和风险，并自行办理出口手续和装运出口。货物的所有权也在交货后由卖方转移给买方。

目的地交货类即卖方要在进口国的港口或内地交货，包括目的港船上交货价、目的港船边交货价（F.O.S）和目的港码头交货价（关税已付）及完税后交货价（进口国目的地的指定地点），它们的特点是：买卖双方承担的责任、费用和风险是以目的地约定交货点为分界线，只有当卖方在交货点将货物置于买方控制下方算交货，方能向买方收取货款，这类交货价对卖方来说承担的风险较大，在国际贸易中卖方一般不愿采用这类交货方式。

装运港交货类即卖方在出口国装运港完成交货任务，主要有装运港船上交货价（F.O.B）、运费在内价（C&F）和运费、保险费在内价（C.I.F）。它们的特点主要是：卖方按照约定的时间在装运港交货，只要卖方把合同规定的货物装船后提供货运据便完成交货任务，并可凭单据收回货款。

装运港船上交货价（F.O.B）是我国进口材料、设备采用最多的一种货价，采用船上交货价时卖方的责任是：负责在合同规定的装运港口和规定的期限内，将货物装上买方指定的船只，并及时通知买方；负责货物装船前的一切费用和风险；负责办理出口手续；提供出口国政府或有关方面签发的证件；负责提供有关装运单据。买方的责任是：负责租船或订舱，支付运费，并将船期、船名通知卖方；负担货物装船后的一切费用和风险；负责办理保险及支付保险费，办理在目的港的进口和收货手续；接受卖方提供的有关装运单据，并按合同规定支付货款。

（2）进口材料、设备到岸价的构成。我国进口材料、设备采用最多的是装运港船上交货价（F.O.B），其到岸价构成可概括为：

进口设备价格＝货价＋国外运费＋运输保险费＋银行财务费＋外贸手续费＋关税＋增值税

1）进口材料、设备的货价。一般可采用下列公式计算：

货价＝外币金额×银行牌价（卖价）

式中的外币金额一般是指引进设备装运港船上交货价（FOB）。

2）进口材料、设备的装运费。我国进口材料、设备大部分采用海洋运输方式，小部分采用铁路运输方式，个别采用航空运输方式。

海洋运输就是利用商船在国内外港口之间通过一定航区和航线进行货物运输的方式，它不受道路和轨道的限制，运输能力大，运费比较低廉。铁路运输一般不受气候条件的影响，可保证全年正常运输，速度较快，运量较大，风险较小。航空运输是一种现代化的运输方式，特别是交货速度快，时间短，安全性高，货物破损率小，能节省保险费、包装费和储藏费，运输费用较高。

3）运输保险费。对外贸易货物运输保险是由保险人（保险公司）与被保险人（出口人或进口人）订立保险契约，在被保险人交付议定的保险费后，保险人根据保险契约的规定对货物在运输过程中发生的承保责任范围内的损失给予经济上的补偿。

4）银行财务费。一般指中国银行手续费，可按离岸货价的 0.5% 简化计算。

5）外贸手续费。是指按对外经济贸易部规定的外贸手续费率计取的费用，可按下式简化计算，即外贸手续费＝（离岸货价＋国外运费＋运输保险费）×1.5%

6）关税。关税是由海关对进出国境或关境的货物和物品征收的一种税，属于流转性课税。对进口材料、设备征收的进口关税实行最低和普通两种税率，普通税率适用于产自与我国未订有关税互惠条款的贸易条约或协定的国家与地区的进口材料、设备；最低税率适用于产自与我国订有关税互惠条款的贸易条约或协定的国家与地区的进口材料、设备。进口材料、设备的完税价格是指设备运抵我国口岸的到岸价格。

7)增值税。增值税是我国政府对从事进口贸易的单位和个人,在进口商品报关进口后征收的税种。我国增值税条例规定,进口应税产品均按组成计税价格,依税率直接计算应纳税额,不扣除任何项目的金额或已纳税额,即:

进口产品增值税额=组成计税价格×增值税率

组成计税价格=关税完税价格+关税+消费税

增值税基本税率为17%。

进口材料、设备的运杂费是指我国到岸港口、边境车站起至买方的用货地点发生的运费和装卸费,由于我国材料、设备的进口常采用到岸价交货方式,故国内运杂费不计入采购价内。

除了上述以货物来源和交货方式计价外,还应考虑卖方的计价可能与其他一些有关的因素。

(1)一次购货数量对价格的影响。许多供应商常根据买方的购货量不同而划分为:①零售价(某一最低货物数量限额以下);②小批量销售价;③批发价;④出厂价;⑤特别优惠价等。

(2)支付条件对价格的影响。不同的支付条件对卖方的风险和利息负担有所不同,因而其价格自然也就不一样,如:①即期支付信用证;②迟期付款信用证;③付款交单;④承兑交货;⑤卖方提供出口信贷等。

(3)支付货币对价格的影响。在国际承包工程的物资采购中,可能业主(工程合同的付款方)、承包商(物资采购合同的付款方)和供应商(物资采购的收款方),以及制造商(物资的生产和最后受益者)属于不同国别,习惯于采用各自的计价货币;或者他们受到某些汇兑制度的约束,对计价货币有各自的要求,因而究竟是用何种货币支付货款,应当事先约定,这是一个最终由何方承担汇率变化风险的问题,在迟期付款的情况下,汇率风险可能是很大的。

二、材料、设备采购的询价步骤

在国内外工程承包中,对材料和设备的价格要进行多次调查和询价。

1. 为投标报价计算而进行的询价活动这一阶段的询价并不是为了立即达成货物的购销交易,作为承包商,只是为了使自己的投标报价计算比较符合实际,作为业主,是为了对材料、设备市场有更深入地了解。因此,这一阶段的询价属于市场价格的调查性质。

价格调查有多种渠道和方式。

(1)查阅当地的商情杂志和报刊。这种资料是公开发行的,有些可以从当地的政府专门机构或者商会获得。应当注意有些商情资料的价格是指零售价格,这种价格对于大量使用材料的承包商或业主来说,可能只是参考而已,甚至是毫无实际使用价值的,因为这种价格包括了从生产厂商、出口商、进口商、批发商和零售商好几个层次的管理费和利润,它们可能比承包商或业主自己成批订货进口价格要高出一倍以上。

(2)向当地的同行(建设工程公司或建设单位)调查了解。这种调查要特别注意同行们在竞争意识作用下的误导,因此,最好是通过当地的代理人进行这类调查。

(3)向当地材料的制造厂商直接询价。

(4)向国外的材料设备制造厂商或其当地代理商询价。

在上述(3)和(4)中的直接询价,因为属于投标阶段的一般询价,并非为达成实际交易的询盘(Inquiry of Offer),通常称之为"询问报价"(Inquiry of Quotation)。它可以采取口头方式(例如电话、约谈等),也可以采取书面方式(例如电传、传真和信函等),这种报价对需求方和供应方均无任何法律上的约束力。

2. 实际采购中的询价程序

(1)根据"竞争择优"的原则,选择可能成交的供应商。由于这是选定最后可能成交的供货对象,不一定找过多的厂商询价,以免造成混乱。通常对于同类材料设备等物资,找一两家最多三家有实际供货能力的厂商询价即可。

(2)向供应厂商询盘。这是对供货厂商销售货物的交易条件的询问,为使供货厂商了解所需材料设备的情况,至少应告知所需的品名、规格、数量和技术性能要求等,这种询盘可以要求对方作一般报价,还可以要求作正式的发盘。

(3)卖方的发盘。通常是应买方(承包商或业主)的要求而作出的销售货物的交易条件。发盘有多种，如果对于形成合同的要约内容是含糊的、模棱两可的，它只是属于一般报价，属于"虚盘"性质，例如价格注明为"参考价"(Reference Price)或者"指示性价格"(Price Indication)等，这种发盘对于卖方并无法律上的约束力。通常的发盘是指发出"实盘"，这种发盘应当是内容完整、语言明确，发盘人明示或默示承受约束的。一项完整的发盘通常包括货物的品质、数量、包装、价格、交货和支付等主要交易条件。卖方为保护自身的权益，通常还在其发盘中写明该项发盘的有效期，即在此有效期内买方一旦接受，即构成合同成立的法律责任，卖方不得反悔或更改其重要条件。

(4)还盘(Cotmter Offer)、拒绝(Rejection)和接受(Acceptance)。买方(承包商或业主)对于发盘条件不完全同意而提出变更的表示，即是还盘，也可称之为还价。如果供应商对还盘的某些更改不同意，可以再还盘。有时可能经过多次还盘和再还盘进行讨价还价，才能达成一致，而形成合同。买方不同意发盘的主要条件，可以直接予以"拒绝"，一旦拒绝，即表示发盘的效力已告终止。此后，即使仍在发盘规定的有效期内，买方反悔而重新表示接受，也不能构成合同成立，除非原发盘人(供应商)对该项接受予以确认。

如果承包商或业主完全同意供应商发盘的内容和交易条件，则可予以"接受"。构成在法律上有效的"接受"，应当具备：①应当是原询盘人作出的决定，当然原询盘人应是有签约权力的授权；②"接受"应当以一定的行为表示，例如用书面形式(包括信函或传真)通知对方；③这项通知应当在发盘规定的有效期内送达给发盘人(关于"接受"的通知是以发出的时间生效，还是收到的时间生效，国际上不同法系的规则不尽一致)；④"接受"必须与发盘完全相符，有些法系规定，应当符合"镜像规则"(Mirror-image Rule)，即"接受"必须像照镜子一样丝毫不差地反映发盘内容。但在有些法系或实际业务中，只要"接受"中未对发盘的条件作实质性的变更，也应被认为是有效的。所谓"实质性"是指该项货物的价格、质量(包括规格和性能要求)、数量、交货地点和时间、赔偿责任等条件。

三、材料、设备采购的询价方法和技巧

1. 充分做好询价准备工作

从以上程序可以看出，在材料、设备采购实施阶段的询价，已经不是普通意义的市场商情价格的调查，而是签订购销合同的一项具体步骤——采购的前奏。因此，事前必须做好准备工作。

(1)询价项目的准备。首先要根据材料、设备使用计划列出拟询价的物资的范围及其数量和时间要求。特别重要的是，要整理出这些拟询价物资的技术规格要求，并向专家请教，搞清楚其技术规格要求的重要性和确切含义。下面举一个具有教训意义的例子：某公司采购人员向几家不同国别的供应商就铝合金型材询价，这批材料是用于做门窗的，数量较大，尽管详细列出了型材规格并附有型材剖面图和尺寸，但对型材的技术要求未给予足够重视。在询价中，韩国某公司在同等交货条件下的报价最低，而且差额达30多万美元。采购人员迅速与之签订了购销合同，到货后立即按图纸加工为铝门窗，并在数十栋承包的住宅中进行了安装。但是监理工程师在单项验收时，用仪器对铝门窗的表面氧化层进行测定后发出通知，要求将已安装的铝门窗全部拆除更换。监理工程师在其通知中指出，合同文件明确规定门窗铝型材的氧化层厚度不得小于 $18\mu m$，而实测结果表明，承包商安装的铝门窗的型材氧化层仅 $8\sim11\mu m$，完全不符合合同要求。尽管后来经过与工程业主反复磋商谈判，部分铝门窗拆换和另一部分降价后予以保留，但该承包商不仅没有赚到该项差价30余万美元，相反还损失了约40万美元。这类由于忽视合同中对材料的技术性能的要求而询价并购货失误的事件，在工程承包中并不鲜见。

(2)对供应商进行必要和适当的调查。在国内外找到各类物资的供应商的名单及其通信地址和电传、电话号码等并非难事，在国内外大量的宣传材料、广告、商家目录，或者电话号码簿中都可以获得一定的资料，甚至会收到许多供应商寄送的样品、样本和愿意提供服务的意向信等自我推荐的函电。应当对这些潜在的供应商进行筛选，那些较大的和本身拥有生产制造能力的厂商或其当地代表机构可列为首选地位；而对于一些并无直接授权代理的一般性进口商和中间商则必须进行调查和慎重考核。

(3)拟定自己的成交条件预案。事先对拟采购的材料设备采取何种交货方式和支付办法要有自己的设想，这种设想主要是从自身的最大利益(风险最小和价格在投标报价的控制范围内)出发的。有了这样

成交条件预案,就可以对供应商的发盘进行比较,而迅速作出还盘反应。

2.选择最恰当的询价方法

前面介绍了由承包商或业主发出询盘函电邀请供应商发盘的方法,这是常用的一种方法,适用于各种材料设备的采购。但还可以采用其他方法,比如招标办法、直接访问或约见供应商询价和讨论交货条件等方法,可以根据市场情况、项目的实际要求、货物的特点等因素灵活选用。

3.注意询价技巧

(1)为避免物价上涨,对于同类大宗物资最好一次将全工程的需用量汇总提出,作为询价中的拟购数量。这样,由于订货数量大而可能获得优惠的报价,待供应商提出附有交货条件的发盘之后,再在还盘或协商中提出分批交货和分批支付货款或采用"循环信用证"(Revolving Letter of Credit)的办法结算货款,以避免由于一次交货即支付全部货款而占用巨额资金。

(2)在向多家供应商询价时,应当相互保密,避免供应商相互串通,一起提高报价。但也可适当分别暗示各供应商,他可能会面临其他供应商的竞争,应当以其优质、低价和良好的售后服务为原则作出发盘。

(3)多采用卖方的"销售发盘"(Selling Offer)方式询价,这样可使自己处于还盘的主动地位。但也要注意反复地讨价还价可能使采购过程拖延过长而影响工程进度,在适当的时机采用"递盘",或者对不同的供应商分别采取"销售发盘"和"购买发盘"(即"递盘"),也是货物购销市场上常见的方式。

(4)对于有实力的材料设备制造厂商,如果他们在当地有办事机构或者独家代理人,不妨采用"目的港码头交货(关税已付)"(DEQ—Duty paid)的方式,甚至采用"完税后交货(指定目的地)"(DDP—Named place of destination)的方式。因为这些厂商的办事处或代理人对于当地的港口、海关和各类税务的手续和税则十分熟悉,他们可能提货快捷、价格合理,甚至由于对税则熟悉而可能选择优惠的关税税率进口,比起另外委托当地的清关代理商办理各项手续更省时、省事和节省费用。

(5)承包商应当根据其对项目的管理职责的分工,由总部、地区办事处和项目管理组分别对其物资管理范围内材料设备进行询价活动。例如,属于现场采购的当地材料(砖瓦、砂石等)由项目管理组询价和采购;属于重要的机具和设备则因总部的国际贸易关系网络较多,可由总部统一询价采购。

注:本资料摘录于中国机械工业教育协会组编的《建设工程招投标与合同管理》,机械工业出版社出版发行。

思 考 题

1.简述建设工程材料与设备采购的概念和范围?

2.简述建设工程材料采购的方式?

3.对于批量建筑材料和价值小的标准规格产品采用什么方式采购?怎样进行采购?

4.在设备采购中怎样简答标书疑问,发送补充文件?

5.设备采购的招标程序中怎样对投标人进行资格审查?

6.设备投标单位应具备什么条件?

7.设备招标文件如何编制?

8.材料设备采购招标前的准备有哪些?

第八章　建设工程施工招标实务

本章重点介绍建设工程施工招标中各项工作的具体实施方法,包括施工招标文件编制及工程标底的确定等内容。工程项目施工招标是指业主选择志愿承揽工程建造任务(即建筑产品生产)的承包商的工程采购活动。其标的物是按工程设计文件确定的建筑产品。工程项目施工招标的主要工作有:编制招标文件;资格预审;发售标书、现场考察与标前会议;编制标底;开标、评标;编制评标报告;合同授予。建设工程项目施工招标在各类建设工程招标中占有十分重要的地位,这是因为:

工程项目建设的施工是形成建筑实物的过程,其资金投入巨大是这一阶段的基本特征。实行招标,优选施工单位,对于节省投资具有重要意义。

工程施工阶段也是工程质量形成的过程。通过招标,选择施工质量好、社会信誉高的承包商施工,是保证工程质量的重要措施。

工程施工阶段的投资占工程项目建设总费用的比例大,工程合同资金额大,工程承包市场竞争激烈。从20世纪70年代后,无论国际建筑市场还是国内建筑市场,都是僧多粥少。规范建筑市场、减少工程承发包中的违法行为,是我国市场建设的重要方面。实践证明,在建筑施工承发包中,采用规范的招标投标是规范建筑市场的重要手段之一。

随着我国进入WTO,参与国际建筑市场竞争和国外建筑承包商进入国内建筑市场竞争,从客观上要求我国建筑施工企业适应按国际惯例进行的工程招标投标,同时更要求国内项目建设业主,在工程招标投标上按规范化程序招标,提高招标效率和提高项目建设效果。

第一节　建设工程招标机构的组建

建设工程施工招标是在招标机构的组织下进行的,招标机构的工作水平直接关系着招标的成败。因此,建设工程施工招标准备工作中的首要任务就是精心地组建或选择招标工作机构。按照我国招标投标法的规定,具有编制招标文件和组织评标能力的招标人,可以自行组建招标工作机构,办理招标事宜。否则,须委托招投标代理机构。

一、选择施工招标机构人员

业主要使项目实施效益高,机构全体人员的素质不容忽略。必须要求招标机构的成员有很强的实践工作经验及深广的专业技术知识,因此,从招标机构成员的总体来看,所选人员必须具备这样一些基本条件:国际工程必须精通国际通用语言,有较强的文字写作能力;必须熟悉国际、国内工程承包市场材料、劳务承包市场行情和国际、国内与施工招标有关的法规、政策;必须具备金融、贸易、财务、法律、工程技术、施工管理等方面的专业知识。如本地区施工管理,造价咨询知名专家和咨询管理公司的人员都可作为招标工作机构的人员选择范围。

二、精心选定咨询公司协助招标工作

国内招标代理机构刚刚起步,经营管理水平参差不齐。在个别地区许多代理机构是"皮

包公司"，业主不能顾及人情，将业务委托给它们，因为代理费虽少，招标文件及标底编制不合理，将会给业主产生巨大经济损失，给项目实施造成极大的偏差。业主应调查拟选代理机构，考证其编制标书能力。

世界银行及一些国际金融机构对其成员国进行发展项目的贷款，特别是土木建设工程项目的贷款时，都明确要求项目的业主必须聘请一家得到世界银行认可的、有工程咨询经验的咨询公司来协助业主进行招标的全部工作或部分工作。我国这方面的有关咨询机构主要是"中国国际工程咨询公司"和"中国国际经济咨询公司"。前者主要承担关于土木工程项目的招标咨询任务，后者则主要承担物资、设备等采购项目的咨询工作。如果我国业主对项目进行国际竞争性招标，一般应按照国际惯例，在选定招标机构人员的同时，认真聘请好一家工程咨询公司来协助招标工作。

三、招标工作机构的主要职责

确定工程项目的招标发包范围以及承包方式；选择招标工程拟用的合同类型及相应的价格形式；决定工程的招标形式和方法；安排工程项目的招标日程；发布招标及投标人资格审查消息；编制并发、售招标文件；制定工程招标标底；负责投标人资格审查，确定合格投标人；组织投标人考察工程现场并答疑；接受并保管投标文件；组织开标；负责评标；进行决标；组织谈判签约。

第二节　施工招标前的重要程序及步骤

承包合同类型、招标形式和方法的选择关系到业主承担风险的大小，因为合同是转移风险的一种方式。事关业主工程项目投资效益。招标工作机构办理招标事宜，首先应按照业主方面对招标的总体要求，综合考虑，慎重权衡，维护业主经济利益，为业主确定合同类型及招标形式和方法。

一、选择合同类型

不同的合同类型及其相应的价格形式对业主的经济利益将产生不同的影响，选择恰当的合同类型是构成业主方面发包策略的重要组成部分，是招标工作机构必须慎重处理好的一个非常关键性的问题。

前已叙及，合同类型大致分为三种主要形式，即总价合同、单价合同、成本补偿合同。与这三种合同类型相应的价格形式分别为固定总价、固定单价、成本加酬金价。建设部近期出台了新的相关规定，把合同类型分成以下三类：固定总价、固定单价、可调价格。固定总价是合同工期较短且工程合同总价较低的工程，可以采用固定总价合同方式。固定单价是双方在合同中约定综合单价包含的风险范围和风险费用的计算方法，在约定的风险范围内综合单价不再调整。风险范围以外的综合单价调整方法，应当在合同中约定。可调价格包括可调综合单价和措施费等，双方应在合同中约定综合单价和措施费的调整方法。调整因素包括：法律、行政法规和国家有关政策变化影响合同价款；工程造价管理机构的价格调整；经批准的设计变更；发包人更改经审定批准的施工组织设计（修正错误除外）造成费用增加；双方约定的其他因素。

各类合同及其相应的价格形式都有着特定的使用时机，对其进行选择通常必须根据项目发包时所处的设计阶段及设计文件准备的详略情况来决定。国外工程设计阶段的划分与国内的大体相似,一般也分为三个阶段,即:概念设计阶段、基本设计阶段、详细设计阶段。概念设计阶段(初步设计阶段)主要提出项目基本的设计设想,它近似于国内工程的初步设计阶段。概念设计阶段所能提供的设计内容明显的不完整、不准确,因此,合同类型只能是成本补偿合同及其与之相应的成本加酬金的价格形式。基本设计阶段(技术设计阶段)对概念设计的具体化,在此阶段确定详细设计的评价标准,近似于国内工程的技术设计阶段。由于基本设计阶段的设计深度及所提供的设计内容,对于工程价格估算工作而言,是处于一种不太明确的中间状态,所以,在基本设计阶段选择合同类型,一般应选择单价合同及其与之相适应的固定单价的价格形式。详细设计阶段(施工图设计阶段)中提出详细的工程施工图纸,类似于国内工程的施工图设计阶段。详细设计阶段提供的设计内容明确而完整,一般都能满足业主方面较准确地估算项目总价格的要求,因而,在这一阶段选择合同类型,通常宜选择总价合同及与之相应的固定总价的价格形式。

综上所述,设计内容的明确程度和详尽程度愈高,愈适合于采用总价合同形式;设计内容不太明确时,应采用单价合同形式;当设计内容处于粗略而不完整的状态时,只宜于采用成本补偿合同。总之,招标机构在选择合同类型及其相应的价格形式时,应正确地把握各类合同形式的使用时机,根据招标工程所处的设计阶段及设计内容的深度恰当地确定合同及其价格形式;同时,选择合同类型还要考虑其他条件,如技术经济条件、项目招标内容、方式等重要因素。

二、选定招标形式

除了必须公开招标的项目,如使用国际金融机构贷款的项目、使用政府资金(包括国家融资或授权、特许融资)的项目、关系社会公共利益和公共安全的基础设施项目及公共事业项目等之外,其他项目的招标工作机构在确定招标形式和方法时,必须综合考虑的以下因素:项目规模,难易程度;设计进度和深度;估算价格、工期长短;资金使用的限度;招标阶段的费用及时间限度;各种招标费用和时间,取得报价的优劣程度;市场行情。认真测算、权衡招标形式导致业主方面经济利益的得失,慎重选择招标形式和方法。如果技术复杂、专业性强或者有其他特殊要求宜选择邀请招标的方式。如果采购规模小,采购费用和采购时间综合考虑不适宜公开招标的可采用邀请招标的形式。国家法律规定或者国务院规定不适宜公开招标,可采用邀请招标的方式。

三、安排项目的招标日程

根据现行法规和国际惯例对招投标工作进行具体的日程安排,包括:确定完成招标文件和标底的时间;发布招标公告消息的时间;发售资格预审文件的时间;交送资格预审文件的时间;进行并完成投标人资格预审的时间;发售招标文件的时间;招标文件澄清的时间;开始投标到截止投标的时间;开标的时间;评标到决标的时间;授标的时间;签约的时间。

按照国际惯例不进行资格预审的项目,发布招标公告时间约在开始招标(发售招标文件)前14天(二周)左右;从发售招标文件到投标截止的时间不得少于45天,一般约需90~180天;投标人提出对招标文件进行澄清的要求,在投标截止前的30~60天;开标应在投标截止日期后立即进行,评标到决标一般是在开标结束后的90~180天左右。资格预审的项目在发售招标文件前增加30~60天的投标人资格预审时间;发布招标公告的时间也需相应提前。

根据我国招标投标法的规定,自招标文件开始发出之日至投标人提交投标文件截止之日,最短不得少于 20 天;招标文件澄清的时间应安排在提交投标文件截止时间至少 15 天前;开标应在提交投标文件截止时间的同一时间公开进行;评标应在开标之后立即进行。

四、标前答疑的注意事项

(一)研究缩短工期的技术措施费

定额工期均统一执行地区标准。业主分析缩短工期时,单项工程定额工期在二年以内的,缩短工期一般建议不超过定额工期的 12%;定额工期在二年以上的,缩短工期建议不超过定额工期的 15%;群体建设工程缩短工期建议应不超过定额工期的 9%。在此范围内缩短工期的增加费(即增加人工降效和夜间施工照明费等)即措施费业主应考虑给予评标优惠,即可以考虑缩短工期在 9%~15% 以内者工程造价(不含设备费,下同)可折价 0.2%;工期缩短 15% 者可折价 0.3%。缩短工期的要求在此范围外,甲乙双方在签订施工合同时协商确定工期措施费。如业主方希望额外缩短更多的工期,一般可留待在甲乙双方签订施工合同时,另行谈判解决。

(二)确定场地狭小增加费

一般规定施工现场面积不得少于工程占地面积的 3 倍,否则视为场地狭小,如少得不多可从宽处理。场地狭小增加费可用工程造价的场地狭小增加费系数计算,一般约为 2%~4%。也须视场地狭小幅度及工程造价的大小而定,有时可低于此幅度,闹市区且白天不能运输材料时,还可高于此幅度。

(三)确定包干费问题

对于在一定范围内的零星设计变更洽商,如北京市规定:每个定额子目一次增减直接费的金额在 4000 元左右,为了简化结算手续,只作技术洽商,不作经济变更,而采用包干费的办法一次包干。包干费一般按建安工程费扣除设备费后百分比计算:民用建筑按 3% 计算,工业建筑按 4%~5% 计算。

(四)确定钢筋用量问题

一般单位工程的定额量与设计图纸的钢筋总用量之差超过 ±3% 时,业主在招标时要说明按定额量进行投标还是按图纸实量投标。考核设计图纸的钢筋用量是否超过 ±3%,是否需要调整都得按图实算,即"抽筋"。招投标代理机构"抽筋"约需增加编制标底(施工企业投标报价同)的三分之一工作量。也可以采用"抽筋"后一次包干的承包方式,一般国内工程先按概算定额含量计算钢筋用量,待竣工结算时由施工企业与建设单位按实调整。但是在公共项目中往往业主超支。如有条件者,仍不排斥在招标中按调整量计算钢筋用量。过去不采用工程量清单报价投标必须注意该问题。

(五)研究"暂估价"问题

每个工程设备价格,大都按市场价格计算,变化较大。土建工程中也有某些工程做法或材料规格不明确,或采用某种新材料,只能临时暂估。凡此种种,在招标中要以"暂估价"形式列入标底,竣工再据实结算。这对甲乙双方都合适。也便于评标。"暂估价"一般由编制标底的单位确定,再列入招标文件,作为投标人编制投标价的统一依据。"暂估价"应到市场询价,分析测算后确定,力求接近实际,避免偏高偏低,并应注明价格的性质,如"设备价"、"材料价"、"工料价"或"设备及安装价(含取费及利税)"等,以利于施工企业报价时的正确使用。

(六)确定"风险系数"问题

对于"三资"工程,北京市规定采用一次包死的承包方式,不同于国内工程执行"竣工调价系数"和"三材差价"等开口结算方式,因此在北京市实施的项目招标文件要明确交待考虑"风险系数",预防施工期间工料、机械等涨价可能造成的亏损。"风险系数"可按"建安工程造价×年平均工料等增涨系数(%)×施工工期(年)"计算的,其中年工料等涨价系数采用平均系数,一般比实际涨价幅度低,实际涨价往往不均衡,跳跃式增涨。施工工期是按全过程的工期(年)计算的。如有甲方提供的设备、材料,应规定其实际价格与预定价格的出入在±5%以内者,在结算时不作调整。故确定"风险系数"的基数时,应在建安工程造价中扣除甲方供应的设备、材料总价的95%。

(七)确定工程款支付方式

承包方自行采购或甲方将材料指标划交承包方购买材料的,应拨付预付款。其预付额度建设工程一般不超过当年建安工程工作量的30%,工程大,则可适当降低,如20%~25%。工程进度达到65%时,预付款开始抵扣工程款。大量采用预制构件及工期在6个月以内的工程,可适当增加预付款额度,但最高不要超过45%。当工程进度达到50%时,开始抵扣预付款。设备安装工程的预付款额度,一般不得超过当年安装工作量的10%,安装材料用量大的工程,最高可以增加到15%。预付款一般于签订合同后10~15天,开工前7天到位。否则承包人可在发出要求预付的7天后停工。

甲方供应材料的价格按现行国家制度执行,这部分不支付预付款。工程款项支付方式包括:①按月结算。实行上旬末或月中预支、月底结算,竣工后清算的办法。②竣工后一次结算,适用于工期在12个月以内,或承包合同价值在100万元以下的(含100万元)建设项目或单项工程。可以实行每月上旬预支,竣工后一次结算。③已完工程分段结算,凡有条件的甲乙双方,可以划分不同阶段进行结算。分段的划分标准,经市建委和开户银行同意后办理。

(八)工程做法的补充

设计图纸交待不清楚的工程做法或用料标准,如混凝土强度等级、装修做法、设备选型等,在标底编制中可以通过建设单位提请设计单位予以交底、补充。这些补充内容也是施工企业投标报价的依据,必须在招标时予以补充说明。另外,施工企业场地踏勘后提出要求业主、设计、编标底单位共同解答的问题,要统一解答,以标前答疑纪要加以补充。由此可见,工程做法的补充说明是招标文件中不可缺的补充,是招标文件的一部分。在合同管理中,当投标书表达不清时是双方协商的基础依据。

(九)招标文件的送审

招标文件虽然是标底编制的依据,但是与标底编制又是交叉作业,相互补充的。通常是招标文件的基本内容(如工程基本条件、招标要求等)确定在先,给编制标底的部分内容提供了依据(如工程地址、地基情况、交通条件、招标范围、建设工期等据以考虑计取其他直接费标准、是否需要护坡桩及降水费用以及技术措施费等),但招标文件的完善,反过来又有待标底基本完成时所产生的"暂估价表"和"工程做法答疑的补充说明"等内容的补充,两者相辅相成。因此招标文件的送审可分两次:第一次先送招标文件的基本内容,作为招投标主管部门登记及初审资料;第二次再送"暂估价表"和"工程做法的补充说明"等内容(第二次补充内容也可在招标文件之后,单独补送),作为正式送审的招标文件。审定后,是工程各项工作的依据。

第三节　确定工程标底与无标底招标

一、工程标底概述

标底是由招标单位或委托建设行政主管部门批准的具有编制标底资格和能力的中介代理机构,根据国家(或地方)公布的统一工程项目划分、统一的计量单位、统一的计算规则以及施工图纸、招标文件,并参照国家规定的技术标准、经济定额所编制的工程价格。工程标底是招标人估算的拟发包工程总价。标底是招标人评标、决标的参考依据,是招标单位的"绝密"资料,不得以任何方式向任何投标单位及其人员泄露。在评标过程中,为了对投标报价进行评价,特别是在采用标底上下一定幅度内投标报价进行有效报价时,招标单位应编制工程标底。招标单位必须在发布招标消息后、开标前确定工程标底。标底实质是一种特殊商品的价格,即业主对未来工程项目的预期价格。标底既然是一种商品价格,就必须以其价值为基础来制定。标底中的经济内容是由,C:该工程产品价值中的转移到产品中已被消耗的生产资料的价值(它包括工程施工过程中所耗费的劳动对象:原料、主要材料、辅助材料、燃料等的价值,还包括施工过程中磨损的劳动手段:施工机械设备、施工工具、施工用房等的价值)、V:劳动者为自己劳动(必要劳动)所创造的价值(它是指以工资形式支付给劳动者的劳动报酬)、M:劳动者为社会劳动(剩余劳动)所创造的价值(这部分主要指施工企业的盈利)这三部分构成。标底必须控制在合适的价格水平。标底过高造成招标人资金浪费;标底过低难以找到合适的工程承包人,项目无法实施。所以在确定标底时,一定要详细地进行大量工程承包市场的行情调查,掌握较多的该地区及条件相近地区同类工程项目的造价资料,经过认真研究与计算,将工程标底的水平控制在低于社会同类工程项目的平均水平。

(一)标底的编制原则

1. 与招标文件保持一致的原则

确定标底时,必须依据招标文件(招标文件、招标施工图纸、项目执行的技术标准)组成的商务条款(价格条款、支付条款、维修条款、工期条款);招标文件组成的技术规范中关于项目划分、施工方法、施工方案、质量标准、材料设备等技术要求,招标文件组成的工程地质、水文、气候、地上情况,进行标底费用计算;使标底符合招标文件。特别强调的是施工图设计交底和施工方案交底,它们是标底编制的基本依据。

2. 与社会必要劳动时间相对应的原则

价值规律要求按社会必要劳动时间确定商品的价值量,社会必要劳动时间对工程产品面言,指的就是在现实正常的施工生产条件下,建筑安装工人平均的劳动熟练程度和平均的劳动强度下建造某项工程所需的劳动耗费。进行建设工程招标发包,最终目的是为了能以恰当的价格将建设工程顺利地付诸实施,保障业主方获得最佳综合投资效益,过高、过低的建设工程标底都不利于正确的评标决标,因而会损害业主的经济利益,必须按照平均水平的要求,遵循价值规律,根据建筑业的成本和盈利确定建设工程标底的价格,为评标决标提供依据,保障招投标双方的经济利益,使工程顺利实施。

3. 与市场实际变化吻合的原则

建设工程标底要适应国家经济形势的发展要求,随行就市,确定标底价格,真实地反映市场行情,既有利于保障建设工程标底的合理性,又有利于保障竞争和工程质量。

4. 限额包干控制的原则

建设工程标底应控制在批准的总概算(或修正概算)及投资包干的限额内。

(二)业主编制标底的方法

1. 概算指标编制工程标底

概算指标是有关部门规定的房屋建筑每百平方米(或每平方米)建筑面积、每座构筑物的工程直接费指标及其主要人工、材料消耗指标。概算指标具有较强的综合程度,因而估算的工程价格也较粗略。所以是在招标项目还处于概念设计阶段(初步设计阶段)才使用概算指标来确定工程标底,使用概算指标确定工程标底步骤如下:编制人员核实项目的设计内容;根据规则,核准工程量;从概算指标手册选出概算指标;计算工程直接费;估算其他成本额;初步估算工程标底;调整工程标底。

2. 概算定额和概算单价编制工程标底

概算定额是我国有关单位规定的完成一定计量单位的建筑安装工程的扩大分项工程或扩大结构构件所需的人工、材料、施工机械台班的消耗量标准。概算单价是有关部门依据概算定额编制的反映概算定额实物消耗量的货币指标,即完成扩大分项工程或扩大结构构件所需的人工费、材料费、施工机械使用费,在招标项目处于基本设计阶段(技术设计阶段),项目的技术经济条件还不明确,呈中间状态时,一般宜用概算定额和概算单价确定招标工程的标底。

3. 预算定额和预算单价编制工程标底

预算定额规定的实物消耗指标的货币表现形式,即分项工程定额直接费,称为预算单价,预算定额和预算单价规定实物指标,直接费用指标的对象规模又较概算定额及概算单价的对象规模要小得多,因此,用预算定额和预算单价确定工程标底的准确性也就相应高得多。若招标项目处于详细设计阶段(施工图设计阶段),设计内容完整,项目的技术经济条件明确详尽时,多采用此种方法确定工程标底。使用预算定额和预算单价确定工程标底,除了必须依据预算定额划分招标工程中各单位工程的分项工程、计算其工程量和必须套用预算单价计算工程直接费以外,其余步骤及方法与用概算定额确定工程标底的做法基本相同。

上述方法适用于工程业主在国内市场进行工程项目招标时确定工程标底。若进行国际竞争性的公开招标,仍可按照上述几种方法进行标底的编制工作,但国内概算指标中的直接费指标和概算单价及预算单价中所使用的工资单价、各种材料的预算价格、各种施工机械台班使用费等单价指标进行必要的调整;同时还必须对所使用的国内的相关费率、利税率等也进行调整。只有根据调整、修改后的各种单价指标及相关费率、利税率等计算的工程价格,才能作为国际竞争性公开招标工程项目的标底价格。

(三)标底编制与审定程序

(1)确定标底计价内容及计算方法、编制总说明、施工方案或施工组织设计、编制或审查工程量清单、临时设施布置、临时用地表、材料设备清单、补充定额单价、钢筋铁件调整、预算包干、按工程类别的取费标准等。

标底价格由成本、利润、税金等组成,应考虑人工、材料、机械台班等价格变化因素,还应包括不可预见费、预算包干费、措施费(赶工措施费、施工技术措施费)、现场因素费用、保险以及采用固定价格的工程风险金等。计价方法可选用我国现行规定的工料单价和综合单价两种方法。另外,对于钢筋的定额调整一定要求招标代理机构据实核算,避免标底编制走偏。防止招标代理机构为减少编标过程的工作量按定额钢筋用量编制标底。

（2）确定材料设备市场价。

（3）采用固定总价或单价的工程，应测算人工、材料、设备、机械台班价格波动风险系数。

（4）确定施工方案或施工组织设计的计费内容。

（5）计算标底价格。

（6）审定标底。标底在投标截止日后，开标前报招标管理机构审查，中小型工程在投标截止日期后 7 天内上报，大型工程在 14 天内上报。未经审查的标底无效。

（7）标底价格审定交底　当采用工料单价计价方法时，其主要审定内容包括：标底计价内容。预算内容。预算外费用。当采用综合单价计价方法时，其主要审定内容包括：标底计价内容。工程单价组成分析。设备市场供应价格、措施费（赶工措施费、施工技术措施费）、现场因素费用等。

综合单价是采用工程量清单计价的一种形式，是 2002 年由建设部工程造价专家编制的《建设工程工程量清单计价规范》（GB 50500—2003）所确定。《建设工程工程量清单计价规范》于 2003 年 2 月 17 日经建设部第 119 号批准颁布，于 2003 年 7 月 1 日实施。

二、无标底招标

目前，根据《招标投标法》规定，参照国际通行做法，一些政府投资项目、国有事业单位资项目、国有独资企业投资项目试行无标底招标，取得了明显的效果。无标底招标是国际通行做法，它通过实物工程量清单招标，由业主提供实物工程量，企业自行填报工程量清单进行报价。该办法使我国建设工程招标摆脱了计划经济的计价模式，有利于建立以市场经济为主的价格体系，符合工程造价量价分离的改革原则。是整顿规范建筑市场的需要。在建筑市场，工程招投标中的腐败现象、工程质量问题不断出现，个别施工企业素质低，不少资金以"好处费"形式外流。而无标底招标可建立公平的竞争环境，体现市场、法律、合同的强大作用，尽量消除权力和关系对招标活动的影响，对工程腐败现象达到既治标又治本的作用。无标底招标可以有效节省投资，提高社会效益的需要。因为实行无标底招标可通过激烈的市场竞争寻求到技术及管理水平高的承包商，使个别成本低于社会平均成本，节约工程造价。同时由业主提供实物工程量清单，施工单位自主报价，可避免投标单位重复计算工程量，减少浪费，减少标底编制及评标成本，提高社会效益。我国加入 WTO 后，为使我国建筑市场与国际接轨，使建筑企业参与国际竞争，有必要推行无标底招标。

（一）无标底招标的评标方法

无标底招标的评标方法在国内各地没有统一的做法，有的采取合理最低价竞标，有的采取成本价评标等。无标底评标由于业主不编制标底，开标前根据工程特点制定评标原则，依据投标报价的综合水平确定工程合理造价（评标基准价），并以此作为评判各投标报价的依据。评标基准价可采用投标报价的算术平均值、加权平均值（根据报价高低赋予不同的权重）或其修正值。开标后按照开标前拟定的计算方法分析投标报价，计算评标基准价。但业主要注意潜在投标人围标，有必要防范潜在投标人投标动向。上海浦东国际机场建设工程中成功地采用了无标底招标，深圳地铁一期工程也试行了无标底招标。两个项目在确定评标基准价和计分方式上各具特点，代表了无标底评标的基本方法。两个项目都采取对投标方案进行技术性评审和经济性评审，但采取不同的评审权数。

如上海浦东国际机场模式：上海浦东国际机场共进行了约 300 项土建工程（单项工程和

单位工程,总工期长达 3 年多,涉及金额 50 亿元)。他们的做法是,首先排除投标的异常报价,采取偏离基准报价增减分方法,因此在正常情况下低报价者商务标得分高。实施的结果合同价比概算降低了 10%。具体做法如下。

1. 技术标评审

技术标评审主要针对施工组织设计中技术方案和现场管理措施进行评审。根据工程特点,评标委员会细化评分内容,根据重要程度予以各项内容不同的分值,合计的分即为技术标得分。

2. 经济标评审

评标基准价采用各投标单位报价的算术平均值。当最高或最低报价明显高于或低于次高或次低报价时(偏差比例开标前由业主确定,如 5%~15%),最高或最低报价作为异常处理,不参与评标基准价的计算。对应基准价的报价获得基准分。报价每偏离基准价 1% 扣减或增加一固定分值(如 1 分)。报价越低得分越高。一般增减分值不超过 10 分。对"异常"报价,只计基本分(通常定为小于基准分 10 分以上的某一分值),以降低其中标的概率。报价得分即为经济标得分。

3. 评标结论

根据评标原则确定的经济标及技术标权重及基准分值,计算总分,得分高者为优先中标人。

(二)推行无标底招标可能面临的问题及对策

我国的建筑市场虽已初步具备推行无标底招标的条件,但由于长期受计划经济体制的影响,建筑市场的运行仍带有计划经济的色彩,因此,采用国际通用的无标底招标可能会面临一系列的问题,如:受传统思想观念的影响,人们对待一些改革内容,因会牵涉到部门或个人的职能、责任、利益,总不愿主动推行。

国际上采用的无标底招标,工程造价最终由合同价款 + 索赔额二部分组成,而我国法制还不健全,现行体制、机制及国情,使施工企业索赔很难成功。施工企业不能有效地利用法律手段保护自己,使施工企业承担的风险加大。建筑市场的竞争日趋白热化。如某市某重点建设工程,建筑面积 34885m²,工程为一类取费,综合费率为 31.5,某公司报价时已按预算价下浮 26 个百分点,但仍比基准价高出了 3.63 个百分点,最低报价比预算价下浮近 33 个百分点,比直接费还低,中标报价仅是直接费。施工企业的这种跳楼价做法是形势所逼,施工企业同时也存在侥幸心理,想通过工程变更或决算时与业主协议,挽回损失。无标底招标降低了投标工程的利润,投标者抵抗风险能力减弱,容易造成工程项目的实施失败,而我国在这方面缺乏必要的法律、法规。缺乏守信的激励和失信的惩罚机制。

为了保障无标底招标制度的顺利推行,政府主管部门必须更新观念、转变管理职能,建立与国际惯例接轨的服务机制和建筑市场管理体系,制定和完善配套的法律法规。首先需要调整法律、法规的条款。其次需要建立工程担保法和工程保险制度,做好市场监管立法。通过推行投标保函、履约保函、招标人付款保函等工程担保和工程保险制度,将有关费用列入报价,实现风险转移。同时应培育完整的社会信用机制。无标底招标必须实行工程量清单报价,使承包商能够独立估价。为此,行业协会应在现行的全国统一基础定额的基础上结合国际惯例制定工程量计算规则,合理确定商务标与技术标综合评标过程中的权重,防止人为暗箱操作。评标采用最低报价法时,最低报价者中标可能性大。为防止有意压价,恶意竞争,防止漏项或报价误差引起的工程纠纷,应建立中标评审制度,由评标小组对综合得分最高的报价进行复核。

第四节　施工招标的资格预审

资格预审指招标人对投标人在施工经验、人员、施工机械、财务能力及社会信誉五方面在投标前进行的综合评价。合格者可以参与竞标,未通过则被淘汰出局。

一、施工招标资格预审程序

工程项目施工招标资格预审程序如下:

(1)招标人编制资格预审文件;

(2)发布资格预审通告或包括资格预审要求的招标公告;

(3)发送出售资格预审文件;

(4)投标人编写递交资格预审申请书;

(5)招标人对投标申请人进行资格评审;

(6)编制资格预审评审报告,报主管部门审定;

(7)向合格投标申请人发出资格预审合格通知书。

二、资格评审的要求

在获得招标信息后,有意参加投标的单位应根据资格预审通告或招标公告的要求携带有关证明材料到指定地点报名,接受资格预审。资格审查应主要审查潜在投标人或者投标人是否符合下列条件:

(一)资格审查应符合的条件

(1)具有独立订立合同的权利;

(2)具有履行合同的能力;

(3)未处于责令停业,取消资格,财产接管、破产冻结状态;

(4)在最近三年无骗取中标等严重违约问题。

报名和资格预审可以同时进行,也可以分开进行。招标人等不能以资格审查的不合理的条件排斥潜在投标人,对投标人实行歧视待遇。以行政手段等限制投标人的数量。招标人不得改变载明的资格条件或者以没有载明的资格条件对潜在投标人或者投标人进行资格审查。经资格预审后,招标人向合格的投标人发出资格预审合格通知书,告知获取招标文件的时间、地点和方法,同时向不合格的投标人告知预审结果。合格投标人名单一般要报招标投标管理机构复查。对投标人的资格审查也有采用资格后审和二次审查的。后审就是招标人待开标再对投标人的资格进行审查,经审查合格的方准进入评标。经后审不合格的投标应作废标处理。资格后审由参加开标的公证机构会同招标投标管理机构进行。有的地区对投标人的资格审查采用二次审查,报名时资格预审,开标时资格后审,也称复审。一般要求投标人应向招标人提交以下法定证明文件和相关资料:

(二)资格审查法定证明文件和资料

(1)营业执照、资质证书和法人代表资格证;

(2)近3年完成工程的业绩;

(3)正在实施的项目;

(4)履约的能力;

(5)受奖励的资料。

两个以上法人或者其他组织可以组成一个联合体,以一个投标人的身份共同投标。但不允许施工企业对一个投标项目的重复投标。联合体的成员均须提交与单独参加资格预审的单位要求一样的全套文件。

三、资格预审文件编制

资格预审文件包括资格预审通告、资格预审申请人须知、资格预审申请书及附表、资格预审合格通知书共四部分。资格预审通告在前几章已讲,本章不再赘述。

(一) 投标申请人资格预审须知

(1)资质要求:具备建设行政主管部门核发的建筑业企业资质类别(资质等级)和承担招标工程项目能力的施工企业或联合体均可申请资格预审。

(2)投标申请人必备条件:投标人填写回答资格预审申请书及附表中的问题;提交澄清或补充有关资格预审资料;投标申请人的法定代表人或授权委托代理人签字。并附有法定代表人的授权书。

(3)资格预审评审标准(见表8-1、表8-2):表中反映投标申请人的合同工程营业收入、净资产和在建工程未完部分合同金额,供招标人对投标申请人的财务能力进行评价。投标申请人须满足必要合格条件标准(表8-1)和一定比例的附加合格条件标准(表8-2),才能通过资格预审。

资格预审必要合格条件标准

表 8-1

序　号	项 目 内 容	合　格　条　件	投标申请人具备的条件或说明
1	有效营业执照		
2	资质等级证书	＿＿＿＿＿工程施工＿＿＿＿＿承包级以上或同等资质等级	
3	财务状况	开户银行资信证明和符合要求的财务表,＿＿＿＿级资信评估证书	
4	流动资金	有合同总价＿＿＿＿%以上的流动资金可投并入本工程	
5	固定资产	不少于(币种,金额,单位)	
6	净资产总值	不小于在建工程未完合同额与本工程合同总价之和的＿＿＿＿%	
7	履约情况	有无因投标申请人违约或不恰当履约引起的合同中止、纠纷、争议、仲裁和诉讼记录	
8	分包情况	符合《中华人民共和国建筑法》和《中华人民共和国招投标法》的规定	
9			
10			
11			
12			

序　　号	附加合格条件项目	附加合格条件内容	投标申请人具备的条件或说明

(4)联合体资格预审文件须知:联合体每一成员均须提交符合要求的全套资格预审文件并经联合体各方法定代表人或其授权委托代理人签字和法人盖章。联合体各方均应当具备承担招标项目的相应能力;国家有关规定或者招标文件对投标人资格条件有规定的,联合体各方均应当具备规定的相应资格条件。由同一专业的单位组成的联合体,按照资质等级较低的单位确定资质等级;提交联合体共同投标协议,明确约定各方拟承担的工作和责任,并约定一方为联合体的主办人;资格预审合格后,联合体的变化,须在投标截止前,招标人书面同意。但是,不允许有下列变化:

①严重影响或削弱联合体的整体实力;

②有未通过或者未参加资格预审的新成员;

③联合体的资格条件已不能达到预审的合格标准;

④以联合体名义通过资格预审的成员,不得另行加入其他联合体就本工程进行投标。

(5)为分包本工程项目而参加资格预审通过的施工企业,其合格分包人身份或分包工程范围改变时,须获招标人书面批准,否则,其资格预审结果将自动失效。

(6)资格预审申请书及有关资料密封后于规定时间送达指定的地点,迟到的申请书将被拒收。

(7)只有资格预审合格的投标申请人才能参加本招标工程项目的投标。每个合格投标申请人只能参加一个或多个标段的一次性投标,否则,投标申请人的所有投标均将被拒绝。

(8)招标人的其他权利和义务:

①招标人可以修改投标工程项目的规模和总金额,投标申请人只有达到修改后的资格预审合格条件,才能参与该工程的投标。

②如果资格预审合格的投标申请人数量过多时,招标人将按有关规定从中选出部分投标申请人参与投标。

③招标人可根据工程的具体情况确定《资格预审附加合格条件标准》的内容。招标人可就下列方面设立附加合格条件:对本工程项目所需的特别措施或工艺专长;专业工程施工资质;环境保护要求;同类工程施工经历;项目经理资格要求;安全文明施工要求。

④招标人应以书面形式通知投标申请人资格预审结果,对于收到合同通知书的投标申请人应以书面形式予以确认。

⑤招标人应对招标工程项目的情况,如项目位置,地质、地貌、水文和气候条件,交通,电

力供应,土建工程,安装工程,标段划分及标段的初步工程量清单,建设工期以及设计标准、规范等随投标申请人资格预审须知同时发布。

(二)投标申请人资格预审申请书及附表

1.资格预审申请书(表8-3)

资格预审申请书

致:(招标人名称)

经授权作为代表,并以(投标申请人名称)的名义,在充分理解《投标申请人资格预审须知》的基础上,本申请书签字人在此以(招标工程项目名称)下列标段投标申请人的身份,向你方提出资格预审申请:

资格预审申请书 表 8-3

项 目 名 称	标 段 号

本申请书附有下列内容的正本文件的复印件:

投标申请人的法人营业执照;

投标申请人的(施工资质等级)证书。

按资格预审文件的要求,你方授权代表可调查、审核我方提交的与本申请书相关的声明、文件和资料,并通过我方的开户银行和客户,澄清本申请书中有关财务和技术方面的问题。本申请书还将授权给有关的任何个人或机构及其授权代表,按你方的要求,提供必要的相关资料,以核实本申请书中提交的或与本申请人的资金来源、经验和能力有关的声明和资料。

你方授权代表可通过下列人员得到进一步的资料:

一般质询和管理方面的质询

联系人: 电话:

联系人: 电话:

本申请充分理解下列情况:

资格预审合格的申请人的投标,须以投标时提供的资格预审申请书主要内容的更新为准;

你方保留更改本招标项目的规模和金额的权利。前述情况发生时,投标仅面向资格预审合格且能满足变更后要求的投标申请人。

如为联合体投标,随本申请,我们提供联合体各方的详细情况,包括资金投入(及其他资源投入)和赢利(亏损)协议。我们还将说明各方在每个合同价中以百分比形式表示的财务方面以及合同履行方面的责任。

我们确认如果我方投标,则我方的投标文件和与之相应的合同将:

得到签署,从而使联合体各方共同地和分别地受到法律约束;

随同提交一份联合体协议,该协议将规定,如果我方被授予合同,联合体各方共同的和分别的责任。

下述签字人在此声明和资料在各方面都是完整、真实和准确的。

155

签名:	签名:
姓名:	姓名:
兹代表(申请或联合体主办人)	兹代表(申请或联合体主办人)
申请人或联合体主办人盖章	联合体成员1盖章
签字日期	签字日期

注:1. 联合体的资格预审申请,联合体各方应分别提交申请书第2条要求的文件;

2. 联合体各方应按本申请书第4条的规定分别单独据表提供相关资料;

3. 非联合体的申请人无须填写本申请书第6、7条以及第8条有关部分;

4. 联合体的主办人必须明确,联合体各方均应在资格预审申请书上签字并加盖公章。

2. 投标申请人一般情况(表8-4)

投标申请人一般情况 表8-4

1	企 业 名 称	
2	总 部 地 址	
3	当 地 代 表 处 地 址	
4	电 话	联 系 人
5	传 真	电 子 邮 箱
6	注 册 地	注册年份(注册营业执照复印件)
7	公司资质等级证书号(请附有关证书的复印件)	
8	公司_____(是否通过,何种)质量保证体系认证(如通过请附相关证书复印件,并提供认证机构年审监督报告)	
9	主营范围 1._____ 2._____ 3._____ 4._____ …………	
10	作为总承包方经历年数	
11	作为分包商经历年数	
12	其他需要说明情况	

注:1. 独立投标申请人或联合体各方均需填写此表;

2. 投标申请人拟分包部分工程,专业分包人或劳务分包人也需填写此表。

3. 近三年工程营业额数据表(表8-5)

近三年工程营业额数据表 表8-5

投标申请人或联合体成员名称_____

近三年工程营业额数据表

财 务 年 度	营 业 额 (单位)	备 注
第一年(应明确公元纪年)		
第二年(应明确公元纪年)		
第三年(应明确公元纪年)		

注:1. 本表内空将通过投标申请人提供的财务报表进行审核;

2. 所填的年营业额为投标申请人(或联合体各方)每年从各招标人那里得到的已完工程施工收入总额;

3. 所有独立投标申请人或联合体各成员均需填写此表。

156

4.近三年已完工程及目前在建工程一览表(表8-6)

近三年已完工程及目前在建工程一览表

表8-6

投标申请人或联合体成员名称:＿＿＿＿＿＿＿

序　号	工程名称	监理(咨询)单位	合同金额(万元)	竣工质量标准	竣工日期
1					
2					
3					
4					
……					

注:1.对于已完工程,投标申请人或每个联合体成员都应提供收到的中标通知书或双方签订的承包合同或已签发的最终竣工证书;

2.申请人应列出近三年所有已完工程情况(包括总包工程和分包工程),如有隐瞒,一经查实将导致其投标申请被拒绝;

3.在建工程投标申请人必需附上工程的合同协议书复印件,不填"竣工质量标准"和"竣工日期"两栏。

5.财务状况表(表8-7)

财务状况表

表8-7

1.开户银行情况

开 户 银 行	名称:	
	地址:	
	电话:	联系人及职务
	传真:	电传:

2.近三年每年的资产负债情况

财务状况(单位)	近三年(应分别明确公元纪年)		
	第 一 年	第 二 年	第 三 年
1.总资产			
2.流动资产			
3.总负债			
4.流动负债			
5.税前利润			
6.税后利润			

注:投标申请人请附最近三年经过审计的财务报表,包括资产负债表、损益表和现金流量表,每个投标申请人或联合体成员都要写此表。

6.联合体情况(表8-8)

联合体情况

表8-8

成员成份	名　方　名　称
1.	
2.	
3.	
4.	
5.	
……	

注:表后需附联合体共同投标协议,如果投标申请人认为该协议不能被接受,则该投标申请人将不能通过资格预审。

7. 类似工程经验(表 8-9)

类似工程经验 表 8-9

投标申请人或联合体成员名称:_____

	合同号	
1	合同名称	
	工程地址	
2	发包方名称	
3	发包方地址(请详细说明发包方联系电话及联系人)	
4	与投标申请人所申请的合同类似的工程性质和特点(详细说明所承担的工程合同内容,如长度、高度、桩基工程、基层\底基层工程、土方、石方、地下挖方、混凝土浇筑的年完成量等)	
5	合同身份(注明其中之一) □独立承包方　　□分包人　　□联合体成员	
6	合同总价	
7	合同授予时间	
8	完工时间	
9	合同工期	
10	其他要求＝(如施工经验、技术措施、安全措施等)	

注:1. 类似现场条件下的施工经验,要求申请人填写已完或在建类似工程施工经验;
　　2. 每个类似工程合同须单独列表,并附中标通知书或合同协议书或工程竣工验收证明,无相关证明的工程在评审时将不予确认。

8. 公司人员及拟派往本招标工程项目的人员情况(表 8-10)

公司人员及拟派往本招标工程项目的人员情况 表 8-10

投标申请人或联合体成员名称_____

1. 公 司 人 员				
数　量　　人员类别	管理人员	工　人		其　他
		总　数	其中技术工人	
总　数				
拟为本工程提供人员总数				

2. 拟派往本招标工程项目的管理人员和技术人员			
经　历	从事本专业工作时间		
人员类别　　数　量	10 年以上	5~10 年	5 年以下
管理人员(如下所列)			
项目经理			
……			
技术人员(如下所列)			
质检人员			
道路人员			
安全人员			
试验人员			
机械人员			
…………			

注:表内列举的管理人员、技术人员可随项目类型的不同而变化。

9. 拟派往本招标工程项目负责人与主要技术人员(表8-11)

拟派往本招标工程项目负责人与主要技术人员　　　　　　　　　　表8-11

投标申请人或联合体成员名称_____

1	职位名称	
	主要候选人姓名	
	替补候选人姓名	
2	职位名称	
	主要候选人姓名	
	替补候选人姓名	
3	职位名称	
	主要候选人姓名	
	替补候选人姓名	
4	职位名称	
	主要候选人姓名	
	替补候选人姓名	

注:1. 拟派往本工程的主要技术人员应包括项目技术负责人,相关专业工程师,预算、合同管理人员,质量、安全管理人员,计划统计人员等;
　　2. 对拟派往本工程的项目负责人与主要技术人员,投标申请人应提供至少_____个能满足规定要求的候选人。

10. 拟派往本招标工程项目负责人与项目技术负责人简历(表8-12)

拟派往本招标工程项目负责人与项目技术负责人简历　　　　　　　表8-12

投标申请人或联合体成员名称_____

职　　　　称		候选人 □主要　　□替补	
候选人资料		候选人姓名	出生年月 　年　月
		执业或职业资格	
		学历	职称
		职务	工作年限
自	至	公司/项目/职务/有关技术及管理经验	
年　　月	年　　月		
年　　月	年　　月		
年　　月	年　　月		
年　　月	年　　月		

注:1. 提供主要候选人的专业经验,特别须注明其在技术及管理方面与本工程相类似的特殊经验;
　　2. 投标申请人须提供拟派往本招标工程的项目负责人与项目负责的候选人的技术职称或等级证书复印件。

11. 拟用于本招标工程项目的主要施工设备情况(表8-13)

12. 现场组织机构情况(表8-14)

13. 拟分包企业情况(表8-15)

14. 其他资料(表8-16)

拟用于本招标工程项目的主要施工设备情况　　　　　　　　　　表 8-13

投标申请人或联合体成员名称_____

设　　备　　名　　称		
设备资料	1. 制造商名称	2. 型号及额定功率
	3. 生产能力	4. 制造年代
目前状况	5. 目前位置	
	6. 目前及未来工程拟参与情况详述	
来　　源	7. 注明设备来源 □自有　□购买　□租赁　□专门生产	
所　有　者	8. 所有者名称	
	9. 所有者地址	
	电话：	联系人及职务：
	传真：	电传：
协　　议	特为本项目所签的购买/租赁/制造协议详述	

注:1. 投标申请人应就其提供的每一项设备分别单独具表,且应就关键设备出具所有权证明或租赁协议或购买协议,没有上述证明材料的设备在评审时将不予考虑。
　 2. 若设备为投标申请人或联合体成员自有,则无需填写所有者、协议二栏。

现场组织机构情况　　　　　　　　　　表 8-14

A. 现场组织机构框图
B. 现场组织机构框图文字详述
C. 总部与现场管理部门之间的关系

拟分包企业情况　　　　　　　　　　表 8-15

(工程项目名称)_____

名　　称				
地　　址				
拟分包工程				
分包理由				
近三年已完成的类似工程				
工　程　名　称	地　　点	总　包　单　位	分　包　范　围	履　约　情　况

注:每个拟分包企业应分别填写本表。

其　他　资　料　　　　　　　　　　表 8-16

1. 近三年的已完和目前在建工程合同履行过程中,投标申请人所介入的诉讼或仲裁情况。请分别说明事件年限、发包方名称、诉讼原因、纠纷事件、纠纷所涉及金额,以及最终裁判是否有利于投标申请人。
2. 近三年中所有发包方对投标申请人所施工的类似工程的评价意见。
3. 与资格预审申请书评审有关的其他资料。投标申请人不应在其资格预审申请书中附有宣传性材料,这些材料在资格评审时将不予考虑。

(三)投标申请人资格预审合格通知书(表 8-17)

致:(预审合格的投标申请人名称)

　　鉴于你方参加了我方组织的招标工程项目编号为_____的_____(招标工程名称)_____工程施工投标资格预审,经我方审定,资格预审合格。现通知你方作为资格预审合格的投标人就上述工程施工进行密封投标,并将其他有关事宜告知如下:

　　1.凭本通知书于_____年_____月_____日至_____年_____月_____日,每天上午_____时_____分至_____时_____分,下午_____时_____分至_____时_____分(公休日、节假日除外)到____(地点和单位名称)购买招标文件,招标文件每套售价为____(币种,金额,单位),无论是否中标,该费用不予退还。另需交纳图纸押金____(币种,金额,单位)当投标人退回图纸时,该押金将同时退还给投标人(不计利息)。上述资料如需邮寄,可以书面形式通知招标人,并另加邮费每套____(币种,金额,单位)招标人在收到邮购款_____日内,以快递方式向投标人寄送上述资料。

　　2.收到本通知书后_____日内,请以书面形式予以确认。如果你方不准备参加本次投标,请于_____年_____月_____日前通知我方。

　　招　标　人:_____(盖章)
　　办公地址:_____
　　邮政编码:_____　联系电话:_____
　　传　　真:_____　联系人:_____

　　招标代理机构:_____
　　办 公 地 址:_____
　　邮政编码:_____　联系电话:_____
　　传　　真:_____　联系人:_____
　　日　　期:_____年_____月_____日

第五节　施工招标文件的编制

一、施工招标文件的组成及编制原则

(一)施工招标文件的组成

我国近年来在工程招标中逐步走向规范化,在招标文件编制中,有的部委提供了指导性的招标文件范本,为规范招标工作起到了积极作用。建设部在 1996 年 12 月发布了《工程建设施工招标文件范本》,2003 年 1 月 1 日《房屋建筑和市政基础设施工程施工招标文件范本》正式实施。工程施工招标文件规定了选择承包商的方法和原则,根据招标文件完成的投标文件将成为施工承包合同条件的有机组成部分。为了使招标规范、公正、公开、公平,使工程施工管理顺利进行,招标文件必须表明:业主选择承包商的原则和程序、如何投标、建设背景和环境、项目技术经济特点、业主对项目在进度、质量等要求、工程管理方式等。归纳起来包括商务、技术、经济、合同等方面。在招标中,业主的主要目的是选择满意的承包商,在选择承包商的程序上,是通过资格预审和评标两阶段完成。因此,招标文件范本包括五大部分:招标公告、投标邀请书、投标申请人资格预审文件、招标文件、中标通知书。一般土木工程施工招标文件由以下十章组成:第一章 投标须知前附表及投标须知;第二章 合同条款;第三章 合同文件格式;第四章 工程建设标准;第五章 图纸;第六章 工程量清单;第七章 部分投标函件格式;第八章 投标文件商务部分格式;第九章 投标文件技术部分格式;第十章 资格审查申请书格式。

(二)施工招标文件编制原则

招标文件的编制必须系统、完整、准确、明了,即目标明确,使投标人一目了然。编制招标文件的原则是:

1.业主、招标代理机构及建设项目应具备的招标条件我国对公开招标的建设单位、招标中介机构拟招标的工程项目有严格规定和明确要求。这些规定和要求在其他章节中已阐述。

2．必须遵守国家的法律、法规及贷款组织的要求

招标文件是中标者签订合同的基础,也是进行施工进度控制、质量控制、成本控制及合同管理等的基本依据。按合同法规定,凡违反法律、法规和国家有关规定的合同属无效合同。因此,招标文件必须遵守合同法、招标投标法等有关法律法规。如果建设项目是贷款项目,必须按该组织的各种规定和审批程序来编制招标文件。

3．公正处理业主和承包商的关系,保护双方的利益

在招标文件中过多将业主风险转移给承包商一方,势必使承包商风险费加大,提高投标报价,最终是业主方反而增加支出。

4．详尽地反映项目的客观和真实情况

只有客观的招标文件才能使投标人的投标建立在可靠的基础上,减少签约和履约过程中的争议。

5．招标文件的内容要力求统一,避免文件之间的矛盾

招标文件涉及投标人须知、合同条件、技术规范、工程量清单等多项内容。当项目规模大、技术构成复杂、合同段较多时,编制招标文件应重视内容的统一性。如果各部分之间矛盾多,就会给投标工作和履行合同的过程带来争端,影响工程施工,造成经济损失。

6．招标文件的用词应准确、简洁、明了

招标文件是投标文件的编制依据,投标文件是工程承包合同的组成部分,客观上要求在编写中必须使用规范用语、本专业术语,做到用词准确、简洁和明了,避免歧义。

7．尽量采用行业招标范本格式或其他贷款组织要求的范本格式编制招标文件。

二、施工招标文件的编制

(一)投标须知前附表及投标须知

1．投标须知前附表

投标须知中首先应列出前附表,将项目招标主要内容列在表中,便于投标人了解招标基本情况。见表8-18。

2．投标须知

投标须知是指导投标人进行报价的依据,规定编制投标文件和投标的一般要求,招标文件范本关于投标须知内容规定有七个部分:①总则;②招标文件;③投标文件的编制;④投标文件的提交;⑤开标;⑥评标;⑦合同的授予。

(1)总则

1)工程说明:见表8-18第1～5项。

2)招标范围及工期:见表8-18第6、7项。

3)资金来源:见表8-18第8项。

4)合格的投标人:见表8-18第9、10项。

5)踏勘现场:见表8-18第14项。

6)投标费用:由投标人承担。

(2)招标文件

招标文件组成,共十章(略)。

1)招标文件澄清:投标人提出的疑问和招标人自行的澄清,应规定什么时间以书面形式说明,并向各投标人发送。投标人收到后以书面形式确认。澄清是招标文件的组成部分;

2)招标文件的修改:指招标人对招标文件的修改。修改的内容应以书面形式发送至每一投标人;修改的内容为招标文件的组成部分;修改的时间应在招标文件中明确。

投 标 须 知 表 8-18

项 号	条款号	内 容	说 明 与 要 求
1	1.1	工程名称	
2	1.1	建设地点	
3	1.1	建设规模	
4	1.1	承包方式	
5	1.1	质量标准	
6	2.1	招标范围	
7	2.2	工期要求	_____年_____月_____日计划开工,_____年_____月_____日计划竣工,施工总工期;_____日历天
8	3.1	资金来源	
9	4.1	投标人资质等级要求	
10	4.2	资格审查方式	
11	13.1	工程报价方式	
12	15.1	投标有效期	为:_____日历天(从投标载止之日算起)
13	16.1	投标人担保	不少于投标总价的_____%或_____(币种、金额、单位)
14	5.1	踏勘现场	集合时间:_____年_____月_____日_____时_____分 集合地点:_____
15	17.1	投标人的替代方案	
16	18.1	投标文件份数	一份正本,_____份副本
17	21.1	投标文件提交地点及载止时间	收件人:_____ 时 间:_____年_____月_____日_____时_____分
18	25.1	开 标	开始时间:_____年_____月_____日_____时_____分 地 点:_____
19	33.4	评标方法及标准	
20	38.3	履约担保金额	投标人提供的履约担保金额为(合同价款的_____%或_____(币种、金额、单位) 投标人提供的支付担保金额为(合同价款的_____%或_____(币种、金额、单位)

注:招标人根据需要填写"说明与要求"的具体内容,对相应的栏竖向可根据需要扩展。

(3)对投标文件的编制要求

1)投标文件的语言及度量衡单位。招标文件应规定投标文件适用何种语言;国内项目投标文件使用中华人民共和国法定的计量单位。

2)投标文件的组成说明:投标文件由投标函、商务和技术三部分组成。采用资格后审还包括资格审查文件。

投标资信文件(也称投标函部分)主要包括:法定代表人身份证明书,投标文件签署授权

163

委托书,投标函,投标函附录,投标担保银行保函,投标担保书以及其他投标资料。

商务部分分两种情况:采用综合单价形式的,包括:投标报价说明,投标报价汇总表,主要材料清单报价表,设备清单报价表,工程量清单报价表,措施项目报价表,其他项目报价表,工程量清单项目价格计算表,投标报价需要的其他资料;采用工料单价形式的,包括:投标报价的要求,投标报价汇总表,主要材料清单报价表,设备清单报价表,分部工程工料价格计算表,分部工程费用计算表,投标报价需要的其他资料。即①投标文件格式;②投标报价,见表8-18第11项规定;③投标报价货币。应规定何种货币种类;④投标有效期,见表8-18第12项规定。

技术部分主要包括下列内容:①施工组织设计或施工方案(含各分部分项工程的主要施工方法,主要施工机械设备及进场计划,劳动力安排计划,确保工程质量的技术组织措施,确保安全生产的技术组织措施,确保文明施工的技术组织措施,确保工期的技术组织措施,施工总平面图等);②项目管理机构配备(含项目管理机构配备情况表,项目经理简历表,项目技术负责人简历表,拟分包项目名称和分包人情况等)。资格预审更新资料或资格审查申请书(资格后审时)。

3)投标担保。投标人提交投标文件的同时,按照表8-18第13项规定提交投标担保。国内投标担保的形式有银行保函和投标保证金两种。银行保函指由在中国境内注册并经招标人认可的银行出具,其格式由担保银行提供。其有效期应不超过招标文件规定的投标有效期。七部委《工程建设项目施工招标投标办法》规定:投标保证金有银行汇票、支票和现金及在中国注册的银行出具的银行保函。一般项目施工投标保证金一般不得超过投标总价的2%,但最高不得超过80万元人民币。《房屋建筑和基础设施工程施工招标投标管理办法》规定:房屋建筑和基础设施工程施工投标保证金一般不得超过投标总价的2%,最高不得超过50万元。投标保证金是投标文件的一个组成部分。未中标的投标单位的投标保证金,招标单位退还时间最迟不得超过投标有效期期满后的14天。

4)投标人的备选方案。如果表8-18第15项中允许投标人提交备选方案时,投标人除提交正式投标文件外,还可提交备选方案。备选方案应包括设计计算书、技术规范、单价分析表、替代方案报价书、所建议的施工方案等资料。

5)投标文件的份数和签署。见表8-18第16项所列。

(4)投标文件的提交

包括:①投标文件的装订、密封和标记;②投标文件的提交,见表8-18第17项规定;③投标文件提交的截止时间,见表8-18第17项规定;④迟交的投标文件,将被拒绝投标并退回给投标人;⑤投标文件的补充、修改与撤回;⑥资格预审申请书材料的更新。

(5)开标

包括:①开标。见表8-18第18项规定,并邀请所有投标人参加。②投标文件的有效性。

(6)评标

包括:①评标委员会与评标;②评标过程的保密;③资格后审;④投标文件的澄清;⑤投标文件的初步评审;⑥投标文件计算错误的修正;⑦投标文件的评审、比较和否决。

(7)合同的授予

包括:①合同授予标准。招标人不承诺将合同授予投标报价最低的投标人。招标人发出中标通知书前,有权依评标委员会的评标报告拒绝不合格的投标。②中标通知书。中标人确定后,招标人将于15日内向工程所在地的县级以上地方人民政府建设行政主管部门提交施工招标情况的书面报告;建设行政主管部门收到该报告之日起5日内,未通知招标人在招标投标活动中有违法行为的,招标人向中标人发出中标通知书。同时通知所有未中标人;招标人与中标人订立合同后 5 日内向其他投标人退还投标保证金。③合同协议书的订立。中标通知书发出之日 30 日内,根据招标文件和中标人的投标文件订立合同。④履约担保。见表 8-18 第 20 项。

（二）合同条款

建设部、国家工商行政管理局 1999 年 12 月 24 日印发的《建设工程施工合同(示范文本)》是施工招投标使用的标准条款。

（三）合同文件格式

合同文件格式有:合同协议书,房屋建设工程质量保修书,承包方银行履约保函或承包方履约担保书、承包方履约保证金,承包方预付款银行保函,发包方支付担保银行保函或发包方支付担保书等。

（四）工程建设标准

（五）图纸

（六）工程量清单

1. 工程量清单说明

工程量清单系按分部分项工程提供,依据有关工程量计算规划编制的。工程量清单中的"工程量"是招标人的估算值。投标人标价并中标后,该工程量清单则是合同文件的重要组成部分,排列在合同文件的第八位,比预算书的解释顺序优先。

2. 工程量清单表(表 8-19)

工程量清单

表 8-19

 (工程项目名称) 工程

序　号	编　号	项　目　名　称	计量单位	工　程　量
1	2	3	4	5
一		(分部工程名称)		
1		(分部工程名称)		
2				
……				
二				
1				
2				
……				
三				

招标人:＿＿＿＿＿＿＿ 盖章

法定代表人或委托代理人:＿＿＿签字盖章＿＿＿　日期:＿＿＿年＿＿＿月＿＿＿日

（七）投标文件的部分投标函件格式

招标人提供的主要投标函件包括:①法定代表人身份证明书(表 8-20);②投标文件签署授权委托书(表 8-21);③投标函(表 8-22);④投标函附录(表 8-23);⑤投标担保银行保函格式(由担保银行签字盖章);⑥投标担保书(表 8-24)。

法定代表人身份证明书　　　　　　　　　　　　　　**表 8-20**

单位名称:_____

单位性质:_____

地　　址:_____

成立时间:_____

姓名:_____性别:_____年龄:_____职务:_____

系_____(投标人单位名称)_____的法定代表人。

特此证明。

投标人:_____(盖章)

日　期:　　年　　月　　日

投标文件签署授权委托书　　　　　　　　　　　　　　**表 8-21**

本授权委托书声明:我_____(姓名)_____系_____(投标人名称)_____的法定代表人,现授权委托(单位名称)的_____(姓名)_____为我公司签署本工程的投标文件的法定代表人授权委托代理人,我承认代理人全权代表我所签署的本工程的投标文件的内容。

特此委托。

代理人:_____(签字)_____性别:_____年龄_____

身份证号码:_____职务:_____

投标人:_____(盖章)

法定代表人:_____(签字或盖章)

授权委托日期:_____年_____月_____日

投　标　函　　　　　　　　　　　　　　**表 8-22**

致:_____(招标人名称)

1. 根据你方招标工程项目编号为_____的_____工程招标文件,遵照《中华人民共和国招标投标法》等有关规定,经踏勘项目现场和研究上述招标文件的投标须知、合同条款、图纸、工程建设标准和工程量清单及其他有关文件后,我方愿以(币种,金额,单位)(小写)的投标报价并按上述图纸、合同条款、工程建设标准和工程量清单的条件要求承包上述工程的施工、竣工,并承担任何质量缺陷保修责任。

2. 我方已详细审核全部招标文件,包括修改文件(如有时)及有关附件。

3. 我方承认投标函附录是我方投标函的组成部分。

4. 一旦我方中标,我方保证按合同协议书中规定的工期_____日历天完成并移交全部工程。

5. 如果我方中标,我方将按照规定提交上述总价_____%的银行保函或上述总价_____%的由具有担保资格和能力的担保机构出具的履约担保书作为履约担保。

6. 我方同意所提交的投标文件在"投标申请人投标须知"第15条规定的投标有效期内有效,在此期间内如果中标,我方将接受此约束。

7. 除非另外达成协议并生效,你方的中标通知书和本投标文件将成为约束双方的合同文件的组成部分。

8. 我方将与本投标函一起,提交(币种,金额,单位)作为投标担保。

投标人:_____(盖章)

单位地址:_____

法定代表人或其委托代理人:_____(签字或盖章)

邮政编码:_____电话:_____传真:_____

开户银行名称:_____

开户银行账号:_____

开户银行地址:_____

开户银行电话:_____

日　　期:_____年_____月_____日

序 号	项 目 内 容	合同条款号	约 定 内 容	备 注
1	履约保证金 银行保函金额 履约担保金额		合同价款的( )% 合同价款的( )%	
2	施工准备时间		签订合同后( )天	
3	误期违约金额		( )元/天	
4	误期赔偿费限额		合同价款( ) %	
5	提前工期奖		( )元/天	
6	施工总工期		( )日历天	
7	质量标准			
8	工程质量违约金最高限额		( )元	
9	预付款金额		合同价款的( )%	
10	预付款保函金额		合同价款的( )%	
11	进度款付款时间		签发月付款凭证后( )天	
12	竣工结算款付款时间		签发竣工结算付款凭证后( )天	
13	保修期		依据保修书约定的期限	

投标担保书　　　　　　　　　　　　　　　表 8-24

致：　　(招标人名称)

根据本担保书,(投标人名称)作为委托人(以下简称"投标人")和(担保机构名称)作为担保人(以下简称"担保人")共同向(招标人名称)(以下简称"招标人")承担支付(币种,金额,单位) (小写)的责任,投标人和担保人均受本担保书的约束。

鉴于投标人于_____年_____月_____日参加招标人的(招标工程项目名称)的投标,本担保人愿为投标人提供投标担保。

本担保书的条件是:如果投标人在投标有效期内收到你方的中标通知书后:

1．不能或拒绝按投标须知的要求签署合同协议书;

2．不能或拒绝按投标须知的规定提交履约保证金。只要你方指明产生上述任何一种情况的条件时,则本担保人在接到你方以书面形式的要求后,即向你方支付上述全部款额,无需你方提出充分证据证明其要求。

本担保人不承担支付下述金额的责任:

1．大于本担保书规定的金额;

2．大于投标人投标价与招标人中标价之间的差额的金额。

担保人在此确认,本担保书责任在投标有效期或延长的投标有效期满后 28 天内有效,若延长投标有效期无须通知本担保人,但任何索款要求应在上述投标有效期内送达本担保人。

担　保　人：_____(盖章)

法定代表人或委托代理人：_____(签字或盖章)

地　　　址：_____

邮 政 编 码：_____

日　　　期：_____年_____月_____日

(八)投标文件商务部分格式

采用综合单价形式的投标文件商务部分格式有:

①投标报价说明。综合单价和合价均包括:人工费、材料费、机械费、管理费、利润、税金以及采用固定价格的工程所测算的风险费等全部费用;②投标报价汇总表(表 8-25);③主

要材料清单报价表(表 8-26);④设备清单报价表(表 8-27);⑤工程量清单报价表(表 8-28);⑥措施项目报价表(表 8-29);⑦其他项目报价表(表 8-30);⑧工程量清单项目价格计算表(表 8-31)。

投标报价汇总表　　　　　　　　　　　　　　　表 8-25

__(工程项目名称)__ 工程

序　号	表　号	工 程 项 目 名 称	合计(单位)	备　注
一		土建工程分部工程量清单项目		
1				
2				
3				
4				
二		安装工程分部工程量清单项目		
1				
2				
3				
4				
三		措施项目		
四		其他项目		
五		设备费用		
六		总　计		

投标总报价 ____(币种,金额,单位)

投标人:　　　　　　　　　　　　　(盖章)
法定代表人或委托代理人:　　　　　(签字或盖章)

　　　　　　　　　　　　　　　　日期:　年　月　日

主要材料清单报价表　　　　　　　　　　　　　表 8-26

__(工程项目名称)__ 工程　　　　　　　　共_____页第_____页

序　号	材料名称及规格	计量单位	数　量	报价(单位)		备　注
				单　价	合　价	
1	2	3	4	5	6	7

设备清单报价表

表 8-27

___(工程项目名称) 工程　　　　　　　　　　　　　　　共_____页第_____页

序号	设备名称	规格型号	单位	数量	单价(单位)				合价(单位)				备注
					出厂价	运杂费	税金	单价	出厂价	运杂费	税金	合价	
1	2	3	4	5	6	7	8	9	10	11	12	13	14

小计：_(币种,金额,单位)_(其中设备出厂价)_____;运杂费_____;税金_____

设备报价(含运杂费,税金)合计_(币种,金额,单位)_

投标人：　　　　　　　　　　　　　　　(盖章)

法定代表人或委托代理人：　　　　(签字或盖章)

日期：年 月 日

工程量清单报价表

表 8-28

___(分部)_____工程　　　　　　　　　　　共_____页第_____页

序　号	编　　号	项目名称	计量单位	工程量	综合单价(单位)	合价(单位)	备　注
1	2	3	4	5	6	7	8

合计：____(币种,金额,单位)_

投标人：　　　　　　　　　　　　　　　(盖章)

法定代表人或委托代理人：　　　　(签字或盖章)

日期：年 月 日

措施项目报价表

表 8-29

_____工程　　　　　　　　　　　第_____页共_____页

序　号		项　目　名　称	金　额
1			
2			
3			
4			
5			
6			
......			

合计：____(币种,金额,单位)_

投标人：　　　　　　　　　　　　　　　(盖章)

法定代表人或委托代理人：　　　　(签字或盖章)

日期：年 月 日

其他项目报价表　　　　　　　　　　　　　　　　　　　　表 8-30

_____工程　　　　　　　　　　　　　　　　第_____页共_____页

序　　　号	项　目　名　称	金　　　额
1		
2		
3		
4		
5		
6		
……		

合计：(币种,金额,单位)

投标人：　　　　　　　　　　　　　　　　(盖章)
法定代表人或委托代理人：　　　　　(签字或盖章)

日期：年 月 日

工程量清单项目价格计算表　　　　　　　　　　　　表 8-31

_____分项_____工程　　　　　　　　　第_____页共_____页

序号	编号	项目名称	计量	工程量	工 料 单 价				工 料 合 价				费 用			合价	单价	备注
					单价	其　中			合价	其　中			费	利润	税金			
						人工费	材料费	机械费		人工费	材料费	机械费						
1	2	3	4	5	6	7	8	9	10	11	12	13	14	15	16	17	18	19
1	(清单项目编号)																	
2	(清单项目编号)																	

合价合计：_____元

投标人：　　　　　　　　　　　　　　　　(盖章)
法定代表人或委托代理人：　　　　　(签字或盖章)

日期：年 月 日

(九)投标文件技术部分格式

1. 施工组织设计

其格式有:①拟投入的主要施工机械设备表;②劳动力计划表;③计划开、竣工日期和施工进度网络图;④施工总平面图;⑤临时用地图表。

2.项目管理机构配备情况

包括:①项目管理机构配备情况表;②项目经理简历表;③项目主要技术负责人简历表;④项目管理机构配备情况的辅助说明资料;⑤拟分包项目情况图表。

(十)资格审查申请书格式

资格审查申请书格式组成:①投标人一般情况;②近三年类似工程营业额数据表;③近三年已完工程及目前在建工程一览表;④财务状况表;⑤联合体情况;⑥类似工程经验;⑦现场条件类似工程的施工经验;⑧其他。

第六节　答辩中标与谈判签约

一、组织投标人答辩

(一)业主询标澄清

业主在委托评标委员会进行评标时,有时要组织投标人对各自的投标文件进行答辩,对投标文件澄清、说明或补正;评标委员会可以要求投标人对投标文件中含意不明确的内容作必要的澄清或者说明,但是澄清或者说明不得超出投标文件的范围或者改变投标文件的实质性内容。对招标文件的相关内容澄清和说明的目的是有利于评标委员会对投标文件的审查、评审和比较。澄清和说明包括投标文件中含义不明确、对同类问题表述不一致或者有明显文字和计算错误的内容;补正是对投标文件中的大写金额和小写金额不一致的以大写金额为准;总价金额与单价金额不一致的,以单价金额为准,但单价金额小数点有明显错误的除外;对不同文字文本投标文件的解释发生异议的,以中文文本为准。

(二)双信封评标

采用双信封评标法,这是一种广泛使用的评标方法。所谓双信封,指在投标时,投标人根据投标须知规定,将投标报价和工程量清单报价表单独密封在报价信封中,其他商务和技术文件密封在另外一个信封中,在开标前同时提交给招标人的一种封装投标文件的方式。利用双信封,将投标人的投标文件从内容到形式上划分为技术标(含商务部分)与经济标(投标报价),可分别独立进行技术与商务评标和投标报价评标。在一般土建工程评标中,较多采用双信封评标。在公路工程中,对于独立特大型桥梁、长大隧道等技术难度较大的公路工程,招标人可选择双信封评标法进行评标。对一般土建工程,双信封法的招标评标程序是:①招标人首先打开商务和技术文件信封,但报价信封交监督机关或公证机关密封保存;②评标委员会对商务和技术文件进行初步评审和详细评审,对通过初步评审和详细评审的投标文件的技术部分进行打分,打分后密封;③开启投标报价信封。按照评标细则,进行客观计算(即按细则规定,直接利用计算公式计算),当众确定投标报价得分;④汇总(分值)。将技术标得分与经济标得分相加,得到投标人最后得分。根据得分高低,确定排名,一般当众确定中标单位。

初步评审及评标准备工作包括:编制表格,研究招标文件;投标文件的排序;投标文件的澄清、说明或补正;废标的处理;投标偏差的认定。

详细评审包括:确定评标方法;备选方案的确定;推荐中标候选人;评标委员会推荐的中标候选人应当限定在 1～3 人,标明排列顺序。中标人的投标应当符合下列条件之一:能够最大限度满足招标文件中规定的各项综合评价标准;能够满足招标文件的实质性要求,并且经评审的投标价格最低,但是投标价格低于成本的除外。

(三)中标

首先确定中标的时间,评标委员会提出书面评标报告后,招标人一般应当在 15 日内确定中标人,但最迟应当在投标有效期结束日前 30 个工作日内确定;发出中标通知书(表 8-32,招标人和中标人应当自中标通知书发出之日起 30 日内,按照招标文件和中标人的投标文件订立书面合同。中标人应按照招标人要求提供履约保证金或其他形式履约担保,招标人也应当同时向中标人提供工程款支付担保。招标人与中标人签订合同后 5 个工作日内,应当向中标人和未中标的投标人退还投标保证金。

中 标 通 知 书   表 8-32

(中标人名称):

(招标人名称)的(工程项目名称),于　　年　　月　　日公开开标后,已完成评标工作和向建设行政主管部门提交该施工招标投标情况的书面报告工作,现确定你单位为中标人,中标标价为(币种,金额,单位),中标工期自　　年　　月　　日开工,　　年　　月　　日竣工,总工期为　　日历天,工程质量要求符合(《工程施工质量验收规范》)标准。项目经理——。

你单位收到中标通知书后,须在　　年　　月　　日　　时　　分前到(地点)与招标人签订合同。

招标人: (盖章)

法定代表人或其委托代理人: (签字或盖章)

招标代理机构: (盖章)

法定代表人或其委托代理人: (签字或盖章)

日　期   年　月　日

依法必须进行施工招标的项目,招标人应当自发出中标通知书之日起 15 日内,向有关行政监督部门提交招标投标情况的书面报告。书面报告应包括下列内容:招标范围;招标方式和发布招标公告的媒介;招标文件中投标人须知、技术条款、评标标准和方法、合同主要条款等内容;评标委员会的组成和评标报告;中标结果。

二、合同谈判的主要内容

(一)工程内容和范围的确认

合同的"标的"是合同最基本的要素,建设工程合同的标的量化就是工程承包内容和范围。对于在谈判讨论中经双方确认的内容及范围方面的修改或调整,应和其他所有在谈判中双方达成一致的内容一样,以文字方式确定下来,并以"合同补遗"或"会议纪要"方式作为合同附件,它构成合同的一部分。对于为甲方和监理工程师提供的建筑物、家具、车辆以及各项服务,也应逐项详细地予以明确。对于一般的单价合同,如发包人在原招标文件中未明确工程量变更的限度,则谈判时应要求与发包人共同确定一个"增减量幅度",当超过该幅度时,承包人有权要求对工程单价进行调整。

(二)技术要求、规范和施工技术方案的细化

(三)合同价格条款的协商

合同依据计价方式的不同主要有固定总价合同、固定单价合同和可调价格合同,在谈判中根据工程项目的特点加以确定。

(四)价格调整条款

建设工程工期较长,受货币贬值或通货膨胀等因素的影响,承包人存在极大的价格风险。价格调整条款能公正地解决承包人不可控制的风险损失。可以说,价格调整和合同单价(对"单价合同")及合同总价共同确定了工程承包合同的实际价格,直接影响着承包人的经济利益。在建设工程实践中,价格向上调整的机会远远大于价格下调,有时最终价格调整金额会高达合同总价的 10％甚至 15％以上,公共项目甚至高达 30％。因此承包人在投标过程中,尤其是在合同谈判阶段务必对合同的价格调整条款予以充分的重视。业主要根据自身需求选择合同价格形式。

(五)合同款支付方式的谈判

工程合同的付款分四个阶段进行,即预付款、工程进度款、最终付款和退还保留金。

(六)工期和维修期

承包人应根据投标文件填报的工期,同时考虑工程量的变动产生的影响,最后与发包人确定工期。开工日期应根据承包人的项目准备情况、季节和施工环境因素等洽商适当的时间。对于单项工程较多的项目,应当争取(如原投标书中未明确规定时)在合同中明确允许分部位或分批提交发包人验收(例如成批的房建工程应允许分栋验收);分多段的公路维修工程应允许分段验收;分多片的大型灌溉工程应允许分片验收等),并从该批验收时起开始算该部分的维修期,应规定发包人接收前,发包人不得随意使用,以最大限度保障自己的利益。

承包人应通过谈判(如原投标书中未明确规定时)使发包人接受并在合同文本明确承包人保留由于工程变更(发包人在工程实施中增减工程或改变设计)、恶劣的气候影响,以及种种"作为一个有经验的承包人也无法预料的工程施工过程中条件(如地质条件、超标准的洪水等)的变化"等原因对工期产生不利影响时要求合理地延长工期的权利。

合同文本中应当对保修工程的范围和保修责任及保修期的开始和结束时间有明确的说明,承包人应该只承担由于材料和施工方法及操作工艺等不符合合同规定而产生的缺陷。如承包人认为发包人提供的投标文件(事实上将构成为合同文件)中对它们说明得不满意时,应该与发包人谈判清楚,并落实在"合同补遗"上。承包人应力争以维修保函来代替发包人扣留的保留金,维修保函对承包人有利,主要是因为可提前取回被扣留的现金,而且保函是有时效的,期满将自动作废。同时,它对发包人并无风险,真正发生维修费用,发包人可凭保函向银行索回款项。因此,这一做法是比较公平的。维修期满后应及时从发包人处撤回保函。

(七)关于完善合同条件的问题

主要包括:关于合同图纸;关于合同的某些措辞;关于违约罚金和工期提前奖金;工程量验收以及衔接工序和隐蔽工程施工的验收程序;关于施工占地;关于开工和工期;关于向承包人移交施工现场和基础资料;关于工程交付;预付款保函的自动减额条款。

三、建设工程施工合同文本的签订

(一)施工合同文件内容

建设工程施工合同文件构成共分九部分。同时包括双方代表共同签署的合同补遗(如合同谈判会议纪要等);中标人投标时所递交的主要技术和商务文件(包括原投标书的图纸,承包人提交的技术建议书和投标文件的附图);其他双方认为应该作为合同的一部分文件,如投标阶段发包人发出的变动和补遗,发包人要求投标人澄清问题的函件和承包人所做的文字答复,双方往来函件,以及投标时的降价确认书等。对所有在招标投标及谈判前后各方发出的文件、文字说明、解释性资料进行清理。对凡是与上述合同构成相矛盾的文件,应宣布作废。可以在双方签署的合同补遗中,对此做出排除性质的声明。

(二)关于合同协议的补遗

在合同谈判阶段双方谈判的结果一般以合同补遗的形式,有时也可以以合同谈判纪要形式,形成书面文件。是合同文件中极为重要的组成部分,它最终确认合同签订人间的意志,所以它在合同解释中优先于其他文件。为此承包人和发包人都要重视,它一般是由发包人或其监理工程师起草。因合同补遗或合同谈判纪要会涉及合同的技术、经济、法律等所有方面,作为承包人主要是核实其是否忠实于合同谈判过程中双方达成的一致意见及其文字的准确性。对于经过谈判更改的招标文件中非实质性条款,应说明按照合同补遗某某条款执行。为了确保协议的合法性,应由律师核实,才可对外确认。

(三)签订合同

发包人或监理工程师在合同谈判结束后,应按上述合意,填写合同文本。当双方认为满意,核对无误后由双方代表草签,至此,合同谈判阶段即告结束。此时,承包人应及时准备和递交履约保函,准备正式签署承包合同。

思 考 题

1. 建设工程施工招投标机构如何确定?

2. 如何选择确定施工合同的类型?

3. 如何划分标段和确定招标形式?

4. 招标人怎样组织标前答疑?

5. 论述无标底招标在我国建设工程招投标市场的发展前景?

6. 整理建设工程施工招投标的预审文件?

7. 编写一份某工程项目的投标须知和前附表?

8. 什么是双信封评标?

9. 如何组织投标人开标后的答辩?

10. 招标人怎样与中标人进行签约前的谈判?

第九章 建设工程施工投标实务

本章介绍建设工程投标的操作实务、投标文件的编制、投标报价的确定方法等重要内容。

第一节 建设工程施工投标决策

投标人应当具备承担投标项目的能力及资格条件。投标是以响应项目的招标条件为前提的,是参与该项目投标竞争的一种经济行为。只有进行充分的准备工作,才可能做出成功决策。投标人是响应招标,参加投标竞争的法人或者其他组织。响应招标,是指投标人应当响应招标人在招标文件中提出的实质性要求和条件。我国《招标投标法》对投标人的要求与招标人相同,从宏观上看,自然人不能作为建设工程项目的投标人。这是由于我国的有关法律、法规对建设工程投标人的资格有特殊要求。在建设工程中,投标人一般应当是独立的法人,其非独立法人组织投标的主要是联合体投标。

一、查证信息

建筑工程施工投标中首先是获取投标信息,为使投标工作有良好的开端,投标人必须做好查证信息工作。多数公开招标项目属于政府投资或国家融资的工程,在报刊等媒体刊登招标公告或资格预审通告。但是,经验告诉我们,对于一些大型或复杂的项目招标公告后做投标准备工时间仓促,投标处于被动。因此,要提前注意信息、资料的积累整理;提前跟踪项目。获取投标项目信息的方向如下:

(一)根据我国国民经济建设的建设规划和投资方向,近期国家的财政、金融政策所确定的中央和地方重点建设项目和企业技术改造项目计划收集项目信息。

(二)了解计委立项的项目,可从投资主管部门、获取建设银行、金融机构的具体投资规划信息;

(三)跟踪大型企业的新建、扩建和改建项目计划;

(四)收集同行业其他投标人对工程建设项目的意向;

(五)注意有关项目的新闻报道;

二、调查研究

投标人要认真调查研究,通过对获取的项目投标信息分析、查证,对建设工程项目是否具备招标条件及项目业主的资信状况、偿付能力等进行必要的研究,确认信息的可靠性,分析项目是否适合本企业,以便正确地决策。业主进行投标调查研究,包括投标外环境调查和投标项目内环境调查研究等。

(一)投标外环境调查

投标外环境是指招标工程所在地的政治、经济、法律、社会、自然条件等因素的状况。投标环境直接关系着投标企业的投标报价策略及日后履行合同的盈亏,通过咨询单位、各种媒体、驻外代表机构等多种渠道全面地获取相关信息,深入地进行投标环境调查,客观、准确地

把握住投标环境,才能合理地制定投标报价,确保投标及履约的成功。投标环境调查一般从以下方面展开:

1. 政治环境调查

国际项目要调查所在地的政治、社会制度;政局状况,政局稳定程度,发生政变、内战、暴动等的风险概率;项目所在国与周边国家、地区及投标人所在国的关系。

国内工程主要分析地区经济政策的宽松度,稳定程度;当地政府的开明度,是否是经济开发区、特区等;当地对基本建设有何宏观政策;对建筑工程施工的优惠条件;税收政策等。

2. 经济环境调查

项目所在地经济发展情况;外汇储备情况及外汇支付能力(国际工程);科学技术发展水平;自然资源状况;交通、运输、通信等基础设施条件等。

3. 市场环境调查

投标人调查市场情况是一项非常艰巨的工作,其内容也非常多,主要包括:建筑材料、施工机械设备、燃料、动力、水和生活用品的供应情况、价格水平,还包括批发物价和零售物价指数的变化趋势和预测,劳务市场情况如工人技术、工资水平、劳动保护和福利待遇规定等,金融市场情况如银行贷款的难易程度及贷款利率等。工程承包市场状况及承包企业的经营水平;对材料设备的市场情况的了解包括原材料和设备的来源方式,购买的成本,来源国或厂家供货情况;材料、设备购买时的运输、税收、保险等方面的规定、手续、费用;施工设备的租赁、维修费用;使用投标人本地原材料、设备的可能性以及成本比较。

4. 法律环境调查

针对国际工程,要调查项目所在国的宪法;民法和民事诉讼法;移民法和外国人管理法。国内工程主要熟悉与工程项目承包相关的经济法、税法、合同法、工商企业法、劳动法、建设法、招标投标法、金融法、仲裁法、环境保护法、城市规划法等

5. 社会环境调查

项目所在地的社会治安;民俗民风与民族关系;宗教信仰;工会组织及活动等

6. 自然环境调查

工程所在地的气象,包括气温、湿度、主导风向和风力、年降水量等;地理位置以及地形和地貌;自然灾害如地震、洪水、台风等情况

(二)投标项目内环境调查

投标项目的内环境是指项目具体情况及特点,是决定投标报价的极其重要的微观因素,尽可能详尽而准确地把握投标工程的具体情况及特点,补全并掌握报价所需的各种资料,是投标准备工作中的重要环节。投标项目内环境调查要研究招标文件、考察踏勘工程现场等。具体涉及以下诸方面:

1. 工程项目调查

工程项目方面的情况包括工作性质、规模、发包范围;工程的技术规模和对材料性能及工人技术水平的要求;总工期及分批竣工交付使用的要求;施工场地的地形、地质、地下水位、交通运输、给排水、供电、通讯条件等情况;工程项目资金来源;对购买器材和雇佣工人有无限制条件;工程价款的支付方式、外汇所占比例;监理工程师的资历、职业道德和工作作风等。

2. 业主情况调查

包括业主的资信情况、履约态度、支付能力、有无拖欠工程款的劣迹、对实施项目的急迫

程度等。

3. 投标人内部调查

投标人对自己内部情况、资料也应当进行归纳整理。这类资料主要用于招标人要求的资格审查和本企业履行项目的可能性。

4. 竞争对手调查

掌握竞争对手的情况,是投标策略的一个重要环节,也是投标能否获胜的重要因素。投标人在制定投标策略时必须考虑竞争对手情况。

三、投标决策

投标人通过投标取得项目,是市场经济的必然。但是,每标必投很可能是无谓损失,投标人要想中标,从承包工程中赢利,就需要研究投标决策的问题。

建设工程投标决策的首要任务,是在获取招标信息后,对是否参加投标竞争进行分析、论证,并作出抉择,它是投标决策产生的前提。承包商通常要综合考虑各方面的情况,如承包商当前的经营状况和长远目标,参加投标的目的,影响中标机会的内容、外部因素等。投标决策时,首先要针对项目确定是投标或是不投标,投标的条件包括:承包招标项目的可能性与可行性,即是否有能力承包该项目,能否抽调出管理力量、技术力量参加项目实施,竞争对手是否有明显优势等;招标项目的可靠性,如项目审批是否已经完成、资金是否已经落实等;招标项目的承包条件是否适合本企业;影响中标机会的内部、外部因素等是否对投标有利。

(一)投标性质决策

建设工程投标存在着不同内容的风险。投标人对于风险的态度不同,所以投标的方案可能是保守型、冒险型、经营型,即通常所讲的选择保险标、风险标、赢利标,还是选择保本标。

(二)投标的经济效益决策

投标成本估价的客观准确合理程度,直接关系到施工企业的财务成本的客观补偿和盈利目标的实现,直接影响投标的成败。在确定近期利润率时,应考虑本企业的工程任务饱满程度、近期市场行情等因素。在具体确定某项工程的利润目标时,要预留风险损失费。若确定投标,应根据工程情况,确定投标策略。报什么价(高价、中价、低价),投标中如何采用以长制短、以优胜劣的技巧,投标决策的正确与否,关系到能否中标和中标后的效益;关系到施工企业的发展前景和职工的经济利益。因此,企业的决策班子必须充分认识到投标决策的重要意义。

四、选择投标代理人

代理制度,在市场经济下的工程承包中极为普遍,能否物色到有能力的、可靠的代理人协助投标人进行投标决策,在一定程度上关系着投标能否成功。可见,承包商根据工程的需要,选择合适的代理人是十分重要的。在国际工程承包投标中,代理人可以是个人,也可以是公司或集团。工程承包商在选择代理人时,必须注意这样两点:第一,所选的代理人一定要完全可靠,有较强的活动能力并在当地有较好的声誉及较高的权威性;第二,应与代理人签订代理协议,根据具体情况,在协议的条文中恰当地明确规定代理人的代理范围和双方的权利、义务。以利双方互相信任,默契配合,严守条约,保证投标各项工作顺利进行。

(一)投标代理人应具备的条件

有精深的业务知识和丰富的投标代理经验;有较高的信誉,代理人应诚信可靠,能尽力维护委托人的合法权益,忠实地为委托人服务;有较强的活动能力,信息灵通;有相当的权威性和影响力及一定的社会背景。

(二)代理协议

物色好代理人后,应及时签订代理协议,代理协议即代理合同,其内容必须包括:双方当事人的权利、责任、义务;代理的业务范围和活动地区;代理活动的有效期限;代理费用及其支付办法;关于特别酬金的规定;双方的违约责任。

委托方还应向代理人颁发委托书,委托书实质上是委托人的授权证书,可参考以下内容拟定:投标人须在其代理人的协助下参与资格预审,包括领取或购买资格预审文件,按要求完成并送交资格预审表;在业主评审投标资格中,要紧密配合投标人,积极进行活动,争取获得投标资格。

五、成立投标工作机构

投标人在确定对某一项目投标后,为确保在项目的投标竞争中获胜,应立即精心组建投标工作机构,投标工作机构的人员必须诚信、精干且经验丰富,总体上应具有工程、技术、商务、贸易、市场、价格、法律、合同、国际通用语言等方面的专业知识和技能,有娴熟的投标技巧和较强的应变能力。投标工作机构的主要任务一般分为三个部分:第一部分是决策。确定项目的投标报价策略,通常由总经济师或部门经理负责;第二部分是工程技术。主要是妥善地制定项目的施工方案和各种技术措施。一般由总工程师或主任工程师负责;第三部分是投标报价。根据投标工作机构确定的项目报价策略、项目施工方案和各种技术措施,按照招标文件的要求,合理地制定项目的投标报价。

总之,投标工作机构工作质量水平直接关系项目投标的成败和企业的盈亏,投标企业必须慎重组建投标工作机构。

六、寻求合作伙伴

为了能够顺利地投标承包,一般在下列情况下需要选择合作伙伴:一是招标项目要求"统包"。即要求承包商对项目的勘察设计和施工全面承包,从勘察设计一直到"交钥匙",这就使得一家公司难以胜任,必须寻找合作伙伴,组成"合伙"的形式投标承包;二是招标项目为世界银行贷款的项目。世界银行为鼓励借款国的承包商、制造商的发展,一般在评标时会给予人均收入低于一定水平的借款国(发展中国家)的承包商7.5%的报价优惠,为能有效提高报价的竞争力,可选择借款国当地公司为伙伴,联合报标;三是招标项目所在国将外国公司与本国公司联合作为授标的前提条件时,也须与当地公司联合投标。在选择合作伙伴时,必须就伙伴公司的资信、财务、技术、能力、经验等情况及伙伴公司在当地的地位与社会背景等方面进行深入细致地调查研究,挑选符合以下条件的公司作为合作伙伴:第一是符合招标工程所在国和招标文件对投标人资格条件的有关规定;第二是具备承担招标工程的相应能力及经验;第三是资信可靠,有较好的履约信誉和一定的权威性及影响力。

选定合作伙伴后,应签订好联合投标相关的合作协议,在协议中明确规定合作各方的权利、责任和义务。若中标,合作各方都应就中标项目向招标人承担连带责任。

七、办理注册手续

国际工程(境外)投标承包还须按招标工程所在国的规定办理注册手续,取得合法地位。国内施工企业跨境承包也应在当地建设主管部门办理注册手续。在向国际招标工程所在国政府主管部门申请注册时,外国承包商通常应提交以下各项文件:

(1)营业证书:我国对外承包工程公司的营业证书由国家或省、自治区、直辖市的工商行政管理部门签发。

（2）企业章程：包括企业的性质（个体、合伙或公司）、资本、业务范围、组织机构、总管理机构所在地等。

（3）承包商在世界各地的分支机构清单。

（4）企业主要成员（公司董事会）名单。

（5）申请注册的分支机构名称和地址。

（6）企业总管理机构负责人（总经理或董事长）签署的分支机构负责人的委任状，有时还需承包商本国政府出具的与招标工程所在国的互惠证明。

若据规定，待中标后再办理注册手续的外国承包商，申请注册时，除提交上述各项文件外，还应提交招标工程项目业主与申请注册企业签订的工程承包合同、协议或有关证明文件。

第二节　建设工程施工投标的实施步骤

一、研究招标文件

（一）研究招标文件的具体规定

招标文件各具体的规定往往集中在投标人须知与合同条件里。投标人须知是投标人进行工程项目投标的指南。此文件集中体现招标人对投标人投标的条件和基本要求。投标人必须掌握该文件中招标人关于工程说明的一般性情况的规定；关于投标、开标、评标、决标的时间，投标有效期，标书语言及格式要求等程序性的规定；尤其须把握关于工程内容、承包的范围、允许的偏离范围和条件、价格形式及价格调整条件、报价支付的货币规定、分包合同等实质性的规定，以指导投标人正确地投标。

合同条件是工程项目承发包合同的重要组成部分，是整个投标过程必须遵循的准则。合同条件中关于承发包双方权利、责任、义务的条款，建设期限的条款，人员派遣条款，价格条款，保值条款，支付（结算）条款，保险条款，验收条款，维修条款，赔偿条款，不可抗力条款，仲裁条款等，都直接关系着工程承发包双方利益分配比例，关系投标人报价中开办费、保险费、意外费、人工费等各项成本费用额数以及日后可以索赔的费用额，因此，合同条件是影响投标人的投标策略及报价高低的因素，必须反复推敲。

通过重点研究投标人须知、合同条件等文件，透彻掌握业主对如下事项的具体规定：投标、开标、评标、决标、工程性质、发包范围、各方的责任、工期、价款支付、外汇比例、违约、特殊风险、索赔、维修、竣工、保险、担保，对国内外承包商的待遇差别等。

（二）工程特点及工程量

分析技术规范、图纸、工程量清单等关键文件，准确地把握业主对下列问题的要求：承包人的施工对象，材料、设备的性能，工艺特点，竣工后应达到的质量标准，工程各部分的施工程序，应采用的施工方法，施工中各种计量程序、计量规则、计量标准，现场工程师实验室、办公室及其设备的标准，临时工程，现场清理等。

（三）业主修正与澄清的事项

这些事项主要是指招标文件的差错、含混不清处及未尽事宜等对投标报价产生影响的问题。

二、踏勘工程现场

根据招标人的安排考察工程现场是为了准确地了解投标工程现场的实际施工条件及报

价所需的基本资料。具体内容见第三节。

三、标前会议

是投标中的法定程序。业主通常在组织了现场考察后,召开标前会议。投标人应按照投标须知资料表中写明的时间和地点,派代表出席招标人召开的标前会议。标前会议的目的,是澄清并解答投标人在查阅招标文件和现场考察后,可能提出的涉及投标和合同方面的任何问题。投标人应在标前会议召开以前,以书面的形式将要求答复的问题提交招标人,招标人在会上澄清和解答。参加标前会议时应注意的事项:

(1)对工程内容范围不清的问题,应提请解释、说明,但不要提出任何修改设计方案的要求。

(2)如招标文件中的图纸、技术规范存在相互矛盾之处,可请求说明以何者为准,但不要轻易提出修改技术要求。

(3)对含糊不清、容易产生理解上歧义的合同条款,可以请求给予澄清、解释,但不要提出任何改变合同条件的要求。

(4)应注意提问的技巧,注意不使竞争对手从自己的提问中获悉本公司的投标设想和施工方案。

(5)招标人或咨询工程师在标前会议上对所有问题的答复均应发出书面文件,并作为招标文件的组成部分,投标人不能仅凭口头答复来编制自己的投标文件。

四、提出投标报价策略

在正式计算投标报价之前,必须根据投标调查的结论和相关因素制定合理的报价策略,正确决策该项目投标的总体报价水平及在该项目投标中各个部分的报价水平。影响报价策略的相关因素主要还有:

(1)投标单位承担招标工程的实际能力的估计。

(2)投标单位对招标工程预期利润的估算。

(3)投标单位对承担招标工程的风险估计。

(4)投标单位对参与该项工程投标竞争对手实力的估计。

(5)投标单位近期的经营状况和目标。

(6)各种并列投标机会选择的结论等。

五、确定投标报价

投标报价的确定一般需经过估算工程量、编制报价所需的各种基础资料、汇总计算初步标价、调整修正内部标价、进行盈亏分析、选择拟报标价、作报价的优化与调整,并将其核准为最终投标报价等步骤。

六、编制报送投标文本

投标文本亦即投标文件,是投标人须知中规定的投标人必须提交的全部投标文件的总称。其内容在第八章已经说明,在此不再赘述,具体编制方法详见本章第四节的内容。

第三节 现场踏勘及复核工程量

一、现场踏勘

现场踏勘包括现场调查和现场考察,根据第一节讲述现场调查是投标决策的重要步骤,没有科学、细致的现场调查,盲目投标只能遭致失败。现场考察是投标人对业主提供的参考资料及招标文件现场情况的核实,特别要强调的是投标人对地质水文参考资料等的理解必须借助现场考察,而且要力求准确无误,否则投标人要自己承担理解地质水文等参考资料偏差造成的投标风险。

(一)现场调查

这是投标前极其重要的一步准备工作。如果在投标决策阶段对拟投标项目所在地区进行了较为深入的调查研究,则得到招标文件并经过阅读和研究后就只需进行有针对性的补充调查了。否则,应进行全面的调查研究。如果是在国外投标,得到招标文件后再进行调研,则时间是很紧迫的。

(二)现场考察

招标单位一般在招标文件中要注明现场考察的时间和地点,业主将组织投标人到现场考察。现场考察是投标者必须经过的投标程序。投标者提出的报价单一般被认为是在现场考察的基础上编制报价的。一旦报价单提出之后,投标者就无权因为现场考察不周、情况了解不细或因素考虑不全面而提出修改投标、调整报价或提出补偿等要求。现场考察,既是投标人的权利,也是其职责。因此,投标人在报价以前必须认真地进行施工现场考察,全面地、仔细地调查了解工地及其周围的政治、经济、地理等情况。

在现场考察之前,应结合对投标文件阅读和研究的情况,针对尚不清楚的问题,拟订调研提纲,确定重点要解决的问题,做到事先有准备。通常情况下,业主只组织投标人进行一次工地现场考察。现场考察均由投标者自费进行。如果是国际工程,业主应协助办理现场考察人员出入项目所在国境签证和居留许可证。进行现场考察的内容如下。

1. 自然地理条件

(1)工程所在地的地理位置、地形、地貌、用地范围;

(2)气象、水文情况:包括气温、湿度和风力等,年平均和最大降雨量;对于水利和港湾工程,还应明确河水流量、水位、汛期以及风浪等水文资料;

(3)地质情况:表层土和下层基岩的地质构造及特征,承载能力;地下水情况;

(4)地震及其设防烈度,洪水、台风及其他自然灾害情况。

总之要分析以上情况对施工的主要影响及其评价。

2. 现场施工条件

(1)施工场地四周情况:如布置临时设施、生活营地的可能性;

(2)供排水、供电、道路条件、通信设施现状,引接或新修供排水线路、电源、通信线路和道路的可能性及最近的路线与距离;

(3)附近供应或开采砂、石、填方土壤和其他当地材料的可能性,并了解其规格、品质和适用性;

(4)附近的现有建筑工程情况,包括其工程性质、施工方法、劳务来源和当地材料来源等;

(5)环境对施工的限制:施工操作中的振动、噪声是否构成违背邻近公众利益而触犯环境保护法令,是否需要申请进行爆破的许可;在繁华地区施工时,材料运输、堆放的限制,对公众安全保护的习惯措施;现场周围建筑物是否需要加固、支护等;

(6)投标合同段施工现场与其他合同段及与分包工程的关系;

(7)设备维修条件。

3. 市场情况

(1)建筑材料、施工机械设备、燃料、动力和生活用品的供应情况,价格水平,过去几年的

批发价和零售价指数,以及今后的变化趋势预测;

(2)劳务市场情况:包括工人的技术水平,工资水平,有关劳动保险和福利待遇的规定,在当地雇用熟练工人、半熟练工人和普通工人的可能性,以及外籍工人是否被允许入境等;

(3)银行利率和外汇汇率。

4.其他条件

(1)交通运输:包括陆地、海运、河运和空运的运输交通情况,主要运输工具的购置和租赁价格;

(2)编制报价的有关规定:工程所在地国家或地区工程部门颁发的有关利率和取费标准、临时建筑工程的标准和收费;

(3)工地现场附近的治安情况。

5.业主情况

(1)业主的资信情况:主要是了解其资金来源和支付的可靠性;

(2)履约态度:履行合同是否严肃认真,处理意外情况时是否通情达理,谅解承包商的具体困难;

(3)能否秉公办事,是否惯于挑剔刁难。

6.竞争对手情况

了解可能参加投标竞争的公司名称及其与当地合作的公司的名称;了解这些公司的能力和过去几年内的工程承包实绩;了解这些公司的突出的优势和明显的弱点;做到知己知彼,制订出合适的投标策略,发挥自己的优势而取胜。

以上是调查及考察的一般内容,应针对工程具体情况而增减。考察后要写出简洁明了的考察报告,附有参考资料、结论和建议。

二、核实计算工程量

工程招标文件附有工程量清单,投标人应根据图纸仔细核算工程量,对工程量清单中所列工程量必须重点复核,因为工程量清单费用项目齐全、计算准确与否,直接影响投标报价及中标机会。当发现相差较大时,投标人不能随便改动工程量,应致函或直接找业主澄清。对仅提供图纸和设计资料的招标文件,投标人应自行计算工程量。这时必须对工程量计算规则与图纸设计特殊要求和降低分项工程综合单价的措施等进行研究。不能将复核工程量视为纯计算的工作。它是保证报价有竞争性,制订报价策略,做好施工规划的基础;对于总价固定合同要特别引起重视,如果投标前业主方不予更正,而且是对投标人不利的情况,投标人在投标时要附上声明:工程量表中某项工程量有错误,施工结算应按实际完成量计算。有时可按不平衡报价的思路报价。在工程量复核中,对施工中工程量可能增加的费用项目,可提高其单价,而对工程量可能减少的项目,则可降低单价,以创造施工中通过变更、索赔而取得合理的收益。这样做的前提是保证总报价仍有竞争力,有可能中标。如发现工程量有重大出入的,特别是漏项的,必要时可找招标人核对,要求招标人认可,并有书面确认证明。对工程量小的漏项则可将其费用分摊到其他工程量大的费用项目单价中。在核算完全部工程量表中的细目后,投标人可按大项分类汇总主要工程总量,以便对工程项目的施工规模有全面和清楚的认识,从而确定的施工方法,选择经济适用的施工机具设备。对于一般土建工程项目主要工程量汇总的分类大致如下。

(一)建筑面积

这一汇总只是为了内部进行分析比较。

（二）土石方工程

包括总挖方量，填方量和余、缺土方量。其中：平整场地按平整场地的面积以平方米计算工程量；挖土方按基槽、基坑开挖的实际体积以立方米计算工程量(但必须区别所挖土方的不同土质，如以普通土、坚土、岩石等进行列项并计算工程量)。其工程量中还应包括因为支模板、支挡土板、增加工作面等的土方量；回填土按基础回填土和室内地面回填土的实际体积以立方米计算工程量(但必须区别是人工回填还是机械回填，以及是否需要夯填等情况进行列项并计算工程量)；余缺土处理按余缺土处理的实际土方量以立方米计算工程量(其中：运余土工程量＝挖土方的工程量－回填土的工程量；挖、运缺土的工程量＝回填土的工程量－挖土方的工程量)；土方支撑(挡土板)按支撑面积以平方米计算工程量。

（三）钢筋混凝土工程

可分别汇总统计现浇素混凝土和钢筋混凝土以及预制钢筋混凝土构件数量并汇总钢筋。其中：混凝土构件按各种构件扣除接头之后的净体积以立方米计算工程量(该分项工程包括钢筋混凝土的基础、梁、板、柱、楼梯等各种构件的制作、运输、安装等工序的工程内容)。各种混凝土构件的模板应按接触面积以平方米计算工程量；各种钢筋混凝土构件所含钢筋的总重量以吨为单位计算工程量。

（四）砌筑工程

可按砌体、空心砖砌体和黏土砖砌体统计汇总。外墙按扣除了门窗、洞口、框架等所占面积后的实际面积以平方米计算工程量(但必须区别不同的材料、不同的墙厚、不同的墙体构造形式等条件，分类列项)；内墙按扣除了门窗、洞口、框架结构等所占面积后的实际面积以平方米计算工程量(具体要求同"外墙"的一样)；其他砌体按实际砌筑的面积以平方米计算工程量。

（五）钢结构工程

可按主体承重结构和零星非承重结构(如栏杆、扶手等)的吨位统计汇总。

（六）门窗工程

不论钢门窗或铝门窗都以件数和面积统计。其中：门按框外围面积以平方米计算工程量，也可按"樘"计算工程量(该分项工程包括门的制作、安装、玻璃、油漆等各工序的工作内容。但必须区别内、外门及门的不同材料、形状等情况分开列项)；窗应按框的外围面积以平方米或以"樘"来计算工程量(该分项工程综合了窗的制作、安装、玻璃、油漆等工序的工作内容，但必须区别窗的不同材质、形状等条件分类列项)；安全窗栅一般是按窗框外围面积以平方米计算工程量(但必须区分不同的材质进行列项)；窗帘盒、窗帘棍、窗帘轨、窗台板等均按实际长度以延长米计算工程量(但必须区别不同构件、不同材质列项)。

（七）木结构工程

包括木结构、木屋面等，以面积统计。平屋面按屋面面积以平方米计算工程量(此分项工程综合了找平层、隔热层、架空层、防水面层、伸缩缝等工序的工作内容)。

（八）装饰装修工程(包括楼地面)

包括各类地面、墙面、吊顶装饰，以面积统计。外墙粉刷或贴面按实际面积以平方米计算工程量(必须区别粉刷或贴面、不同的材料、不同的做法等分类进行列项)。在计算工程量时，可按外墙毛面积扣除部分门窗的面积计算，但是门窗的面积不能全扣，因为要抵销一部分门窗、洞口的侧壁需要增加的面积；内墙粉刷或油漆按实际面积以平方米计算工程量(必须根据粉刷或油漆、不同的材料、不同的做法等分类进行列项）。在计算工程量时,利用外墙的单面面积和内墙双面的净面积来计算;台度(墙裙):应按实际面积以平方米计算工程量(但必须区分不同的材料进行列项);顶棚吊顶工程量按实际面积以平方米计算工程量(但必须区别不同的材料分类列项);顶棚粉刷工程量按实际面积(包括梁侧面积)以平方米计算工程量(必须分不同的粉刷材料列项);地面垫层按实际体积以立方米计算工程量(必须分不同的材料、有无模板等情况列项);地面面层按实际面积以平方米计算工程量(必须分不同的面层材料列项)。计算时,应将同种材料作的楼梯、台阶、踏步的面层面积,按照展开的面积计算后并入相应的面层面积中;踢脚线按实际长度以延长米计算工程量(应根据不同的材料列项,并且还须注明踢脚线的高度);散水按实际面积以平方米计算工程量(此分项工程已综合了散水的垫层、面层的工作内容,垫层不得再列项。"散水"在列项时,也应根据不同的材料列项)。

(九)设备及安装工程

设备包括电梯、自动扶梯、各类工艺设备等,以台件或安装总吨位计。

(十)管道安装工程

包括各类供排水、通风、空气调节及工业管道,以延长米计。

(十一)电气安装工程

各类电缆、电线以延长米计,各类电器设备以台、件计。

(十二)室外工程

包括围墙、地面砖铺砌、市政工程和绿化等方工程

在核实计算工程量时要注意以下共性问题的说明:①清单项目中的工程量应按建筑物或构筑物的实体净量计算,施工中所发生的材料、成品、半成品的各种制作、运输、安装等的一切损耗,应包括在报价内。②清单项目中所发生的钢材(包括钢筋、型钢、钢管等)均按理论重量计算,其理论重量与实际重量的偏差,应包括在报价内。③设计规定或施工组织设计规定的已完工产品保护发生的费用列入工程量清单措施项目费内。④高层建筑所发生的人工降效、机械降效、施工用水加压等应包括在各分项报价内。⑤卫生用临时管道应考虑在临时设施费用内。⑥施工中所发生的施工降水、土方支护结构、施工脚手架、模板及支撑费用、垂直运输费用等,应列在工程量清单措施项目费内。

【案例 9-1】 某装饰工程公司在对某酒店的装饰工程投标时,通过工程量复核,结合本公司附设有家具制作厂的条件,发现如果将外购家具改为该公司自制,可以显著降低报价。经与业主招标单位函商,并请业主派招标主持人到该家具厂参观,了解了该厂的规模与产品质量,取得业主同意将家具由该公司自制供应作为备选项报价,结果该公司得以中标。但按备选项报价时,仍须按标书中原定家具外购报价,否则会由于未按招标文件报价而成为废标。

第四节　建设工程施工投标文件的编制

一、编制投标文件的要求及内容

投标文件是承包商参与投标竞争的重要凭证;是评标、决标和订立合同的依据;是投标人素质的综合反映和投标人能否取得经济效益的重要因素。可见,投标人应对编制投标文件的工作倍加重视。建设工程投标人应按照招标文件的要求编制投标文件。

（一）编制投标文件的要求

1. 准备工作

首先组织投标班子，确定投标文件编制的人员；同时要仔细阅读诸如投标须知、投标书附件等各个招标文件；要根据图纸审核工程量表的分项、分部工程的内容和数量，若发现内容或数量有误，在收到招标文件 7 日内以书面形式向招标人提出；也要收集现行定额标准、取费标准及各类标准图集，掌握投标政策性要求。

2. 符合性条件

（1）必须明确向招标人表示愿以招标文件的内容订立合同的意思；

（2）必须对招标文件的实质性要求完全响应（包括技术要求、投标报价要求、评标标准等）；

（3）必须按照规定的时间、地点提交投标文件。

3. 基本要求

（1）内容的完整性　投标人须知规定，构成投标文件的四个方面的内容不得有任何遗漏，必须完整无缺，否则，投标书将被视为重大方面不符合要求的"废标"。

（2）数据及文字的准确性　投标文件中的所有数据，无论单价、合价、总标价及其大写数字均须仔细核对，确保准确无误；投标文件使用的语言必须符合招标人的要求，意思表达准确，不含混，字迹清晰，无涂改。

（3）手续的齐全性　编制投标文件文本的同时，对招标人要求的各种手续，包括注册手续，委托手续，联合投标相关手续，保险手续，担保手续，公证手续等，均应办妥。尤其要办好投标保函手续。根据国际惯例，投标人在投标期间必须持有一家满足招标文件要求的担保单位开具的投标保证金证书（即投标保函），投标才能被接受。这就要求投标人在提交投标文件时，还应同时提交投标保函，因此，投标人应当寻找一家合适的金融机构作为投标担保单位。我国采用国际竞争性招标方式的大型土建项目中，投标保证金证书只能由以下单位开具：中国银行、中国银行在国外的开户行、由招标公司和业主认可的任何一家外国银行、在中国营业的中国或外国银行、外国银行通过中国银行转开。

（4）格式的规范性　投标文件是否规范，直接影响投标书能否有效，为保障投标文件的规范性，必须按照以下要求完成投标文件文本。第一，投标人应当根据招标人要求的文件格式进行制作，一般不得改变投标书的格式，若遇有投标书格式不能表达投标意图时，应另附补充说明；第二，关键文件和数据处必须有投标单位负责人的签章；第三，投标文件文本必须按投标人须知中的规定，分别置于双层信封内，通常是将投标函封于内层，其他投标文件及投标报价材料副本置于外层信封中。两层信封均应密封，并在封口处加盖封印；第四，内、外层信封的书写亦须符合招标人的要求或国际惯例，一般在外层信封上只能书写有关投标的指示、收件人的单位地址及姓名职务，多数情况下只写职务不写姓名。要注意不能书写投标人的单位地址和姓名，投标人的单位地址及姓名只能写入内层信封中。

（5）投标的时效性　投标有很强的时效性，根据国际惯例逾期的投标书一般作废。因此，投标人在完成投标文件文本的校核、打印、复制、签章、分装、密封并加盖封印后，应派专人在投标截止日期前送达招标人指定的地点，取回投标收据；若必须邮寄，则应充分考虑邮件在途中的时间，确保投标书在投标截止日期前寄达招标单位、避免逾期作废。

（二）编制投标文件的内容

根据招标文件及工程技术规范要求,投标文件是由一系列有关投标方面的书面资料组成的。投标文件由技术标、经济标、附件三大部分构成。采用资格后审的还包括资格审查文件。技术标是结合项目施工现场条件编制的施工组织设计等;经济标是结合工程及企业实际状况编制的投标报价书。经济标一般包括投标函及投标函附件。投标函是投标单位负责人签署的正式报价函,表明投标人的投标报价意见。是构成合同文件的重要组成部分;附件是投标人相关证明资料。投标文件编制完成后应仔细核对和整理成册,并按招标文件要求进行密封和标志。

1.经济标

经济标包括:①投标函;②投标函附件;③投标保证金;④法定代表人资格证明书;⑤授权委托书;⑥具有标价的工程量清单与报价表。单份合同将各项单价开列在工程量表上,有时业主要求报单价分析表,则需按招标文件规定在主要的或全部单价中附上单价分析表。

2.技术标

施工组织设计。列出各种施工方案(包括建议的新方案)及其施工进度计划表,有时还要求列出人力安排计划的直方图。

3.附件

附件包括:①辅助资料表;②资格审查表(资格预审的,此表从略);③对招标文件中的合同协议条款内容的确认和响应;④按招标文件规定提交的其他资料。

二、编制投标文件的步骤及注意事项

(一)编制投标文件的步骤

投标人在领取招标文件以后,就要进行投标文件的编制工作。编制投标文件的一般步骤是:

(1)编制投标文件的准备工作,包括:①熟悉招标文件、图纸、资料,对图纸、资料有不清楚、不理解的地方,可以用书面形式向招标人询问、澄清;②参加招标人组织的施工现场踏勘和答疑会;③调查当地材料供应和价格情况;④了解交通运输条件和有关事项。

(2)实质性响应条款的编制。包括:对合同主要条款的响应,对提供资质证明的响应,对采用的技术规范的响应等。

(3)复核、计算工程量。

(4)编制施工组织设计,确定施工方案。

(5)计算投标报价。

(6)装订成册。

(二)编制投标文件的注意事项

(1)投标人编制投标文件时必须使用招标文件提供的投标文件表格格式。填写表格时,凡要求填写的空格都必须填写,否则,即被视为放弃该项要求。重要的项目或数字(如工期、质量等级、价格等)未填写的,将被作为无效或作废的投标文件处理。

(2)编制的投标文件"正本"仅一份,"副本"则按招标文件中要求的份数提供,同时要明确标明"投标文件正本"和"投标文件副本"字样。投标文件正本和副本如有不一致之处以正本为准。

(3)投标文件正本与副本均应使用不能擦去的墨水打印或书写。投标文件的书写要字迹清晰、整洁、美观。

(4)所有投标文件均由投标人的法定代表人签署、加盖印鉴,并加盖法人单位公章。

(5)填报的投标文件应反复校核,保证分项和汇总计算均无错误。全套投标文件均应无涂改和行间插字,除非这些删改是根据招标人的要求进行的,或者是投标人造成的必须修改的错误。修改处应由投标文件签字人签字证明并加盖印鉴。

(6)如招标文件规定投标保证金为合同总价的某百分比时,开具投标保函不要太早,以防泄漏报价。但有的投标人提前开出并故意加大保函金额,以麻痹竞争对手的情况也是存在的。

(7)投标文件应严格按照招标文件的要求进行包封,避免由于包封不合格造成废标。

(8)认真对待招标文件中关于废标的条件,以免被判为无效标而前功尽弃。

三、投标文件的编制

(一)投标文件中经济标的编制

1. 经济标的组成:

(1)投标函;

(2)投标函附录;

(3)投标保证金;

(4)法定代表人资格证明书;

(5)授权委托书;

(6)具有标价的工程量清单与报价表(投标报价);

(7)施工图预算价计算书(略);

(8)承包价编制说明(含让利条件说明)(略)。

2. 经济标的编制

(1)投标函(投标书):投标书是由投标单位授权的代表签署的一份投标文件,投标书是对业主和承包商双方均具有约束力的合同的重要部分。其一般格式请登录 http://www.cabp.com.cn/jc/13531.rar 下载查阅。

(2)投标函附录:投标书附录是对合同条件规定的重要要求的具体化,其一般格式请登录 http://www.cabp.com.cn/jc/13531.rar 下载查阅。

(3)投标保证金:投标保证金可选择银行保函,担保公司、保险公司提供担保书,其一般格式见附录。

(4)法定代表人资格证明书。

(5)授权委托书,其一般格式参见表8-21。

(6)具有标价的工程量清单与报价表(投标报价)。

3. 工程量清单与报价表

(1)工程量清单 招标文件中应按国家颁布的统一工程项目划分、统一计量单位和统一的工程量计算规则,根据施工图纸计算工程量,给出工程量清单,作为投标人投标报价的基础。工程量清单中工程量项目应是施工的全部项目,并且要按一定的格式编写。工程量清单所列工程量按招标单位估算和临时作为投标单位共同报价的基础而用的,付款以实际完成的工程量为依据,实际完成工程量由承包单位计量,并由监理工程师核准。

(2)工程量清单报价表 工程量清单报价表是招标人在招标文件中提供给投标人,投标人按表中的项目填报每项的价格,按逐项的价格汇总成整个工程的投标报价。工程量清单中所填入的单价和合价,如果采用综合单价时,应说明包括人工费、材料费、机械费、管理费、材料调价、利润、税金以及采用固定价格的工程所测算的风险等全部费用。如果采用工料单价,应说明按照现行预算定额的工、料、机消耗及预算价格确定出的直接费、其他直接费、间接费、有关文件规定的调整、利润、税金、材料差价、设备价、现场因素费用、施工技术措施费用以及采用固定价格的工程所测算的风险金等按现行规定的计算方法计取,计入总报价中。在招标文件中列出的供投标人投标报价的工程量清单报价表有:①报价汇总表。②工程量清单报价表。③设备清单及报价表。④现场因素、施工技术措施及赶工措施费用报价表。⑤材料清单及材料差价表。本教材提供的是按综合单价法投标报价的表格形式,供学习参考。

(3)工程量清单总说明

工程量清单总说明包括:①工程概况,如建设单位、工程名称、工程范围、建设地点、建筑面积、层高层数、建筑高度、结构形式、主要装饰标准等;②编制工程清单的依据和有关资料;③主要材料设备的特殊说明;④现场条件说明;⑤对工程量的确认、工程变更、变更单价的说明;⑥其他说明。

4.建设工程施工投标报价

(1)投标报价的组成

1)建设工程投标报价是建设工程投标内容中的重要部分,是整个建设工程投标活动的核心环节,报价的高低直接影响着能否中标和中标后是否能够获利。

2)建设工程投标报价主要由工程成本(直接费、间接费)、利润、税金组成。直接费是工程施工中直接用于工程实体的人工、材料、设备和施工机械使用费等费用的总和;间接费是指组织和管理施工所需的各项费用。直接费和间接费构成工程成本。利润是建筑施工企业承担施工任务时应计取的合理报酬。税金是施工企业从事生产经营应向国家税务部门交纳的营业税、城市建设维护费及教育费附加。

(2)投标报价的编制方法

建设工程投标报价应该按照招标文件的要求及报价费用的构成,结合施工现场和企业自身情况自主报价。现阶段,我国规定的编制投标报价的方法有两种:一种是工料单价法,另一种是综合单价法。工料单价法是我国长期以来采用的一种报价方法,它是以政府定额或企业定额为依据进行编制的;综合单价法是一种国际惯例计算报价模式,每一项单价中综合了各种费用。我国的投标报价模式正由工料单价法逐渐向综合单价法过渡。

1)工料单价法 工料单价法是指根据工程量按照现行预算定额的分部分项工程量的单价计算出定额直接费,再按照有关规定另行计算间接费、利润和税金的计价方法。其编制步骤为:首先根据招标文件的要求,选定预算定额、费用定额;根据图纸及说明计算出工程量(如果招标文件中已给出工程量清单,校核即可);查套预算定额计算出定额直接费,查套费用定额及有关规定计算出其他直接费、现场管理费、间接费、利润、税金等;汇总合计计算完整标价。

2)综合单价法 综合单价法是指分部分项工程量的单价为全费用单价,全费用单价包括完成分部分项工程所发生的直接费、间接费、利润、税金。综合单价法编制投标报价的步骤为:首先根据企业定额或参照预算定额及市场材料价格确定各分部分项工程量清单的综合单价,该单价包含完成清单所列分部分项工程的成本、利润和税金;以给定的各分部分项工程的工程量及综合单价确定工程费;结合投标企业自身的情况及工程的规模、质量、工期要求等确定工程有关的费用。其格式见工程量清单报价表。

(二)投标文件中技术标和附件的编制

1. 技术标内容

施工组织设计包括:①主要施工方法;②劳动力计划;③主要施工机械计划;④工程质量保证措施,必须有现场管理人员的质量终身责任制,有贯彻国家强制性质量标准的措施,有确保工程质量达到要求的措施;⑤确保安全施工的技术组织措施;⑥确保工期的技术组织措施;⑦施工总进度表或工期网络图;⑧施工总平面布置图;⑨拟投入本工程施工的项目经理、技术负责人简历及主要技工的名单。

2. 其他附件文件内容

(1)拟派项目经理与技术负责人的简历、业绩。

(2)投标单位企业概况,包括:①企业简介;②企业近几年经营状况;③企业职工组成构成;④主要机械;⑤近几年主要获奖工程一览表。

(3)承建投标工程优势,包括:①质量优势,近几年获奖工程一览表,近几年获荣誉情况一览表;②速度优势;③资金优势;④技术装备优势;⑤重合同、守信用、履行服务的优势;⑥企业综合能力优势。

(4)辅助资料表包括:①主要施工管理人员表;②主要施工机械设备表;③拟分包项目情况表;④劳动力计划表。

(三)技术标编写要求

应以建筑施工专业课程为基础,编写施工方案;利用施工组织课程为基础,编写施工部署及绘制施工进度计划;掌握投标文件技术标的编写方法,使学生具备相应的编写招投标文件的基本能力,为从事招投标工作奠定基础。技术的进步,建筑工程的技术含量也越来越高。体现施工企业技术水平高低的施工组织设计,在投标书中所占的分量也越来越重。为适应投标工作中激烈的竞争形势,必须重视和加强施工组织设计的编制工作。一般情况下报价占标书评分比例的40%~60%;施工组织设计占评分比例的20%~40%;商务综合占评分比例的10%~20%。投标项目的施工组织设计拟定是投标报价的前提条件,是评标要考虑的重要因素。应由投标单位的技术专家负责主持制定,主要考虑施工方法、主要施工机具的配置、各工种劳动力的安排及现场施工人员的平衡、施工计划进度与分批竣工的安排、施工质量保证体系、安全及环境保护等。标书中施工组织设计内容是投标书的核心内容。施工组织设计编制过程首先要认真研究分析招标文件的有关具体规定。由于招标提供的资料仅是代表性资料,不能满足投标方的需要,因此要通过详细的施工现场调查对施工方案进行细化完善,使设计结果具有实施性和可操作性。对于重点、难点方案可以采取多方案施工方案投标的方法,使它们具有不同的特色,通过分析优劣点,使评委们对方案进行评审后能够确定中标的最佳方案。施工组织设计要注意新工艺、新方法、新技术、新材料的使用,注意施工组织方案与投标报价要求相结合,既具有先进性,又具备经济上的合理性,要在确定施工队伍的基础上利用施工进度网络,对施工进度进行安排;在施工方案中要突出工艺流程和工艺标准的先进性与合理性;对施工平面布置要注意完整性和环境保护的具体要求,综合制定工期、质量、安全的施工措施要注意关联性和协调性;以施工方案为核心,结合投标项目的实际情况,推行 ISO 9002 质量保证模式,采取综合性措施,保证企业经营方针、质量方针的实现。投标单位对拟定的施工组织设计进行费用和成本的分析,以此作为报价的重要依据。

【案例9-2】 某施工企业在参加某地下工程项目的投标中,由于对招标文件缺乏细致研究,对当地的地质条件调查不清,在编制施工组织设计时,采用不适合该地区地质条件的地下连续墙的施工方案,业主对投标人在工程施工中确保工期和工程质量产生质疑,虽然该投标人报价比较适度,但最终未能中标。相反另一投标人针对该地区地质条件较差的特点,提出了既切实可行,又令业主满意和信赖的施工方案,虽然报价高出标底,但最终仍以施工方案的优势中标。可见优化施工组织设计是降低报价、提高投标竞争力的重要保证。

1. 施工组织设计相关资料的收集

在充分研究招标文件的具体要求后,投标单位按照确定的投标意向进行资料准备。资料的准备主要是收集以下五方面的资料。

(1)工程任务文件。①上级批准的设计任务书和工程项目一览表;②建设单位要求分期分批施工的项目和工期函件;③工程合同或协议书。

(2)工程设计文件。①建筑区域平面图;②建筑工程总平面图;③各建筑物的平、立、剖面图;④施工场地土方平衡竖向设计和建筑物竖向设计图;⑤工程总概算书。

(3)技术计算资料。①建筑安装工程工期定额,主要用于编制施工总进度计划;②有关工程的概算指标,用于编制资源需要量计划;③概算定额,用于施工部署和施工方案中的有关计算;④有关水、电、路及临时建筑的设计参考指标。

(4)工地自然条件资料。①气温、雨雪、风力和冰冻层等气象资料;②工地地形图和地质勘探资料;③附近地区的汛期防洪资料。

(5)地区资源潜力资料。①水、电、气等能源供应情况;②现有铁路、公路、桥梁和水运等交通能力情况;③地方材料的品种和可供应量情况;④附近地区加工企业的种类和生产能力情况。

2. 编制施工组织设计主要研究的问题

(1)施工总进度计划确定 施工总进度计划是施工组织总设计中的主要内容,也是中标后现场施工管理的中心,是施工现场各项施工活动在时间上的具体安排和体现。计划中应说明各个施工项目及其主要工种工程施工准备时间,单位工程、分项工程的拟定用工时间;说明施工现场的各种资源的需要量等。编制的要点是准确计算所有项目的工程量,填入工程量汇总表;根据本单位的施工经验、企业的机械化程度、建设规模和建筑类型对总工期进行具体分析。对施工顺序,分步施工计划,连续、均衡、有节奏施工等因素进行具体分析。施工总计划不同,间接费的数额就不同,投标报价方案的确定和施工总进度计划有很大联系。

在投标阶段编制的工程进度计划不是工程实际施工计划,可以粗略一些,除招标文件规定用网络图者外,一般用横道图表示。但应满足以下要求:总工期符合招标文件的要求,如果合同要求分期、分批竣工交付使用,应标明分批交付使用的时间和数量;应表示各项主要工程的开始和结束时间(例如房屋建筑中的土方工程、基础工程、混凝土结构工程、屋面工程、装修工程、水电安装工程等开始和结束时间);要体现主要工序相互衔接的合理安排;应有利于均衡地安排劳动力,尽可能避免现场劳动力数量不稳定,以提高工效和节省临时设施;须有利于充分有效地利用施工机械设备,减少机械设备占用周期;便于编制资金流动计划,有利于降低流动资金占用量,节省资金利息。

由于招标文件有关规定不同,编制施工总进度计划的出发点也不同,编制时有三种不同的情况。

1)无具体工期要求。应考虑合理工期、最短工期、适中工期三种进度计划并分别估价，最终采取哪一方案报价，要根据招标方的要求和其他因素来确定。

合理工期是指按承包商本身的习惯施工组织方法和顺序，工效最高、成本最低的工期，而不考虑加班钟点或其他特殊的赶工措施。以此编制施工总进度计划，报价最低，但总工期较长。最短工期是考虑所有允许和可能的加快进度的措施(如节假日和夜间加班、增加施工机械、采取早强或其他特殊技术措施等，而可能实现的工期)。以此原则编制施工总进度计划，总工期最短，但报价最高。适中工期是指在合理工期与最短工期间选择能大幅度缩短总工期，又不增加很多成本的施工总进度计划。

2)有具体工期要求。招标文件规定了总工期，规定分部工程的交工工期，如基础完成、结构封顶、1~5 层先交付使用等等。也可能仅提出总工期的要求。招标文件中工期的规定是对施工总进度计划的约束条件，在编制施工总进度计划时必须满足，而且今后实际施工时也必须满足这些条件。此时，应考虑如下施工总进度计划。

完全按招标文件的工期要求编制施工总进度计划，通常采用"倒排进度"的方法。即根据分部工程工期和总工期的要求，安排人力和机械保证工期目标。由于业主的工期要求一般都比承包商的合理工期短，因而需要采取加快进度的措施。

在适当提前工期情况下编制施工总进度计划。通常业主在招标文件中提出提前工期要求，表明业主希望提早发挥投资效益，比较注重工期目标，往往把工期作为评标的主要因素。尽管在业主工期要求较短的情况下，进一步缩短工期需要采取特殊的加快进度措施，可能大幅度地增加成本、提高投标价，但是，更短的工期对业主具有较强的吸引力。以此原则编制施工总进度计划，主要是考虑将总工期和分期交付工程的工期适当提前。

在规定工期奖的情况下编制施工总进度计划。一般合同条件对工期奖的规定是针对合同工期。如果单位时间的工期奖额超过承包商加快进度增加的成本额(合同工期和提前的工期一般均有一个适当区间)，估价人员就可以适当加快施工总进度。

(2)施工的技术方案　不同的技术方案或工艺方法，不同的施工机械、辅助设备、劳动力的费用有时会有较大差异。尤其是土方工程、基础工程、围护和降水措施、主体结构工程、混凝土搅拌和浇筑方法等，施工方法对估价的影响相当大。施土方法的选择既要考虑技术上的可能性，满足施工总进度计划的要求，又要考虑经济性。施工方案应包括以下主要内容：①各分部分项工程完整的施工方案，保证质量措施；②施工机械的进场计划；③工程材料的进场计划；④施工现场平面图、布置图及施工道路平面图；⑤冬雨期施工措施；⑥地下管线及其他地上或地下设施的加固措施；⑦保证安全生产，文明施工，较少扰民，降低环境污染和噪声的措施。

拟定施工方案时要注意：①施工方案的可行性。主要是施工机械的数量和性能选择、施工场地及临时设备的安排、施工顺序及其衔接等。特别是对项目的难点或要害部位的施工方法应进行可行性论证。②工程材料和机械设备供应的技术性能符合设计要求。③施工质量的保证措施。投标书中提出的质量控制和管理措施，包括质量管理制度的严密性、质量管理人员的配备、质量检验仪器设备的配置等。④根据分类汇总的工程数量和工程进度计划中该类工程的施工周期，以及招标文件的技术要求，选择和确定各项工程的主要施工方法和适用、经济的施工方案。投标项目施工方案拟定过程中要进行综合评价，即对不同施工方案的总费用、总工期、劳动资源消耗总量以及劳动生产率、劳动效率、劳动力均衡系数、设备资源使用总量与利用率水平、建筑材料使用总量与消耗水平、质量指标等技术经济指标进行技术经济评价,作为投标决策过程的被选方案。

投标项目施工方案拟定后,可以采取类比法,对方案进行评价。类比是指与本公司相同类型施工项目的技术经济指标和投标中标率进行对比。在信息较完整的情况下,可以同竞争对手过去已中标的施工项目的施工方案进行类比,应注意竞争对手的特点、优势和劣势。

投标项目施工方案拟定过程中要注意新工艺、新材料、新设备的应用,它是竞标过程中评标委员会专家的关注点。招标方对投标人采用的特殊技术和关键技术的先进性和可靠性应予以重视,因此对于不同的分项工程应注意施工方案的特殊性。例如:土方挖掘工程、降低地下水位措施、基坑围护设施、模板工程。

(3)分包工程的范围划定　分包商企业通常规模较小,但在某领域具有明显的专业特长,如某些对手工操作技能要求较高或需要专用施工机械设备的分部分项工程。作为总包商或主承包商,如果对某些分部分项工程由自己施工不能保证工程质量要求或成本过高而引起报价过高,从而降低自己的投标竞争能力,就应当考虑对这些工程内容选择适当的分包商来完成。在国际工程中,通常对以下工程内容要考虑分包:

1)劳务性工程。这种工程不需要什么技术,也不需要施工机械和设备,在工程所在地选择劳务分包公司通常是比较经济的。例如,室外绿化、清理施工现场垃圾、施工现场内二次搬运、一般维修工作等。

2)手工操作技能要求高的工程。这种工程劳动消耗量大,花费时间多,单位时间的产出量少,总包商即使有这类工人,但长期大批使用这类工人在外地承包工程也是不经济的。因为这势必要增加施工现场临时设施、增加管理工作和费用,还可能在有关工程内容不足或不连续时将这些专业技术工人当普通工使用。另外,这种工程有时还可能涉及当地技术规范对操作工艺的特殊要求,本公司的工人未必熟悉。因此,选择工程所在地的公司或在当地长期做专业分包的公司做分包是明智的。

3)需要专用施工机械的工程。这类工程亦可以在当地购置或租赁施工机械由自己施工。但是,如果相应的工程量不大,或专用机械价格或租赁费过高时,可将其作为分包工程内容。

4)机电设备安装工程。机电设备供应商负责安装,尤其当设备供应商工程所在地时,这比承包商安装要经济,利于保证安装工程质量。另外,发达国家的跨国公司在世界各地区都有其分支机构,可以就近为其设备买主提供安装、调试、维修和其他服务。

(4)资源的调度与使用　分析投标项目施工方案时要估算直接生产劳务数量,考虑其来源及进场时间安排。并根据所需直接生产劳务的数量,结合以往经验估算所需间接劳务和管理人员的数量,进而估算生活临时设施的数量和标准等。估算主要的和大宗的建筑材料的需用量,考虑其来源和分批进场的时间安排,从而可估算现场用于存储、加工的设施。如果有些建筑材料,如砂、石等拟就地自行开采,则应估计采砂、石场的设备和人员,并计算自采砂石的单位成本价格。如有些构件拟在现场自制,应确定相应的设备、人员和场地面积,并计算自制构件的成本价格。根据现场设备、高峰人数和一切生产和生活方面的需要,估算现场用水、用电量,确定临时供电和供、排水设施。还要考虑其他临时工程的需要和建设方案。

根据施工总进度计划,可以计算出不同时间所需要的材料种类和数量,并据此制定材料采购计划。为了保证工程的顺利施工,在制定材料采购计划时要考虑以下因素:一是采购地点、产品质量和价格;二是运输方式、所需时间和价格;三是合理的储备数量。对于特殊或贵重材料,还要考虑得更周到些。

工程上所用设备的采购或订货,除了施工总进度计划的安装时间外,还要考虑采购或订货的周期、运输所需要的时间、设备本身价格及运输费用(包括保险费)、付款方式和时间等。

根据施工总进度计划、劳动力和施工机械设备安排计划、材料和工程设备采购计划,可以绘制出工程资金需要量图。但这仅仅是工程承包的资金流出量,要编制资金筹措计划,还要考虑资金流入量,其中最主要的是业主支付的工程预付款、材料和设备预付款(若有)、工程进度款。这样,就可以绘制出该工程的资金流量图,以此作为编制资金筹措计划的依据。要特别注意业主预付款和进度款的数额、支付的方式和时间、预付款起扣时间、方式和数额。显然,贷款利率也是必须考虑的重要因素之一,若贷款利率较高,而业主预付款和进度款的支付条件比较苛刻,则意味着承包商要垫付大量的资金并支付高额利息,从而提高投标价。

第五节　投标的基本策略

投标策略是指投标过程中,投标人根据竞争环境的具体情况而制定的行动方针和行为方式,是投标人在竞争中的指导思想,是投标人参加竞争的方式和手段。投标策略是一种艺术,它贯穿于投标竞争过程的始终。其中最为重要的是投标报价的基本策略。投标报价是承包商根据业主的招标条件,以报价的形式参与建筑工程市场竞争,争取承包项目的过程。报价是影响承包商投标成败的关键。合理的报价,不仅对业主有足够的吸引力,而且应使承包商获得一定的利益。报价是确定中标人的条件之一,但不是惟一的条件。一般来说,在工期、质量、社会信誉相同的条件下,招标人以选择最低标为好。企业不能单纯追求报价最低,应当在评价标准和项目本身条件所决定的标价高低的因素上充分考虑报价的策略。

在下列情况下报价可高一些:施工条件差(如场地狭窄、地处闹市)的工程;专业要求高的技术密集型工程,而本公司这方面有专长,声望也高;总价低的小工程,以及自己不愿意做而被邀请投标时,不便于不投标的工程;特殊的工程,如港口码头工程、地下开挖工程等;业主对工期要求紧的;投标对手少的;支付条件不理想的。

下述情况下报价应低一些:施工条件好的工程,工作简单、工程量大而一般公司都可以做的工程,如大量的土方工程、一般房建工程等;本公司目前急于打入某一市场、某一地区,或虽已在某地区经营多年,但即将面临没有工程的情况(某些国家规定,在该国注册公司一年内没有经营项目时,就要撤销营业执照),机械设备等无工地转移;附近有工程而本项目可利用该项工程的设备、劳务或有条件短期内突击完成的;投标对手多,竞争力强;非急需工程;支付条件好,如现汇支付。

投标人对报价应作深入细致地分析,包括分析竞争对手、市场材料价格、企业盈亏、企业当前任务情况等作出报价决策。即报价上浮或下浮的比例,决定最后报价。在实际工作中经常采用以下的报价策略。

一、不平衡报价策略

不平衡报价法是指一个工程项目的投标报价在总价基本确定后,调整内部各个项目的报价,既不提高总价,又不影响中标,同时能在结算时得到更理想的经济效益。一般情况如下。

（1）对能先拿到工程款的项目（如建筑工程中的土方、基础等前期工程）的单价可以定高一些，利于资金周转，存款利息也较多；而后期项目单价适当降低。

（2）估计以后会增加工程量的项目，可提高其单价；工程量会减少的项目，可降低单价。

（3）图纸不明确或有错误的，估计会修改的项目，单价可提高；工程内容说明不清的单价可降低，有利于以后的索赔。

（4）没有工程量，只填单价的项目（如土方工程中的挖淤泥、岩石等），其单价宜高，这样既不影响投标标价，以后发生时又可多获利。

（5）对于暂定数额（或工程），分析其发生可能性大，价格可定高；估计不一定发生的，价格可定低。

（6）零星用工可稍高于工程单价中的工资单价，因它不属于承包总价的范围，发生时实报实销，也可多获利。

不平衡报价一定要建立在对工程量表中工程量仔细核对分析的基础上，特别是对于报低单价的项目，执行时工程量增多将造成承包商的重大损失。因此一定要控制在合理幅度内，一般为8%～10%。应用不平衡报价法时应在保持报价总价不改变的前提下，在适当的调整范围内进行不平衡报价。在实际工作中要注意不平衡报价方案的比较和资金现值分析相结合。

【案例9-3】 某投标单位参与某高层商用办公楼土建工程的投标（安装工程由业主另行招标）。为了既不影响中标，又能在中标后取得较好的收益，决定采用不平衡报价法对原估价做适当调整，具体数字如表9-1所示。表9-2给出计算所用的现值系数值。现假设桩基围护工程、主体结构工程、装饰工程的工期分别为4个月、12个月、8个月，贷款月利率为1%，并假设各分部工程每月完成的工作量相同且能按月度及时收到工程款（不考虑工程款结算所需要的时间）。

分析计算：（1）上述报价方案的调整是否合理？

（2）计算单价调整前后的工程款现值？

（1）【答】因为该投标单位是将属于前期工程的桩基围护工程和主体结构工程的单价调高，而将属于后期工程的装饰工程的单价调低，可以在施工的早期阶段收到较多的工程款，从而提高投标单位所得工程款的现值；而且，这三类工程单价的调整幅度均在±10%以内，属于合理范围。

（2）【解】

调整前后报价表 单位：万元　　　　　　　　　　　　　　　　表 9-1

	桩基围护工程	主体结构工程	装饰工程	总　　价
调整前（投标估价）	1480	6600	7200	15280
调整后（正式报价）	1600	7200	6480	15280

现值系数值　　　　　　　　　　　　　　　　表 9-2

N	4	8	12	16
(p/a,1%,n)	3.9020	7.6517	11.2551	14.7179
(p/f,1%,n)	0.9610	0.9235	0.8874	0.8528

①单价调整前的工程款现值

桩基围护工程每月工程款 $A_1 = 1480/4 = 370$ 万元

主体结构工程每月工程款 $A_2 = 6600/12 = 550$ 万元

装饰工程每月工程款 $A_3 = 7200/8 = 900$ 万元　则,单价调整前的工程款现值:

$$PV_0 = A_1(P/A,1\%,4) + A_2(P/A,1\%,12)(P/F,1\%,4) + A_3(P/A,1\%,8)(P/F,1\%,16)$$
$$= 370 \times 3.9020 + 550 \times 11.2551 \times 0.9610 + 900 \times 7.6517 \times 0.8528$$
$$= 1443.74 + 5948.88 + 5872.83$$
$$= 13265.45 \text{ 万元}$$

②单价调整后的工程款现值

桩基围护工程每月工程款 $A_1 = 1600/4 = 400$ 万元

主体结构工程每月工程款 $A_2 = 7200/12 = 600$ 万元

装饰工程每月工程款 $A_3 = 6480/8 = 810$ 万元　则,单价调整后的工程款现值:

$$PV' = A_1'(p/A,1\%,4) + A_2'(P/A,1\%,12)(P/F,1\%,4) + A_3'(P/A,1\%,8)(P/F,1\%,16)$$
$$= 400 \times 3.9020 + 600 \times 11.2551 \times 0.9610 + 810 \times 7.6517 \times 0.8528$$
$$= 1560.80 + 64898.69 + 5285.55$$
$$= 13336.04 \text{ 万元}$$

③两者的差额

$$PV' - PV_0 = 13336.04 - 13\,265.45 = 70.59 \text{ 万元}$$

因此,采用不平衡报价法后,该投标单位所得工程款的现值价比原值价增加 70.59 万元。

二、多方案报价策略

招标项目工程范围不明确,条款不清楚或技术规范要求苛刻时,则要在充分估计投标风险的基础上,按多方案报价法处理。即按原招标文件报一个价,然后再提出:"如果条款(如某规范规定)做某些变动,报价可降低多少……"以此降低总价,吸引业主;或是对某些部分提出按"成本补偿合同"方式处理,其余部分报一个总价。有时招标文件中规定,可以提一个备选方案,即可以部分或全部修改原设计方案,提出投标人的方案。投标人应组织一批有经验的工程师,对原招标文件的方案仔细研究,提出更合理的方案吸引业主,促成方案中标。这种新的备选方案必须有一定的优势,如可以降低总造价,或提前竣工,或使工程运作更合理。但要注意的是对原招标方案一定也要报价,以供业主比较。增加备选方案时,方案不必太具体,保留方案的技术关键,防止业主将此方案交给其他承包商实施。备选方案要比较成熟,或过去有一定的实践经验。因为投标时间不长,没有把握的备选方案,可能会引起很多后患。多方案报价需要按招标文件提出的具体要求进行报价,新报价方案要对业主有一定的吸引力,如:报价降低,采用新技术、新工艺、新材料,工程整体质量提高等。多方案报价和增加备选方案报价与施工组织设计、施工方案的选择有着密切的关系,应发挥投标人的整体优势,调动人员的积极性,促进报价方案整体水平的提升。制定方案要具体问题具体分析,深入施工现场调查研究,集思广益选定最佳建议方案,要从安全、质量、经济、技术和工期上,对建议(比选)方案进行综合比较,使选定的建议(比选)方案在满足安全、质量、技术、工期等要求的前提下,达到最佳效益。

【案例 9-4】　某投标人在铁路工程宝兰复线伯阳段隧道施工投标中提出增加斜井与横

洞方案的备选建议。由于该投标人比较详细地现场调查这座隧道,提出的增加斜井、横洞备选建议方案,评标委员会认为在具体施工中,符合现场的实际条件,优于其他投标人的施工方案,因而中标。方案比较见表9-3。

有斜井、横洞与无斜井、横洞方案比较

表 9-3

			无斜井、横洞方案			有斜井、横洞方案		
			工程量	单价(元)	合价(元)	工程量	单价(元)	合价(元)
工程量与造价	进洞口土方开挖(m³)		75000	11.2	840000	0	0	0
	进洞石方定向爆破(m³)		15000	78.47	1177050	0	0	0
	斜井	洞口土方开挖(m³)	0	0	0	9000	11.2	100800
		洞身(m)	0	0	0	218	6000	1308000
	横洞	洞口土方开挖(m³)	0	0	0	11000	11.2	123200
		洞身(m)	0	0	0	70	7000	490000
合　价　(元)			2017050			2022000		
优缺点	对陇海铁路的影响		洞门土石方开挖时间较长,需采取钢管排架与定向爆破措施,对紧邻的陇海铁路的行车安全影响较大			洞门土石方开挖时间较短,对陇海铁路的行车安全影响小		
	施工通风的影响		两侧进洞,单高通风管路长,通风条件差,洞内作业条件差			单向通风管路短,提高通风条件,洞内作业条件好		
	工期的影响		进口与出口同时施工,单向掘进平均距离1649m,出渣距离远,每一钻爆作业循环周期长,整个施工工期延长			单向掘进最长距离999m,出渣距离近,每一钻爆作业循环周期短,整个施工工期缩短		

三、随机应变策略

在投标截止日之前,一些投标人采取随机应变策略,这是根据竞争对手可能出现的方案,在充分预案的前提下,采取的突然降价策略、开口升级策略、扩大标价策略、许诺优惠条件策略的总称。

报价是保密的工作,但是投标人往往通过各种渠道、手段获悉对手情况,在报价时可以采取迷惑对方的手法。先按一般情况报价或表现出对工程兴趣不大,投标快截止时,再突然降价。如鲁布革水电站引水系统工程招标时,日本大成公司认定主要竞争对手是前田公司,在开标前把总报价降低8.04%,取得最低标,为中标打下坚实基础。采用该方法时,要在投标报价时考虑降价的幅度,在投标截止日期前,根据情报信息分析判断,作出最后决策。

(一)突然降价法

投标人在开标前,提出降价率。由于开标只降总价,在签订合同后可采用不平衡报价的方法调整工程量表内的各项单价或价格,同样能取得更高的效益。采取突然降价法必须在信息完备,测算合理,预案完整,系统调整的条件下运作。

(二)开口升级报价法

这种方法是将报价看成是协商的开始。首先对图纸和说明书进行分析,把工程中的一些难题,如特殊基础等造价最多的部分抛开作为活口,将标价降至无法与之竞争的数额(在报价单中应加以说明)。利用这种"最低标价"吸引业主,从而取得与业主商谈的机会。由于特殊条件,施工要求的灵活,再利用活口升级加价,以期最后中标。

（三）扩大标价法

该方法较常用，先按正常的已知条件编制价格，再对工程中变化较大或没有把握的工作，采用扩大单价、增加"不可预见费"的方法来减少风险。但是该方法会由于总价高，不易中标。

以上策略是在正常编制投标标价，有可能获得中标的情况下，利用招标项目中的特殊性、风险性所选择的策略，在投标前要做好充分的准备。

（四）许诺优惠条件

投标报价附带优惠条件是行之有效的一种手段。招标单位评标时，主要考虑报价和技术方案，还要分析其他条件，如工期、支付条件等。所以在投标时主动提出提前竣工，低息贷款、赠给施工设备、免费转让新技术或某种技术专利、免费技术协作、代为培训人员等，均是吸引业主、利于中标的辅助手段。

四、费用构成调整策略

有的招标文件要求投标者对工程量大的项目报"单价分析表"。投标者可将单价分析表中的人工费及机械设备费报价较高，材料费报价较低。这主要是为了今后补充项目报价时，可能参考选用"单价分析表"中较高的人工费和机械设备费，而材料则往往采用市场价，因而可获得较高的收益。

1. 计日工报价

单纯报计日工的报价可以高，以便日后业主用工或使用机械时可以多盈利。但如果采用"名义工程量"时，则需具体分析是否报高价，以免抬高总报价。

2. 暂定工程量的报价

暂定工程量三类：一类业主规定暂定工程量的分项内容和暂定总价款，规定所有投标人都必须在总报价中加入这笔固定金额，但由于分项工程量不很准确，允许将来按投标人所报单价和实际完成的工程量付款。另一类业主列出了暂定工程量的项目和数量，但并没有限制这些工程量的估价总价款，要求投标人既列出单价，也应按暂定项目的数量计算总价，当将来结算付款时可按实际完成的工程量和所报单价支付。第三类暂定工程是一笔固定总金额，金额用途将来由业主确定。

第一类情况，由于暂定总价款是固定的，对总报价水平竞争力没有任何影响，因此，投标时应将暂定工程量的单价适当提高。这样工程量变更不影响投标人收益。投标报价的竞争力同样不受影响。第二种情况，投标人必须慎重考虑，如果单价定高了，会增大总报价，影响投标报价的竞争力；如果单价定低了，将来这类工程量增大，会影响收益。一般来说，这类工程量可以采用正常价格。如果承包商估计今后实际工程量肯定会增大，则可适当提高单价，使将来可增加额外收益。第三种情况对投标竞争没有实际意义，按招标文件要求将规定的暂定款列入总报价即可。

3. 阶段性报价

大型分期建设工程，在一期工程投标时，可以将部分间接费分摊到二期工程，少计利润争取中标。这样在二期工程招标时，凭借第一期工程的经验、临时设施，以及创立的信誉，比较容易中标。但应注意分析二期工程实现的可能性，如开发前景不明确，后续资金来源不明确，实施二期工程遥遥无期，则不宜这样考虑。

4. 无利润报价

缺乏竞争优势的承包商,在特定情况下,在报价中根本不考虑利润去夺标。这种办法一般是处于以下情况时采用。

(1)有可能在得标后,将大部分工程包给索价较低的分包商。

(2)分期建设的项目,先以低价获得首期工程,而后赢得机会创造二期工程中的竞争优势,在以后的实施中赚得利润。

(3)长时期承包商没有在建的工程项目,如果再不中标,难以维持生存。因此,虽然本工程无利可图,只要能维持工程的日常运转,就可设法渡过暂时的困难,以图东山再起。

五、其他策略

如:信誉制胜策略、优势制胜策略、联合保标策略。

(一)信誉制胜策略

信誉,在建筑业意味着工程质量好,及时交工,守信用。如同工厂产品的商标,名牌产品价格就高;建筑企业信誉好,价格就高些,如某建设项目,施工技术复杂,难度大,而本公司过去承担过此类工程,取得信誉,业主信得过;报价就可稍高。若为了占领某地区市场,建立信誉,也可以降低报价,以求将来发展。

(二)优势制胜策略

优势体现在施工质量、施工速度、价格水平、设计方案上,采用上述策略可以有以下几种方式。

(1)以质取胜。建筑产品质量第一,百年大计。投标企业用自己以前承建的施工项目质量的社会评价及荣誉、质量保证体系的科学完备性,已通过国际和国内相关认证等,作为获得中标的重要条件。

(2)以快取胜。通过采取有效措施缩短施工工期,并能保证进度计划的合理性和可行性,从而使招标工程早投产、早收益,以吸引业主。

(3)以廉取胜。前提是保证施工质量,这对业主具有较强的吸引力。从投标单位的角度出发,采取该策略通过降价扩大任务来源,降低固定成本的摊销比例,为降低新投标工程的承包价格创造条件。

(4)改进设计取胜。通过研究原设计图纸,若发现明显不合理之处,可提出改进设计的建议和能降低造价的措施。在这种情况下,一般仍然要按原设计报价,再按建议的方案报价。

(三)联合保标策略

在竞争对手众多的情况下,采取几家实力雄厚的承包商联合控制标价,一家出面争取中标,再将其中部分项目转让给其他承包商分包,或轮流相互保标。在国际上这种做法很常见,但是一旦被业主发现,则有可能被取消投标资格。在国内属违法行为即"围标"。

上述策略是投标报价中经常采用的,策略的选择需要掌握充足的信息,竞标企业对项目重要性的认识对策略选择有着直接的影响。策略的应用又与谈判、答辩的技巧有关,灵活使用投标报价的基本策略的目的是中标获得项目承建权。

六、开标后的投标技巧

投标人通过公开开标可以得知众多投标人的报价。但低价不一定中标,业主要综合各方面的因素严肃评审,有时需经过谈判(答辩),方能确定中标人。若投标人利用议标谈判的机会,展开竞争,就有可以变投标书的不利因素为有利因素,提高中标机会。特殊情况下,议标方式发包工程还存在。通常是选 2~3 家条件较优者进行谈判。招标人可分别向他们发出通知进行议标谈判。招标惯例规定,投标人在标书有效期内,不能对包括造价在内的重要投标内容进行实质性改变。但是,某些议标的谈判可以例外。在议标的谈判中的投标技巧主要有:

(一)降低投标价格

投标价格不是中标的惟一因素,但却是中标的关键性因素。在议标中,投标人对提出降价要求是议标的主要手段和实质内容。需要注意的是:其一,要摸清招标人的意图,在得到其降低标价的明确暗示后,再提出降价的要求。因为,有些国家的政府关于招标法规中规定,已投出的投标书不得改变任何文字,若有改动,投标即告无效。其二,降低投标价要适当,应在自己投标降价计划范围内。降低投标价,考虑两方面因素:低投标利润;降低经营管理费。在具体操作时,通常通过在投标时测算的利润空间,设定降价百分比系数,在需要时可迅速地提出降价后的投标价。设定降价系数时应确定:降价幅度与利润的函数关系;降价临界点,这个临界点不一定是利润为零的点,他是根据企业经营管理需要,决定的某一利润水平,包含亏损标在内。降价系数可以是对总造价的,也可是对某些分项的。

(二)补充投标优惠条件

除中标的关键性因素——价格外,在议标的谈判技巧中,还可以考虑其他许多重要因素,如缩短工期,提高工程质量,降低支付条件要求,提出新技术和新设计方案以及提供补充机械设备等,以此优惠条件争取招标人的认同,争取中标。

第六节　建设工程施工招标投标的后期管理

建设工程的招标投标在决标之后,便转入到后期工作阶段。后期工作阶段是工程承包合同的签订及履行阶段,该阶段的工作成效,直接影响工程承发包双方的经济利益。本节拟对后期工作的具体内容,工程承包合同的签订、履行合同过程中合同纠纷的解决及施工索赔的方法等重要问题分别予以介绍。建设工程招标投标后期工作的内容繁杂,包括业主与中标单位签订工程承包合同,确立承发包关系,双方互相监督履约,协同施工,直到工程竣工验收,结清全部工程价款,从而结束承发包关系整个过程中的各项工作。

一、签订工程承包合同

(一)办理好相关手续

签订工程承包合同之前,必须办理好履约保证书和各项保险手续。"履约保证书"是投标单位在中标之后,为确保投标人能履行拟签订的承包合同,必须在承包合同签订前,先向业主交纳的保证书。保证书提出的保证金数额的确定方法一般有两种:一种是按标价的 10% 计算保证金数额;另一种是按规定的保证金数额确定。若承包人履约,则履约保证书的有效期应持续到完工之日。若承包人违约,该保证书的有效期就要持续到保证人以保证金额赔偿了业主方面的损失之日止。业主要同时向中标人提供工程款支付担保,需要办理各项保险手续如:工程保险、第三方责任保险及中标人特殊工种人身意外伤害保险等。

(二)商签工程承包合同

根据我国合同法对合同的定义,合同是"平等主体的自然人、法人、其他组织之间设立、变更、终止民事权利义务关系的协议"。任何合同均应具备三大要素:主体、标的、内容。主体即签约双方的当事人;标的是当事人的权利和义务共同指向的对象;内容指合同当事人之间的具体权利与义务。

工程承包合同,是工程业主和承包商为完成某一工程项目而签订的合同。它是双方履行各自权利、义务的具有法律效力的经济契约。业主根据合同条款对工程的工期、质量、价格等方面进行全面监督,并对承包商支付报酬;承包商则根据合同条款完成该项工程的施工建造,并取得酬金。因此,也可以认为工程承包合同是承包商保证为业主完成委托任务,业主保证按商定的条件给承包商支付酬金的法律凭证。双方要根据工程承包合同文本的构成的顺序对合同履行进行管理。

(三)商签工程承包合同注意的问题

签订工程承包合同,实质是确立工程业主和工程承包商之间的法律关系及其双方的一切权利和义务。因此,签订时必须谨慎,本书在第八章作过讲述,以下从中标人角度进行更为详尽的论述:

1. 合同的合法性

必须依据适用的法律、法规关于合同的订立、效力、履行、变更和转让、合同的权利义务终止、违约责任等规定商签合同,确保重要合同文件及合同条款与现行法律、法规保持一致。

2. 合同的时效性

投标人必须在业主的中标通知规定的期限15~30天内(注意地方性法规的差异,有的地区规定15日内),到招标人所在地签订合同,缔约双方必须注意在规定的期限签订合同。否则,承担违约责任。

3. 合同词句必须准确

合同中的词句如果含混不清,势必导致双方的权、责、利划分不明,引起诸多不必要的争端。所以一定要字斟句酌,尽量准确。

4. 合同条款完整严密

签订合同时,有关条款必须全部列出,不得有任何疏漏,并应对所列条款逐一做出具体说明,以免误解,特别要注意规定款项的结算支付的方法和时间;规定工程工期;明确规定特殊风险所包括的内容及其赔偿问题;明确规定争端的处理方式等内容。

5. 适当规定工程变更和增减量的限额及其时间期限

签订合同时,必须注意对工程变更和增减的总量定出一个适当的限额。通常将此限额规定为占原工程总量的15%~25%,超过限额,承包商就应有权修改费率。同时,还应明确定出工程变更提出的时间期限,对于较大的分项工程的大幅度变更,应在工程开工初期就确定,不得延至工程后期。

6. 关于合同文件部分具体要求

(1)避免诸如使用"除另有规定外的一切工程"、"承包商可以合理推知需要提供的为本工程服务所需的一切辅助工程"等含混词句;争取写明"未列入工程量及其价格清单中的工程内容不包括在合同总价内";对"可供选择的项目",力争在签订合同前予以明确;否则应规定期限,以防止影响材料的订货及工期;不能笼统地写上"业主提交的图纸属于合同文件",应该明确"与合同协议同时由双方签字确认的图纸属于合同文件",以避免业主以补充图纸增加工程内容;关于"工作必须使工程师满意"的条款,不能写有"严格遵守工程师对本工程任何事项(不论本合同是否提到)所作的指示和指导",应注意限制工程师的不合理权限,明确规定"使工程师满意"只能是施工技术规范和合同条件内的满意。

（2）对现场工程师的办公室、家具设备、车辆及各项服务，应明确面积、标准和详细内容，以便划清业主和承包商各自应负担的范围。承包商方面也可以从合同总价中减去这一费用，由业主自行负责或由业主委托监理工程的顾问公司负责，以防止现场工程师挑剔；

（3）应当将投标前业主对各投标人质疑的书面答复作为合同的组成内容，因为这些答复是计算标价的依据；

（4）作为付款和结算依据的工程量和价格清单，应当根据评标阶段作出的修正稿审定。并且标明哪些将按实际完成的工程量测量付款，哪些须按总价付款。

（5）关于不可预见的自然条件和人为障碍问题，一般合同条件虽有"可取得合理费用"的条款规定，但措词含糊，故在实施中常引起争执。若在招标文件中所提供的气象、水文和地质资料都明显短缺，则须争取列入非正常气象、水文和地质情况下业主应提供额外补偿的条款；或者在合同价格中写明对地质、水文条件的估计（例如，地耐力不小于多少公斤/平方厘米；地基深度不超过多少米；地下水位如何等），若超过这些有关的估计值，则须增加补偿费用。

（6）对于报送材料样品给工程师或业主认可的周期，应明确规定期限。写明若在规定期限内不予答复，则属"默认"，在"默认"后再提出更换，则应由业主方面来承担因此而导致的工程延期和材料已订货所造成的损失。

（7）对于应向工程师提供的现场测量试验仪器，应明确在合同中列出清单，若超出此范围，则应规定由业主承担费用；应明确规定双方共同的有关材料试验鉴定的权威单位，以免日后在材料试验结果的权威性方面产生分歧；要明确规定对现场的移交应当包括有关现场的一切图纸、文件和各种测量标志（各种坐标和标高的标桩）的移交；须写明业主向承包商提交的现场应该包括为施工所需的临时工程用地，且临时工程占用土地的补偿费用（如土地、青苗和树木补偿费，居民迁移等）由业主负担。

（8）应明确规定维修工程的范围和维修责任，写清承包商只能承担由于材料或做工不符合标书规定而产生的缺陷；必须写明工程维修期满后应退回维修保证金或维修保函。最好是争取用银行保函的办法来代替扣留保证金。

（9）应争取获得预付款。预付款的支付时间，最好是在承包商于合同签署后提供一份预付款银行保函的同时即行付给，预付款的归还可在每月支付的工程款中按同一比例（即预付款占合同总价的比例）扣除。还应规定预付款保函的保值随着被扣还的金额而相应递减；当没有现金支付预付款时，可同业主协商，要求付给一定的"初期付款"，即业主按工程初期的准备工作（如暂设工程、设备机具运抵现场、施工设计和勘测等）完成情况而支付的款项。材料和机械设备款项支付办法，通常应在"专用条件"中规定，如未作具体规定时，应将双方对此达成的一致意见，写入"补遗"或"附录"中。一种办法是，运抵现场的材料和机电设备，经检验认可，即按发票支付一定的百分比的款额（如取 60%～80%）。另一种办法是，材料部分可按前一办法处理；机电设备则划分阶段各按一定的比例支付。

中期付款的最低金额，如在招标文件中没有规定，则不必提出讨论，这对承包商有利。中期付款应按规定的支付期限。如业主不能在限期内付款，则应规定向承包商支付利息，其利率也应明确地写入合同。

（10）明确规定合同文件的优先次序。

二、履行合同

(一)承包人的履约工作

在履约过程中,承包人必须按照合同的约定保质、保量、如期地将工程交付给发包人使用,并根据合同中规定的价格及支付条款收取工程款。其主要工作是:

(1)办理预付款保证书,及时收取预付款。

(2)备工、备料,完成施工前的准备。

(3)按计划组织施工,确保质量、工期和安全。

(4)保存工程项目资料记录。

必须妥善保存的文件、资料,主要是指投标文件、标书、图纸以及与业主、工程师的来往信件,各种财务方面及工程量计算方面的原始凭据等。需作好的记录:工程师通知的工程变更记录、暂定项目的工程量记录、标书外的零星点工及零星机械使用量记录、天气记录、工伤事故记录等。这些记录均须取得有关方面的签认。

(5)办理支付证书并交工程师签认。根据工程的实际进度,累计所完成的各项工程量,办理支付款项证明书,送交工程师签认。

(6)向工程师报告有关情况。以书面形式向工程师报告无法按照合同规定供应的材料、设备等。并提出代用品的建议,征得工程师的同意,以保证工程进度和承包人在价格方面不受影响。

(7)注意施工索赔工作。包括:分析标书及图纸等方面的漏误;核对施工中的项目内容与标书及图纸的出入;详细记录影响施工的恶劣气候的天数;详细记录由于工程所在国当局的原因及业主方面人员的原因贻误工期的情况;详细记录工程变更情况等。对上述各类问题导致必须增加的费用额及必须延长的施工工期日数,均应以书面形式及时(一般是一个月以内)地通知工程师或其代表,请他们签认,以备日后能较顺利地进行费用和工期两方面的施工索赔。

(二)发包人的履约工作

发包人在履约过程中,主要是按合同的约定,协同施工,并验货、付款。其主要工作是:

(1)按期提交合格的工程施工现场;

(2)据合同的约定协助承包方办理相关手续;

(3)及时进行材料、设备样品的认可;

(4)完成工程的检验检查工作,办理验收手续;

(5)如期向承包人付款;

(6)委派工程师。

三、合同纠纷的解决

(一)履约中常见的主要纠纷

建设工程施工承包合同在履行过程中出现的各种纠纷可概括为以下几类,针对以下情况,我们要在招投标阶段就应该引起足够重视。

1. 工作命令

原则上承包商有义务执行工程师下达的所有工作命令,承包商有权在规定的期限内对工程师下达的工作命令提出异议和要求,因此,可能导致双方产生分歧。

2. 工程材料及施工质量和标准

当工程急需材料时,当地供应商不能按时供应工程材料,虽然承包商可以向供料企业索赔,却仍无法弥补工程上的损失,由此常常导致工期纠纷。

虽有技术规范、设计图纸和合同条款的规定,但有些标准并非绝对的,有些标准并无十分明确的界限,工程质量能否得到监理工程师的认可,与工程师的水平、立场、态度关系极大,因此也经常产生争议。

3. 工程付款依据

焦点是对已实施工程的确认。通常是在对施工日志、工程进度报表的确认及对工程付款临时及正式账单审核签字时产生争议。

4. 工期延误

工期纠纷是工程承包合同缔约双方间最常发生的纠纷。主要表现在对造成工期延误原因的确认和应采取的处理方法等方面出现争议。

5. 合同条款的解释

由于某些合同在签订时只是原则地提及双方的权利和义务,缺乏限定条款;还有些合同中部分条款的措词有时可以有多种解释,因而在合同实施中往往导致对合同条款如何解释产生分歧。在招投标阶段要严格规定合同文件解释顺序和合同文件的组成。

6. 不可抗力及不可预见事件

要在招投标阶段严格确定范围。

7. 工程验收

往往围绕工程是否合格的问题发生纠纷。

8. 工程分包

某些合同签订时对于是否允许分包并未作出明确规定,而承包商则利用合同中未设明确禁止分包的条款,在没有征得业主同意的情况下,进行了工程分包,因而导致双方产生纠纷。

9. 工程变更

工程承包合同实施过程中,往往出现工程变更的量或时间与合同规定的范围稍有不符,因此产生分歧。

10. 误期付款

尽管合同中都有明文规定业主拖欠工程款应付延期利息,但执行起来却非常困难,特别是延期利息数额巨大时,势必导致双方纠纷的产生。

(二)解决合同纠纷的基本方法

(1)协商;

(2)调解;

(3)仲裁;

(4)诉讼。

四、工程索赔

(一)施工索赔的主要原因

1. 超出合同规定的工程变更

工程变更包括工程量增减和工程用料或子项工程性质发生的变化,若业主方面提出的工程变更累计总额或工程量增减累计数量超过规定标准时,承包商则有权要求对超出部分另行计算价款。

2. 施工条件变化

施工条件的变化是指由于地质条件的极大差异,导致必须要对地基作特殊的处理或者出现了必须处理的情况,如合同文件中未涉及的地下管线、古墓等。

3. 业主及其雇员失误

业主的开工令下达过晚;履约迟缓(例如,不能按时提交合格的施工场地、不能适时指定需拆除的工程、工程师不能提交施工图纸或资料、拖延发放材料订货许可、拖延对材料样品的认可、不能按时提供或办理应由业主义务提供的相关文件或手续等);业主原因所致的合同中止与终止;对工程进行额外的检验或检查;工程师下达的指令前后矛盾、不准确或有错误;业主违约不按合同的规定签证或付款等。

4. 特殊风险

特殊风险主要指战争、叛乱、政变、革命、外国入侵、原子污染、严重的自然灾害及不可预料的恶劣自然条件等不可抗力。

5. 不可预见事件

不可预见事件是指工程所在国发生的经济领域内的导致合同实施的经济条件发生变化的事件,且为有经验的承包人也无法预料到的事件,主要包括:

(1)专制行为。专制行为是指政府或对工程有管辖权或有直接影响的主管部门出于特定原因而做出的必须执行的决定,致使工程停建、缓建或改变规模或性质。如:经济政策调整、金融市场整顿、压缩建设规模等;行业管理部门或地方行政部门的政策性或指令性的决定;业主放弃已发包的项目、缓建在建工程、改变工程的规模或性质等。

(2)后继法规。指合同签订后,业主所在国政府颁发的有追溯效力的法规。例如调整税收、补发工资等。

上述不可预见事件致使承包商蒙受了损失,通常应由业主承担,对承包人给予赔偿或补偿。

6. 合同文件的问题

合同文本由很多文件组成,且编制时间不是同一的,难免出现彼此矛盾的情况或产生些许差异;有些合同条款也并非始终口径一致,常出现一词多义有多种解释;还有些合同条款含糊不清等等,这些合同文件中的问题都会导致打乱承包商的施工计划,使承包商遭受损失,这些损失理应由业主方面负责赔偿或补偿。

7. 物价上涨

物价年上涨率超出过去三年的年平均上涨率视为非正常的物价上涨,因此,导致工程总价超过原始合同价15%时,除需按合同规定进行价格调整外,承包商还有获得相应补偿的权利。

8. 实施了责任范围以外的工程

一个大项目,往往由多家承包商共同实施,每一承包商都有自己的责任范围,但由于交叉作业,不可避免地会出现相互干扰甚至有相互破坏的情况,例如,为排除安装管线的某处故障,必须破坏业已完工的部分土建工程,当安装故障排除后,安装人员无法修补被破坏的土建工程,工程师唯有指令负责土建的承包商完成修补任务,使土建承包商实施了责任范围以外的工程,土建承包商因此所受的损失应由业主方面负担。

基于上述种种原因,势必会引起承包商方面费用的增加、工期的延长,使施工过程必然地存在进行施工索赔的问题。施工索赔实质上是承包商保护自己的利益并使自己能更多地获取利润的一种手段。

(二)索赔中的若干问题

1.招投标签约阶段索赔条款的研究

譬如,对关于合同范围、义务、工程变更、特别风险、违约罚款、业主违约、索赔规定等条款,都应本着维护承包商权益的精神,力争条款公平合理,利于进行索赔。

2.履约阶段索赔资料的准备

(1)索赔资料应该完整。

(2)索赔的依据须书面化。

(3)索赔的资料签认化。

(三)按规定提出索赔报

(四)索赔应该逐月进行

(五)遵循程序,把握时机,讲究方式

(六)保证重要文件法律上的正确性

(七)索赔必须同步协调地进行

1.费用与工期的索赔应同步进行

2.费用的索赔要协调进行

在提出直接费索赔的同时需关联提出管理费、利润等的索赔;在提出因工程变更引起的直接费索赔时需协调地提出保险费、保证金及开办费中相关费用项目的索赔。

思 考 题

1.施工企业怎样查证招标信息?

2.简述建设工程施工投标的主要工作?

3.影响建设工程施工投标决策的主要因素有哪些?

4.建设工程施工投标的技巧有哪些?

5.简述投标文件的组成内容?

6.简述建设工程施工投标程序?

7.根据相关知识简述建设工程施工评标的程序和内容?(提示:参阅本书其他章节,由于内容雷同本章未作详述)。

8.简述施工投标的现场踏勘?

9.说明怎样复核计算工程量?

10.参阅附录及光盘,说明建设工程施工投标文件的技术标编写内容及要求?

11.怎样编写建设工程施工投标文件的经济标?

12.怎样利用投标报价策略确定标价?

13.简要说明建设工程施工招投标后期管理的工作内容?

14.建设工程施工谈判的工作要点?

第十章　国际工程招标投标管理

第一节　国际工程招标投标管理概述

一、国际工程招标投标市场的发展与特点

第二次世界大战以后,许多国家恢复建设,国际间的建设工程和劳务合作普及,促进了建筑业的发展,使工程招投标市场形成了大融合,进入 20 世纪 70 年代,发达国家国内重建基本完成,强大的建筑力量需要面向世界寻找机会。

在 20 世纪 80 年代后期和 90 年代前期,东亚和东南亚地区利用外资的步伐加快。这一地区的许多国家,例如新加坡、马来西亚、泰国、印度尼西亚、韩国等国以及中国香港和台湾地区的经济增长率高。发达国家积极将劳务密集型工业转移到这些国家和地区,使这一地区每年的国际工程承包合同额在全世界的合同总额中所占比例增高。从近年来发表的统计数字汇总可以看出,亚洲工程承包市场较为活跃,大致保持了世界承包市场营业额的三分之一左右。从长远来看,亚洲是一个潜力巨大的工程市场。国际工程招投标市场是一个动态市场,随着国际政治形势、社会经济发展和科学技术进步而不断发展变化,目前国际工程招投标市场的特点有以下几个方面:

(1)国际工程项目趋于大型化。国际工程公司的规模大、实力雄厚,在竞争大型项目时具有明显的优势,获得更多的中标机会,经济效益较高。国际工程市场的这一特点,促进了一些大、中型公司纷纷相互联合、兼并,增强在国际工程市场上的竞争实力和垄断地位。如1996 年排行前十名的最大承包商的营业额合计为 423 亿美元,接近全球最大 225 家公司总营业额的三分之一。

(2)国际工程招投标市场设计、施工一体化是近年来的流行方式,为业主提供全面服务。美国约三分之一的项目采用该方式。这种趋势促使工程咨询设计与施工的密切结合,打破了原有的业务范围的划分和工作方法,大批的承包公司以工程咨询设计为龙头带动工程承包,组织施工分包。咨询公司与承包公司出现了相互联合承揽工程项目现象。

(3)国际工程竞争地方保护主义政策较普遍,对外国公司进入本国市场采取限制条件。如有一些发展中国家规定,外国公司不能单独承揽该国的建设项目等等。国际工程咨询、承包公司纷纷与当地公司建立起各种形式的联营公司,占领市场。

(4)科技与管理水平是赢的国际工程招投标市场项目的重要条件。业主为得到较高的投资回报率,促使承包商以低成本实施工程;同时,低价竞标成为国际市场竞争主流策略,因而需要依靠先进的技术和科学的管理来降低成本。

二、拓展我国建筑企业国际市场的竞争空间

我国从 1978 年开始涉足对外经济技术合作,培养了一大批具有国际工程管理经验和才能的开拓型人材,缓解了劳动力就业压力。增加了相关行业的外汇收入。国际建筑市场划分为境外国际市场和境内国际市场。美国《工程新闻记录》公布了世界最大 225 家国际承包商的 1997 年经营业绩,中国上榜公司 26 家,国外营业额共 40.79 亿美元,占全部营业总额 1102.24 亿美元的 3.7%,1998 年进入 225 家国际最大承包商排名的中国企业共有 30 家,承包工程总额为 50.29 亿美元,占 225 家承包商营业额的 4.3%,表明我国建筑企业已具备国际竞争力。我国建筑企业的国外经营范围主要集中在亚洲、非洲和中东地区,另外,我国建筑企业的境内国际市场的占有率也很低,国内的外商投资项目、国际金融组织贷款的工程项目几乎全由资金和技术力量雄厚的境外承包商总承包。开拓国际工程市场、减少失误、获取利润、求得生存与发展,最迫切需要的是一大批复合型、开拓型、外向型的中、高级国际工程管理人才。"复合型"主要是指知识结构要"软"、"硬"结合,既有坚实的专业技术基础,又要通晓管理,有经济头脑,还要有较高的外语水平。"外向型"主要指要熟悉国际惯例,在技术方面,要熟悉国外的技术规范和标准;在经济方面,要了解金融、外贸、财会、保险有关知识;在管理方面,要熟悉国际工程管理的模式,懂得国际通用的项目软件的应用;在外语方面,应具有听、说、读、写的能力,能熟练地阅读招标文件、直接用外语进行合同谈判和技术问题商谈。"开拓型"主要指要有远见卓识,对商务敏感,有正确的判断能力和快速应变能力,掌握社交公关技巧,有进取精神,会主动寻找机会,有强烈的市场意识,敢于和善于开拓市场,又有风险意识。

总之,商业竞争归根到底是人才的竞争,我国工程企业要开发和占领国际市场,必须要有一大批国际工程管理人才,每个公司应该拥有一批国际工程项目经理、合同专家、财会专家、投标报价专家、工程技术专家、物资管理专家、索赔专家以及金融专家,才能在国际市场上承揽大项目,才能获得良好的经济效益。

我国建筑企业开拓国际市场的另一个重要条件就是:深化企业改革,转变经营管理机制,在用人制度、经营决策、财务制度、内部管理等建立适合市场经济的经营管理机制。我国的建筑企业与国际大型咨询公司经营存在根本差距。消除差距是我国建筑企业与国际大工程公司竞争抗衡的基本条件,向经营管理机制科学化要效益,是我国实现持续发展的必由之路。

三、国际工程招标分类

国际工程招标根据招标范围的不同可分为:

(一) 全过程招标

这种方式通常是指"交钥匙"工程招标,招标范围包括整个工程项目实施的全过程,包括勘察设计、材料与设备采购、工程施工、生产准备、竣工、试车、交付使用与工程维修。

(二)勘察设计招标

招标范围要求完成勘察设计任务。

(三)材料、设备招标

招标范围要求完成材料、设备供应及设备安装调试等工作任务。

(四)工程施工招标

招标范围要求完成工程施工阶段的全部工作;可以根据工程施工范围的大小及专业不同实行全部工程招标、单项工程招标、分项工程招标和专业工程招标等。

四、国际工程招标方式

根据项目本身的要求和环境的不同,项目采购的多种方式适合于不同的项目采购。因此,在项目实施过程中选择采购方式(招标方式)尤为重要,将有助于提高采购效率和质量。

常用的项目招标方式如下:

1. 公开竞争性招标

该方式也称为无限竞争性招标,即由业主在国内外主要报纸、有关刊物上发布招标广告,公开进行招标。对招标项目感兴趣,可以购买资格预审文件,参加资格预审,资格预审合格者均可以购买招标文件进行投标。这种方式给承包商提供一个平等竞争的机会,业主有较大的选择余地,有利于降低工程造价,提高工程质量和缩短工期,由于参与竞争的承包商很多,资格预审和评标的工作量较大。

2. 有限竞争性招标

有限竞争性招标,又称为邀请招标,或选择招标。有限竞争性招标是由招标单位根据自己积累的资料,或由权威的咨询机构提供的信息,选择一些合格的单位发出邀请,被邀请单位(必须有三家以上)在规定时间内向招标单位提交投标意向,购买招标文件进行投标。该方式的优点是应邀投标者的技术水平、经济实力、信誉等方面具有优势,能保证招标目标顺利完成。缺点是在邀请时如带有感情色彩,就会使一些更具竞争力的投标单位失去机会,但这种方式比公开招标节省了广告费用和招标的工作量。

3. 谈判招标

谈判招标(Negotiated Bidding)也称为议标、指定招标、询价采购,它是由业主直接选定一家或几家承包商进行协商谈判,直到与某一承包商达成协议,确定承包条件及标价的方式。该方式的特点是不具公开性和竞争性,节约时间,容易达成协议,迅速开展工作,但无法获得有竞争力的报价。项目任何一种商品的采购都必须首先进行询价,以便能够"货比三家",最终以最优的条件与选定的供应商签约。适合于工程造价较低,工期紧,专业性强或军事保密工程。

为了更好地做好询价工作,项目组织可以做广告来扩充已有的卖主清单,也可以举行投标人会议。投标人会议是在准备建议书之前与可能的供应商召开的会议,用于保证所有可能的供应商对采购(技术要求、合同要求等)有清楚和共同的理解。在这一过程中,所有可能的卖主都应处于完全平等的地位。询价的结果是获得若干供应商提供的报价单或建议书。建议书是供应方准备的说明其提供所要求产品的能力和意愿的文档,它们是按照有关采购文档的要求准备的。项目组织在收到报价单或建议书之后,就应该根据相应的标准进行评价,从中选择合意的供应商。一般来讲,供应商的选择标准在项目采购计划的制定过程中,就应该设计出来。采购评价标准既有客观评价的标准指标,也有主观的评价标准指标。采购评价标准通常是项目采购计划文件的一个重要组成部分。在供方选择的决策过程中,除了成本或价格以外,还需要评价许多因素。价格可能是决定现货采购的首要因素。但是,如果供应方不能够按时交货,则最低建议价格不一定是最低成本。供应商的建议书通常分为技术(方法)部分和商务(价格)部分,项目组织可以设置相应的指标对两部分分别进行评价。根据评价的结果项目组织可以列出合格卖主的清单,然后对所有供应商排序以确定谈判顺序,最后选择一个供应商与其签署一份标准合同。当然,也有可能需要多个供应商。

另外还可以直接签订合同,或者自制或自己提供服务。

五、招标投标的特征

招标投标是一种因招标人的要约,引发投标者的承诺,经过招标人的择优选定,最终形成协议和合同关系的平等主体之间的经济活动过程,是"法人"之间有偿的、具有约束力的法律行为。招标投标是商品经济发展到一定阶段的产物,是一种特殊的商品交易方式。招标方与投标方交易的商品统称为"标的"。招标投标具有下述基本特征:

(一)平等性

招投标的平等性,应从商品经济的本质属性来分析,商品经济的基本法则是等价交换。招标投标是独立法人之间的经济活动,按照平等、自愿、互利的原则进行,受到法律的保护和监督。展开公平竞争。

(二)竞争性

招投标的核心是竞争,按规定必须有三家以上投标,形成投标者之间的竞争。他们以各自的实力竞标。招标人可以在投标者中间"择优选择"。

(三)开放性

招投标活动须在公开发行的报刊杂志上刊登招标公告,在最大限度的范围内让所有符合条件的投标者自由竞争。

六、国际工程招标投标活动的基本原则

各国立法及国际惯例规定,招标投标应遵循"公开、公平、公正"的原则。招投标行为是市场经济的产物,遵循市场经济活动的原则。例如《世界银行贷款项目国内竞争性招标采购指南》规定:本指南的原则是充分竞争、程序公开、机会均等、公平一律地对待所有投标人,并根据事先公布的标准将合同授予最低评标价的投标人。《联合国贸易法委员会货物、工程和服务采购示范法》在立法宗旨中写道:促进供应商和承包商为供应拟采购的货物、工程或服务进行竞争,规定给予所有供应商和承包商以公平和平等的待遇,促使采购过程诚实、公平、提高公众对采购过程的信任。

(一)公开原则

公开原则就是要求招标投标活动具有高的透明度,实行招标信息、招标程序公开,即发布招标通告,公开开标,公开中标结果,使每一个投标人获得同等的信息,知悉招标的一切条件和要求。

(二)公平原则

此原则就是要求给予所有投标人平等的机会,使其享有同等的权利并履行相应的义务,不歧视任何一方。

(三)公正原则

就是按统一标准对待每个投标人。招标投标在国际上应用较早,在西方市场经济国家,由于政府及公共部门的采购资金主要来源于企业、公民的税款和捐赠,提高采购效率、节省开支是纳税人和捐赠人对政府和公共部门的必然要求。因此,这些国家普遍在政府及公共采购领域推进招标投标,招标逐渐成为市场经济国家的一种采购制度。

七、工程招标项目的合同类型

(一)总价合同

总价合同(Lump Sum Contract)是指支付给承包商的款项在合同中是一个总价,在招投标时,要求投标者按照招标文件的要求报出总价,并完成招标文件中规定的全部工作。总价合同可以分为固定总价合同和可调值总价合同。固定总价合同(Firm—Lump Sum)是指业主和承包商以有关资料(图纸、有关规定、规范等)为基础,就工程项目协商一个固定的总价,

这个总价一般情况下不能变化,只有当设计或工程范围发生变化时,才能更改合同总价。对于这类合同,承包商要承担设计或工程范围内的工程量变化和一切超支的风险;可调值总价合同(Escalation—Lump Sum)中的可调值是指在合同执行过程中,对于通货膨胀等原因造成的费用增加,可以对合同总价进行相应的调值。可调值总价合同与固定总价合同的区别:固定总价合同要求承包商承担设计或工程范围内的一切风险,而可调值总价合同则对合同实施过程中出现的风险进行了分摊,即由业主承担通货膨胀带来的费用增加,承包商一般只承担设计或工程范围内的工程量变化带来的费用增加。

(二)单价合同

单价合同(Unit Price Contract)是国际工程承包常用的合同方式,其特点是根据合同中确定的工程项目所有单项的价格和工程量计算合同总价。通常是根据估计工程量签订单价合同。单价合同主要有估计工程量单价合同和纯单价合同两类。估计工程量单价合同是由业主委托咨询公司按分部分项工程列出工程量表及估算的工程量,适用于根据设计图纸估算工程量的项目。纯单价合同是在设计单位还来不及提供设计图纸,或出于某种原因,虽有设计图纸,但不能计算工程量,招标文件只向投标者提供各分部分项工程的工作项目、工程范围和说明。单价合同适用项目的内容和设计指标不确定或工程量出入大的情况。

单价合同的主要优点是:可减少招标准备工作,缩短招标准备时间;能鼓励承包商通过提高工效等手段节约成本;业主只按工程量表的项目支付费用,可减少意外开支;结算时程序简单,只需对少量遗漏单项在执行合同过程中再报价;对于一些不易计算工程量的项目,采用单价合同会有一些困难。

(三)成本加酬金合同

成本加酬金合同(Cost Plus Fee Contract)是一种根据工程的实际成本加上一笔支付给承包商的酬金作为工程报价的合同方式。采用成本加酬金合同时,业主向承包商支付实际工程成本中的直接费,再按事先议定的方式为承包商的服务支付管理费和利润。业主在这种情况下选择承包商应审查承包商的资质和酬金报价,将合同授予资质和报价最适合的承包商。采用成本加酬金合同可在规划完成之前开始施工。适用于不能确定工作范围或规模等原因无法确切定价的工作。或某些急于建设而设计工作并不深入的工程项目,尤其是灾后(或战后)重建工程、涉及承包商专有技术的工程等。

第二节　国际工程项目招标

一、国际工程项目招标的程序

国际上已基本形成了相对固定的招标投标程序,可以分三大步骤,即对投标者的资格预审;投标者得到招标文件和递交投标文件;开标、评标、合同谈判和签订合同,三大步骤依次连接就是整个投标的全过程。简要的招标过程如图 10-1 所示。

从图 10-1 可以看出,国际工程招投标程序与国内工程招投标程序无多大区别。由于国际工程涉及的主体多,在招标投标各阶段的具体工作内容会有所不同。FIDIC"招标程序"提供了一个完整、系统的国际工程项目招标程序,具有实用性、灵活性。它旨在帮助业主和承包商了解国际工程招标的通用程序,为实际工作提出规范化的操作程序。这套招标程序对其他行业,如 IT 行业,也有一定的参考价值。FIDIC"招标程序"还附有三个附录:项目执行模式、承包商的资格预审标准格式和投标保证的格式。FIDIC"招标程序"为工程项目的招标和合同的授予提出了系统的办法。它旨在帮助业主和工程师根据招标文件获得可靠的、符合要求的、且有竞争性的投标人，同时能够迅速高效地评定各个投标书。同时，也努力为承包商提供机会，鼓励投标人为其有资格承担的项目的招标邀请做出积极的反应。采用本程序能使招标费用大大降低，并能确保所有投标者得到公平同等的机会，使他们按照合理可比的条件提交其投标书。本程序反映的是良好的现行惯例，适用于大多数国际工程项目，但由于项目的规模和复杂程度不同，加之有时业主或金融机构确定的程序提出了某些限制性的特殊条件，因此，可对本程序做出修改，以满足某些相应的具体要求。

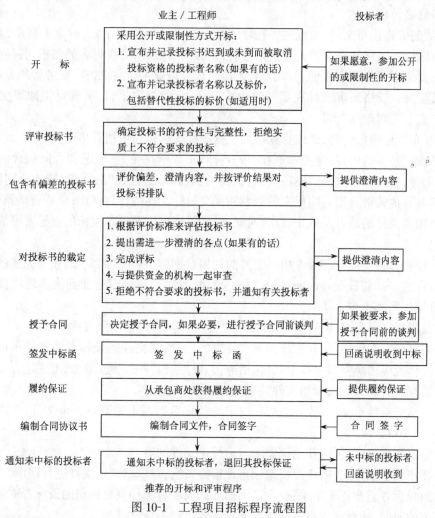

图 10-1 工程项目招标程序流程图

经验证明，对于国际招标项目进行资格预审很有必要，因为它能使业主和工程师提前确定随后被邀请投标的投标者的能力。资格预审同样对承包商有利，这是因为，如果通过了资格预审，就知道了竞争对手。

二、资格预审

对于某些大型或复杂的项目，招标的第一个重要步骤就是对投标者进行资格预审。业主发布工程招标资格预审广告之后，对该工程感兴趣的承包商会购买资格预审文件，并按规定填写的内容,按要求日期报送业主;业主在对送交资格预审文件的所有承包商进行了认真的审核后,通知那些业主认为有能力实施本工程项目的承包商前来购买招标文件。

(一)资格预审目的

业主资格预审的目的是了解投标者过去履行类似合同的情况,人员、设备、施工或制造设施方面的能力,财务状况,以确定有资格的投标者,淘汰不合格的投标者,减少评标阶段的工作时间和评审费用;招标具有一定的竞争性,为不合格的投标者节约购买招标文件、现场考察及投标等费用;有些工程项目规定本国承包商参加投标可以享受优惠条件,有助于确定一些承包商是否具有享受优惠条件的资格。

(二)资格预审程序

(1)编制资格预审文件:由业主委托咨询公司或设计单位编制,或由业主直接组织有关专业人员编制。资格预审文件的主要内容有:工程项目简介,对投标者的要求,各种附表等。

首先要组织资格预审文件工作小组,人员组成是以业主、招标机构、财务管理专家、工程技术人员参加。资格预审文件在编写时内容要齐全,要规定语言,明确资格预审文件的份数,注明"正本"和"副本"。

(2)发布资格预审公告,邀请有意参加工程投标的承包商申请资格审查。

资格预审公告的内容:业主和工程师的名称;工程所在位置、概况和合同包含的工作范围;资金来源;资格预审文件的发售日期、时间、地点和价格;预期的计划(授予合同的日期、竣工日期及其他关键日期);招标文件颁发和提交投标文件的计划日期;申请资格预审须知;提交资格预审文件的地点及截止日期、时间;最低资格要求及准备投标的投标者可能关心的具体情况。

资格预审公告一般应在颁发招标文件的计划日期前10~15周发布,填写完成的资格预审文件应在这一计划日期之前的4~8周提交。从发布资格预审通知到报送资格预审文件的截止日期的间隔不少于4周。

(3)发售资格预审文件:在指定的时间、地点开始发售资格预审文件。

(4)资格预审文件答疑:在资格预审文件发售后,购买文件的投标者对资格预审文件提出疑问,投标者应将疑问以书面形式(包括电传、电报、信件等)提交业主;业主应以书面形式回答,并通知所有购买资格预审文件的投标者。

(5)报送资格预审文件:投标者应在规定的截止日期前报送资格预审文件,报送的文件截止日期后不得修改。

(6)澄清资格预审文件:业主可要求澄清预审文件的疑点。

(7)评审资格预审文件:组成资格预审评审委员会,对资格预审文件进行评审。

(8)向投标者通知评审结果:业主以书面形式向所有参加资格预审的投标者通知评审结果,在规定的时间、地点向通过资格预审的投标者出售招标文件。

(三)资格预审文件的内容

资格预审文件的内容主要包括以下五个方面:

1.工程项目总体概况

工程项目基本情况说明包括:工程内容介绍、资金来源、工程项目的当地自然条件、工程合同的类型。

2.简要合同规定

（1）投标者的合格条件。有些工程项目所在国规定禁止与世界上某国进行任何来往时，则该国公司不能参加投标。

（2）进口材料和设备的关税。投标者应核实项目所在国的海关对进口材料和设备的法律规定，关税交纳的细节。

（3）当地材料和劳务。投标者了解工程所在国对当地材料价格和劳务使用的有关规定。

（4）投标保证金和履约保证金。业主应规定投标者提交投标保证金和履约保证金的币种、数量、形式、种类。

（5）支付外汇的限制。业主应明确向投标者支付外汇的比例限制和外汇兑换率，在合同执行期间不得改变外汇兑换率。

（6）优惠条件。业主应明确本国投标者优惠条件。世界银行"采购指南"中明确规定给予贷款国国内投标者优惠待遇。

（7）联营体(Joint Venture)的资格预审。联营体的资格预审条件是：资格预审的申请可以单独提交，也可以联合提交，预审申请可以单独或同时以合伙人名义提出，确定责任方和合伙人所占股份的百分比；每一方必须递交本企业预审的文件；说明申请人投标后，投标书及合同对全体合伙人有法律约束；同时提交联营体协议，说明各自承担的业务与工程；资格预审申请包括有关联营体各方拟承担的工程及业务分担；联营体任何变化都要在投标截止日前得到业主书面批准，后组建联营体如果由业主判定联营体的资格经审查低于规定的最低标准，将不予批准。

（8）仲裁条款。在资格预审文件中写明进行仲裁机构名称。

3．资格预审文件说明

在说明中应回答招标人提出的问题，按要求填写招标人提供的资格预审文件。

业主将根据投标者提供的资格预审申请文件来判断投标者的财务状况、施工经验与过去履约情况、人员情况、施工设备。通过判断来进行综合评价，业主应制定评价标准。

4．投标者填写的表格

业主要求投标者填写的表格有：资格预审申请表，管理人员表，施工方法说明，设备和机具表，财务状况报表，近五年完成的合同表，联营体意向声明，银行信用证，宣誓表等。

5．工程主要图纸

包括工程总体布置图，建筑物主要剖面图等。

（四）资格预审文件的评审

资格预审文件的评审是由评审委员会实施。评审委员会由招标机构负责组织，参加的人员有：业主代表，招标机构，上级领导单位，融资部门，设计咨询等单位的人员，应包括财务、经济、技术专家。资格预审应根据标准，一般采用打分的办法进行。

首先整理资格预审文件，是否满足资格预审文件要求。检查资格预审文件的完整性，检查投标者的财务能力、人员情况、设备情况及履行合同的情况是否满足要求。资格预审采用评分法进行，按标准逐项打分。评审实行淘汰制，对于满足填报资格预审文件要求的投标者一般情况下可考虑按财务状况、施工经验和过去履约情况、人员、设备等四个方面进行评审打分，每个方面都规定好满分分数限和最低分数限，只有达到下列条件的投标者才能获得投标资格。每个方面得分不低于最低分数线；四个方面得分之和不少于 60 分（满分为 100 分）。

最低合格分数线的制定应根据参加资格预审的投标者的数量来决定；如果投标者的数量比较多，则适当提高最低合格分数线，这样可以多淘汰一些投标者，仅给予获得较高分数的投标者以投标资格。

三、国际工程项目招标文件

招标文件是提供给投标者的投标依据。招标文件应向投标者介绍项目有关内容的实施要求，包括项目基本情况、工期要求、工程及设备质量要求，以及工程实施业主方如何对项目的支付、质量和工期进行管理。

招标文件还是签订合同的基础，尽管在招标过程中业主一方可能会对招标文件内容和要求提出补充和修改意见，在投标和谈判中，承包商也会对招标文件提出修改要求，但招标文件是业主对工程项目的要求，据之签订的合同则是在整个项目实施中最重要的文件。可见编制招标文件对业主非常重要。对承包商而言，招标文件是业主工程项目的蓝图，掌握招标文件的内容是成功地投标，实施项目的关键。工程师受业主委托编制招标文件要体现业主对项目的技术经济要求，体现业主对项目实施管理的要求，将来据之签订的合同将详细而具体地规定工程师的职责权限。

（一）编写招标文件的基本要求

世界银行贷款项目、土建工程的招标文件的内容，已经逐步纳入标准化、规范化的轨道，按照《采购指南》的要求，招标文件应当：

（1）能为投标人提供一切必要的资料数据。

（2）招标文件的详细程度应随工程项目的大小而不同。比如国际竞争性招标（ICB）和国内竞争性招标（NCB）的招标文件在格式上均有区别。

（3）招标文件应包括：招标邀请信、投标人须知、投标书格式、合同格式、合同条款，包括通用条款和专用条款；技术规范、图纸和工程量清单；以及必要的附件，比如各种保证金的格式。

（4）使用世界银行发布的标准招标文件。在我国贷款项目强制使用世行标准，财政部编写的招标文件范本，也可作必要的修改，改动在招标资料表和项目的专用条款作出，标准条款不能改动。

（二）招标文件的基本内容

国际和国内竞争性招标所用的招标文件，虽有差异，但是都包括如下文件和格式：

（1）"招标邀请函"。重复招标通告的内容，使投标人根据所提供的基本资料来决定是否要参加投标。

（2）"投标人须知"。提供编制具有响应性的投标所需的信息和介绍评标程序。

（3）"投标资料表"。包含使投标人须知更适用投标的详细信息。

（4）"通用合同条款"。确立适用土建工程合同的标准合同条件，即菲迪克合同条件。

（5）"专用合同条款"。又分为 A 和 B 两部分，A 部分为"标准专用合同条款"，B 部分为"项目专用合同条款"。"标准专用合同条款"对通用合同条款中的相应条款予以修改、增删，以适用于中国的具体情况。"项目专用合同条款"和"投标书附录"对通用合同条款和标准专用合同条款中的相应条款加以修改、补充或给出数据，适用合同的具体情况。

（6）"技术规范"。对工程予以确切的定义与要求，确立投标人应满足的技术标准。

（7）"投标函格式"。投标人中标后承担的合同责任。

(8)"投标保证金格式"。是使投标有效的金融担保拟定的格式。

(9)"工程量清单"。工程项目的种类细目和数量。

(10)"合同协议书格式"。

(11)"履约保证金格式"。是使合同有效的金融担保拟定格式,由中标的投标人提交。

(12)"预付款银行保函格式"。使中标人得到预付款的金融担保拟定的格式,由中标人提交。预付款银行保函的目的是在承包人违约时,对业主损失进行补偿。

(13)"图纸"。业主提供投标人编制投标书所需的图纸、计算书、技术资料及信息。

(14)"世界银行贷款项目采购提供货物、工程和服务的合格性"。列出了世界银行贷款项目采购不合格的供应商和承包商的国家名单。

(三)招标文件的相关主体及人员

建筑师、工程师、工料测量师是国际工程的专业人员,业主、承包商、分包商、供货商是国际工程的法人主体。

建筑师、工程师均指不同领域和阶段负责咨询或设计的专业公司和专业人员,如在英国,建筑师负责建筑设计,而工程师则负责土木工程的结构设计。各国均有严格的建筑师、工程师的资格认证及注册制度,作为专业人员必须通过相应专业协会的资格认证,而有关公司或事务所必须在政府有关部门注册。咨询工程师一般简称为工程师,指的是为业主提供有偿技术服务的独立的专业工程师,其服务内容可以涉及到各自专长的不同专业。

分包商是指那些直接与承包商签订合同,分担一部分承包商与业主签订合同中的任务的公司。业主和工程师不直接管理分包商,他们对分包商的工作有要求时,一般通过承包商来处理。如在英国,许多小公司人数在15人以下,占建筑企业总数的80%以上,而1%的大公司承包工程总量的70%。另外,指定分包商是指业主方在招标文件中或在开工后指定的分包商或供货商,指定分包商仍应与承包商签订分包合同。广义的分包商还包括供货商与设计分包商。供货商是指为工程实施提供工程设备、材料和建筑机械的公司和个人。一般供货商不参与工程的施工,但是有一些设备供货商由于所提供设备的安装要求比较高,往往既承担供货,又承担安装和调试工作,如电梯、大型发电机组等。供货商既可以与业主直接签订供货合同,也可以直接与承包商或分包商签订供货合同。工料测量师是英国、英联邦国家以及香港地区对工程经济管理人员的称谓,在美国叫造价工程师或成本咨询工程师,在日本叫建筑测量师。

(四)招标文件的编制

全部或部分世界银行贷款超过1000万美元的项目中必须强制性使用标准招标文件,对超过5000万美元的合同(包括不可预见费),需强制采用三人争端审议委员会(DRB)方法,而不宜由工程师来充当准司法的角色。低于5000万美元的项目的争端处理办法由业主自行选择,可选择三人DRB争端审议专家(DRE)或提交工程师决定,但工程师必须独立于业主。

"工程项目采购标准招标文件"共包括以下内容:投标邀请书、投标者须知、招标资料表、通用合同条件、专用合同条件、技术规范,投标书格式、投标书附录和投标保函格式、工程量表、协议书格式、履约保证格式、预付款银行保函格式、图纸、说明性注解、资格后审、争端解决程序、世界银行资助的采购中提供货物、土建和服务的合格性。下面将以世界银行工程项目采购标准招标文件的框架和内容为主线,对工程项目采购招标文件的编制进行较详细的介绍。

1. 投标邀请书

投标邀请书中包括的内容有:通知投标人资格预审合格,准予参加该工程项目的投标;购买招标文件的地址和费用;应当按招标文件规定的格式和金额递交的投标保函;开标前会议的时间、地点,递交投标书的时间、地点,以及开标的时间和地点;要求以书面形式确认收到此函,如不参加投标也希望能通知业主方;投标邀请书不属于合同文件的组成。

2. 投标人须知

投标人须知(ITB)的作用是具体制定投标规则,给投标人提供应当了解的投标程序,使其能提交响应性的投标。这里介绍的标准条款不能改动;必须改动时,只能在投标资料表中进行。投标人须知的主要内容包括:工程范围;工期要求;资金来源;投标商的资格(必须资格预审合格)以及货物原产地的要求;利益冲突的规定;对提交工作方法和进度计划的要求;招标文件和投标文件的澄清程序;投标语言;投标报价和货币的规定;备选方案;修改、替换和撤消投标的规定;标书格式和投标保证金的要求;评标的标准和程序;国内优惠规定;投标截止日期和标书有效期及延长;现场考察、开标的时间、地点等;反欺诈反腐败条款;专家审议委员会或小组的规定。

3. 招标资料表

招标资料表由业主方在发售招标文件之前,应对投标者须知中有关各条进行编写,为投标者提供具体的资料、数据、要求。投标者须知的文字和规定是不允许修改的,业主方只能在招标资料表中对其进行补充。招标资料表内容与投标者须知不一致以招标资料表为准。

4. 合同通用条款

范本的合同通用条款(GCC)为国际咨询工程师联合会 FIDIC(菲迪克)所出版的合同通用条款,FIDIC 合同条款依据国际通用的合同准则编写,为业主和承包商双方的关系奠定标准的法律基础。FIDIC 合同条款受版权保护,不得复印、传真或复制。招标文件中的通用合同条款可以从 FIDIC 购买,购买费计入招标文件售价。或者指明用 FIDIC 的合同条款,由投标人直接向 FIDIC 购买。FIDIC 条件的特点是:逻辑严密,条款脉络清楚,风险分担合理,文字上无模棱两可之处。FIDIC 条件具有单价合同特点,以图纸、技术规范、工程量清单为招标条件。突出了监理工程师的作用是独立的第三方,进行项目监理。

5. 合同的专用条款

专用合同条件是针对具体工程项目,业主方对通用合同条件进行具体补充,以使合同条件更加具体适用。在世界银行工程项目采购的标准招标文件中,将专用合同条件中列出的各种条件分成两类、三个层次;两类:WB——指世界银行编制的条件;F——指 FIDIC"土木工程施工合同条件"第 4 版 1992 年版中的条件。三个层次:M——指强制性;R——指建议性;O——指选择性。

6. 技术规范

7. 投标书格式、投标书附录和投标保函

投标书格式、投标书附录和投标保函这三个文件是投标阶段的重要文件,投标书附录不仅是投标者在投标时要首先认真阅读的文件,而且对合同实施期都有约束和指导作用,因而应该仔细研究和填写。

投标书格式汇总了投标人中标后总的责任。相当于国内投标书的投标函。标书业主应在投标函开头部分注有"合同名称"、"致:(业主名称)"的空格内填入相应的内容。投标人应填写此函并将其加入到投标文件中。按照投标函格式填写的投标函和业主的书面中标通知书,在签订正式的合同协议书之前,组成了约束双方的合同。"投标书"不等于投标者的全部投标报价资料。"投标书"被认为是正式合同文件之一,而投标者的投标报价资料,除合同协议书中列明者外,均不属于合同文件。

投标书附录对合同条款的作用与投标资料表对投标人须知的作用相同。由于投标书附录的目的是修改补充通用合同条款和专用合同条款 A 和 B,使其适用于具体的合同,投标书附录应与通用合同条款和专用合同条款对应。范本中的投标书附录列出了一些共同的问题,具体的合同可能还要在投标书附录中增加一些不同的条款:如果专用合同条款的某条不适用,则应在投标书附录的相应条款中注明"不适用"。投标人应在投标书附录的每一页上都签字,表示确认。外汇需求表、调价用的权重系数与基期指数等表格放在投标书附录后。是投标书组成部分,由投标人填写。投标者还需填写"分包商一览表",包括分包项目名称、分包项目估计金额、分包商名称、地址以及该分包商施工过的同类工程的介绍。

投标保函的有效期一般应比投标有效期长 28 天,招标机构在发出招标文件前应填入日期。投标人应按规定的格式提供。

8. 工程量清单

工程量清单提供工程数量资料,使投标书可以编写的有效准确,便于评标。在合同实施期间,标价的工程量清单是支付基础,用工程量清单中所报的单价乘以当月完成的工程量计算支付额。工程清单一般分为前言、工程细目、计日工表和汇总表四部分。

前言说明下述问题:①应将工程量表与投标者须知、合同条件、技术规范、图纸等资料综合起来阅读。②工程量表中的工程量是估算的,只能作为投标报价时的依据,付款的依据是实际完成的工程量和订合同时工程量表中最后确定的费率。③除合同另有规定外,工程量表中提供的单价必须包括全部施工设备、劳力、管理、燃料、材料、运输、安装、维修、保险、利润、税收以及风险费。④每一项目内容,投标者均应填入单价或价格,如果漏填,则认为此项目的单价或价格已被包含在其他项目之中。⑤规范和图纸上有关工程和材料的说明不必在工程量表重复强调。在计算工程量表中每个项目的价格时,应参考合同文件对项目的描述,如土方开挖应包含什么内容,注意什么问题。⑥根据业主选定的工程测量标准计量已完工程数量,或以工程量表规定的计量方法为准。⑦暂定金额是业主方的备用金,按照合同条件的规定支付。⑧计量单位使用通用的计量单位和缩写词(除非在业主所属国有强制性的标准)。

工程细目是指编制工程量表注意将不同等级要求的工程区分开;将同性质,不属于同部分的工作区分开;将情况不同、进行不同报价的项目区分开。编制工程量表划分"项目"要做到简单、概括,使项目既具有高度的概括性,条目简明,又不漏项和计价的内容。工程量表是以作业内容列表,叫作业顺序工程量表,另一种是以工种内容列表叫工种工程量表,使用较少。

计日工表是指出现工程量清单以外的不可预见工作,不能在工程量清单中明确给出工程量,合同中就要有合理计日工表。计日工表包括:计日工劳务、材料和施工机械的单价表;投标人填报的以计日工劳务、材料和设备的合计为基础的百分比的承包商应获利润管理费;工程量清单中还可以开列一项价格"暂定金额",代表价格上涨不可预见费。避免在预算批准后,要求追加补批。由指定分包商施工的工程或供应的特殊货物的估计费用应在工程量清单中列出并附简要说明。该暂定金项目业主另行招标,选择专业公司作为主承包商的指定分包商。主承包商要为指定分包商的施工提供方便,为了使主承包商提供的管理参与竞争,工程量清单中的每一项暂定金都应在实际开支的暂定金的基础上增加一个百分率。

第一类计日工表是劳务计日工表。劳务计日工费用包括两部分:劳务的基本费率,承包商按基本费率的某一百分比得到承包商的利润、管理费、劳务监管费、保险费以及各项杂费等费用;

第二类是材料计日工表。材料计日工费用包括两部分:材料的基本费率是发票价格加运费、保险费、装卸费、损耗费等;按照某一百分比得到利润、管理费等费用。对以计日工支付的工地内运送材料费用项目,按劳务与施工设备的计日工表支付。

第三类是施工设备计日工表。费率包括设备的折旧费、利息、保险、维修及燃料等消耗品,以及管理费、利润费用,但机械驾驶员及其助手应依劳务计日工表中的费率计价。施工设备按现场实际工时数支付。以上各费要用当地货币报价,但也可依据票据的实际情况用多种货币支付。

汇总表是工程量清单的一个单独的表格,各表结转的合计金额,并且列有计日合计,工程量方面的不可预见费和价格不可预见费的暂定金额。

9. 合同协议书格式、履约保函格式和预付款银行保函格式

投标人在投标时不填写招标文件中提供的合同协议书格式、履约保证金格式和预付款银行保函格式,中标的投标人才要求提交。许多国家规定,投标书与中标通知书即构成合同,有的国家要求双方签订合同协议书,如世界银行贷款合同,由合同双方签署后生效。

履约保证是承包商向业主提出的保证认真履行合同的一种经济担保,一般有两种形式,即银行保函或叫履约保函,以及履约担保。世界银行贷款项目一般规定,履约保函金额为合同总价的 10%,履约担保金额则为合同总价的 30% 以上。保函或担保中的"保证金额"由保证人根据投标书附录中规定的合同价百分数折成金额填写。美洲习惯采用履约担保,欧洲采用银行保函。只有世界银行贷款项目两种保证形式均可。亚洲开发银行则规定只能用银行保函。在编制国际工程的招标文件时应注意。银行履约保函分为两种形式:一种是无条件银行保函;另一种是有条件银行保函。对于无条件银行保函,银行见票即付,不需业主提供任何证据,承包商不能要求银行止付。有条件银行保函即银行在支付之前,业主有理由指出承包商违约,业主和工程师出示证据,提供损失计算数值。银行、业主均不愿承担这种保函。履约担保由担保公司、保险公司或信托公司开出的保函。承包商违约,业主要求承担责任前,必须证实承包商违约。担保公司可以采取以下措施之一,根据原要求完成合同:可以另选承包商与业主另签合同完成此工程,增加的费用由担保公司承担,不超过规定的担保金额;也可按业主要求支付给业主款额,但款额不超过规定的担保金额。银行预付款保函,即银行或金融机构应填入等于预付款的保证金数量。

10. 图纸

图纸是招标文件和合同的重要组成部分,是投标者在拟定施工方案,选用施工机械,提出备选方案,计算投标报价的资料。业主方一般应向投标者提供图纸的电子版。招标文件应该提供合适尺寸的图纸,补充和修改的图纸经工程师签字后正式下达,才能作为施工及结算的依据。在国际招标项目中,图纸有时较简单,可以减少承包商索赔机会,让承包商设计

施工详图,利用了承包商的经验。当然这样做对图纸要认真检查,以防造价增加。

业主方提供的图纸中所包括的地质钻孔、水文、气象资料属于参考资料。而投标者应对资料做出的正确分析判断,业主和工程师对投标者分析不负责任。投标者要注意潜在风险。

第三节 国际工程项目投标

一、确定投标项目

1. 收集项目信息

(1)通过国际金融机构的出版物。所有利用世界银行、亚洲开发银行等国际性金融机构贷款的项目,都要在世界银行的《商业发展论坛报》、亚洲开发银行的《项目机会》上发表。

(2)通过公开发行的国际性刊物。如《中东经济文摘》、《非洲经济发展月刊》上刊登的招标邀请公告。

(3)借助公共关系提早获取信息。

(4)通过驻外使馆、驻外机构、外经贸部、公司驻外机构、国外驻我国机构获取。

(5)通过国际信息网络。

2. 跟踪招标信息

国际工程承包商从工程项目信息中,选择符合本企业的项目进行跟踪,初步决定是否准备投标,再对项目进一步调查研究。跟踪项目或初步确定投标项目的过程是一项重要的经营决策过程。

二、准备投标

1. 在工程所在国登记注册

国际上有些国家允许外国公司参加该国的建设工程的投标活动,但必须在该国注册登记,取得该国的营业执照。一种注册是先投标,经评标获得工程合同后才允许该公司注册;第二种是外国公司欲参与该国投标,必须先注册登记,在该国取得法人地位后,正式投标。公司注册通常通过当地律师协助办理。承包商提供公司章程、所属国家颁发的营业证书、原注册地、日期、董事会在该国建立分支机构的决议,对分支机构负责人的授权证书。

2. 雇用当地代理人

进入该国市场开拓业务,由代理人协调当地事务。有些国家法律明确规定,任何外国公司必须指定当地代理人,才能参加所在国建设项目的投标承包。国际工程承包业务的80%都是通过代理人和中介机构完成的,他们的活动有利于承包商、业主,促进当地建设经济发展。代理人可以为外国公司承办注册、投标等。选定代理人后,双方应签订正式代理协议,付给代理人佣金和酬金。代理佣金一般是按项目合同金额的一定比例确定,如果协议需要报政府机构登记备案,则合同中的佣金比例不应超过当地政府的限额和当地习惯。佣金一般在合同总价的2%~3%左右。大型项目比例会适当降低,小型项目适当提高,但一般不宜超过5%。代理投标业务时,一般在中标后支付佣金。

3. 选择合作伙伴

国家要求外国承包商在本地投标时,要尽量与本地承包商合作,承包商最好是先从以前的合作者中选择两三家公司进行询价,可以采取联营体合作,也可以在中标前后选择分包。

投标前选择分包商。应签订排他性意向书或协议。分包商还应向总包商提交其承担部分的投标保函,一旦总包商中标,分包合同即自动成立。但事先无总包、分包关系,只要求分包商对其报价有效期作出承诺,不签订任何互相限制的文件。总包商保留中标后任意选择分包商的权利,分包商也有权调整他的报价;中标后选择分包商可以将利润相对丰厚的部分工程留给自己施工,有意识地将价格较低或技术不擅长的分包,向分包商转嫁风险;在某些工程项目的招标文件中,有时规定业主或工程师可以指定分包人,或要求承包商在业主指定的分包商名单中选择分包商。指定分包人向总包商承担义务责任,保障总承包商免受损害,获得补偿。

联营体合作伙伴的选择是为了在激烈的竞争中获胜,一些公司相互联合组成临时性的长期性的联合组织,以发挥企业的特长,增强竞争能力。联营体一般可分为两类:一类叫分担施工型,另一类叫联合施工型。分担施工型是合伙人各自分担一部分作业,并按照各自的责任实施项目。可以按设计、设备采购和安装调试、土建施工分,也可按工程项目或设备分,即把土建工程分为若干部分,由各家分别独立施工,设备也可根据情况分别采购、安装调试,有时这种形式也叫联合集团;一般的变更和修改可由联营体特定的领导者来处理。在项目合同中要明确规定这个特定的领导者具有代理全体合伙人的权限,便于和业主合作;联合施工型联营体的合伙者不分担作业,而是一同制定参加项目的内容及分担的权利、义务、利润和损失。因此,合伙人关心的是整个项目的利润或损失和以此为基础的正确决算。也采用合伙人代表会议方式,由一位推选的领导者负责,这种方式的领导者职责、权限更具有权威性。

4. 成立投标小组

投标小组由经验丰富、有组织协调能力、善于分析形势和有决策能力的人员担任领导,要有熟悉各专业施工技术和现场组织管理的工程师,还要有熟悉工程量核算和价格编制的工程估算师。此外,还要有精通投标文件文字的人员,最好是工程技术人员和估价师能使用该语言工作,还要有一位专职翻译,以保证投标书文件的质量。

三、参加资格预审

首先进行填报前的准备,在填报前应首先将各方面的原始资料准备齐全。内容应包括财务、人员、施工设备和施工经验等资料。在填报资格预审文件时应按照业主提出资格预审文件要求,逐项填写清楚,针对所投工程项目的特点,有重点地填写,要强调本公司的优势。实事求是地反映本公司的实力。一套完整的资格预审文件一般包括资格预审须知、项目介绍以及一套资格预审表格。资格预审须知中说明对参加资格预审公司的国别限制、公司等级、资格预审截止日期、参加资格预审的注意事项以及申请书的评审等。项目介绍则简要地介绍了招标项目的基本情况,使承包商对项目有一个总体的认识和了解。资格预审表格是由业主和工程师编制的一系列表格,不同项目资格预审表格的内容大致相同。

四、编制正式的投标文件

在报价确定后,就可以编制正式的投标文件(关于国际招标项目报价的分析策略在下一节讲述),投标文件又称标函或标书,应按业主招标文件规定的格式和要求编制。

1. 投标书的填写

投标书的内容与格式由业主拟定,一般由正文与附件两部分组成。承包商投标时应填写业主发给的投标书及其附录中的空白,并与其他投标文件寄交业主。投标中标后,标书就成为合同文件的一个主要组成部分。

有的投标书中还可以提出承包商的建议,以此得到业主的欢迎,如可以表明用什么材料代用可以降低造价而又不降低标准;修改某部分设计,则可降低造价等。

2．复核标价和填写

标书标价进行调整以后,要认真反复审核标价,无误后才能开始填写投标书等投标文件,填写时要用墨汁笔,不允许用圆珠笔,然后翻译、打字、签章、复制。填写内容除了投标书外,还应包括招标文件规定的项目,如施工进度计划、施工机械设备清单及开办费等。有的工程项目还要求将主要分部分项工程报价分析表填写在内。

3．投标文件的汇总装订

投标书编制完毕后,要进行整理和汇总。国外的标书要求内容完整、纸张一致,字迹清楚、美观大方,汇总后即可装订。整理时,一定不要漏装,往往容易将投标书与投标保函漏装。投标书不完整,会导致投标无效。

4．内部标书的编制

内部标书是指投标人为确定报价所需各种资料的汇总,其目的是作为报价人今后投标报价的依据,也是工程中标后向工程项目施工有关人员交底的依据。内部标书的编制不需重新计算,而是将已经报价的成果资料进行整理,其内容一般有:

(1)编制说明。主要叙述工程概况、编制依据、工资、材料、机械设备价格的计算原则;采用定额和费用标准的计算原则;人民币与规定外币的比值;劳动力、主要材料设备、施工机械的来源;贷款额及利率;盈亏测算结果等。

(2)内部标价总表。标价总表分为按工程项目划分的标价总表和单独列项计算的标价总表两种。工程项目划分的标价总表,按工程项目的名称及标价分别列出,单独列项的标价总表,应单独列表,如开办费中的施工水、电、临时设施等。

(3)人工、材料设备和施工机械价格计算。此部分应加以整理,分别列出计算依据和公式。

(4)分部分项工程单价计算。此部分的整理要仔细,并可建立汇总表。

(5)开办费、施工管理费和利润计算。要求应分别列项加以整理,其中利润率计算的依据等均应详细标明。

(6)内部盈亏计算。根据标价分析作出盈亏与风险分析,分别计算后得出高、中、低三档报价,供决策者选择。

经过以上工作,国际施工项目投标的主要工作业已完成,之后便是投送标书、参加开标、接受评标,获得中标通知书后进行合同谈判,最终签订承包合同。

第四节　投标标价的确定

投标标价的计算分为两个阶段:标价的计算和报价的确定。前者是按照国际惯用的算标方法由算标人员计算待定标价。后者是根据决策人员多方面的分析,对原标价的盈利和风险进行分析,在此基础上调整标价,获得的最终报价。国际工程招标有多种合同形式,不同的合同形式计算报价的方法是不同。单价合同标价计算有七个步骤:①现场考察;②研究招标文件;③复核工程量;④制定施工规划;⑤计算工、料、机单价;⑥计算各项费用和分部分项工程单价;⑦单价分析和汇总标价。

一、考察现场,定位项目报价

现场考察对于正确考虑施工方案和合理计算报价具有重要意义。现场考察既是投标报价的组成部分,又是实现报价的手段。决定对某一项目投标并已购买招标文件后,往往时间比较紧张,因此,现场考察时应针对性调查。如:工程所在地区自然条件、施工条件、业主的情况、竞争对手的情况等。

二、研究招标文件要求,框定报价范围

熟悉各项技术要求,确定经济适用,缩短工期的施工方案;了解工程特殊材料和设备价格,整理招标文件中含糊不清的问题,及时提请业主予以澄清。

(一)研究投标书的附件和合同条件,计算项目价格

(1)工期。包括开工日期、施工期限,是否分段、分批竣工的要求。

(2)误期损害赔偿费的规定。这对施工计划安排和拖期的风险大小有影响。

(3)缺陷责任期的有关规定。影响收回工程尾款、承包商的资金利息和保函费计算。

(4)保函的要求。保函包括履约保函、进口施工机具税收保函、维修期保函等。保函数值要求、有效期的规定,保函开出的限制。投标者计算保函手续费,银行开具保函的抵押资金的依据。

(5)保险。是否指定了保险公司、保险的种类(例如工程一切险、第三方责任保险、现场人员的人生事故和医疗保险、现场人员的人生事故和医疗保险、社会保险)等和最低保险金额、保期和免赔额、索赔次数要求等。

(6)付款条件。预付款,材料设备预付,分阶段付款。期中付款方式,包括付款比例、保留金比例、限额、退回时间、方法、拖延付款利息支付等,期中付款最小额限制,付款的时间限制等,这些是影响承包商计算流动资金和利息费用的重要因素。

(7)税收。免税,关税的相关规定,这些将严重影响材料设备的价格计算。

(8)货币。应搞清商务条款中支付货币的种类和比例;外汇兑换和汇款的规定,向国外订购的材料设备需用外汇的申请和支付办法。

(9)劳务国籍的限制。这对计算劳务成本有用。

(10)战争和自然灾害等人力不可抗拒因素造成损害的补偿办法和规定,中途停工的处理办法和补救措施等。

(11)有无提前竣工的奖励。

(12)争议、仲裁或诉诸法律等的规定。

以上各项有关要求,在世界银行贷款项目招标文件中,有的在"投标者须知"中作出说明和规定。在某些招标文件中,这些要求放在"合同条件"第二部分中具体规定。

(二)熟悉技术规范,确定特殊项目价格。

研究招标文件中所附施工技术规范,是参考或采用英国规范、美国规范或是其他国际规范,以及对此技术规范的熟悉程度。有无特殊施工技术要求和有无特殊材料设备技术说明,有关选择代用材料、设备的规定,以便针对相应的定额,计算有特殊要求项目的价格。

(三)依据报价要求,调整投标报价

(1)注意合同的种类。例如有的住房项目招标文件,对其中的房屋部分要求采用总价合同方式,而对室外工程部分要求采用单价合同。对承包商来说,在总价合同中承担着工程量方面的风险,就应仔细校核工程量并对每一子项工程的单价作出详尽的分析和综合。

(2)研究需要报价范围。例如是否将施工临时工程、机具设备、进厂道路、临时水电设施等列入报价范围。对于单价合同要研究工程量的分类,子项工程含义和内容,永久性工程之外的项目报价要求。

(3)研究工程量表编制体系。首先应结合招标图纸分析设计是否详细,工程量是否准确,工程内容的含义不清楚,要向业主和咨询工程师提出质疑。

(4)对某部位的工程和设备的提供,业主是否确定"指定的分包商"。总包对分包商应提供何种条件,是否规定分包商的计价方法。

(5)合同有无调价条款,以及调价计算公式。

三、复核工程量,消除投标报价风险

国外工程量复核的依据是技术规范、图纸和工程量表。国外工程项目分部分项的划分是由技术规范决定的,故要改变在国内按定额划分分部分项工程的习惯。首先,要对照图纸与技术规范复核工程量表中有无漏项。其次,要从数量上复核。招标文件中通常情况下都附有工程量表,投标者应根据图纸仔细核算工程量。当发现相差较大时,投标者不能随便改动工程量,而应致函或直接找业主澄清。对于总价固定合同要特别引起重视,如果业主投标前不予更正,而且是对投标者不利的情况,投标者在投标时要附上声明:工程量表中某项工程量有错误,施工结算应按实际完工量计算。有时招标文件中没有工程量表,需要投标者根据设计图纸自行计算,按国际承包工程中的管理形式分项目列出工程量表。不论是复核工程量还是计算工程量,都要准确无误,因为工程量直接影响投标价的高低,对于总价合同来说,工程量的漏算或错算都有可能带来经济损失。

四、制定施工规划,寻求最低造价

招标文件要求投标者在报价时要附上施工规划,施工规划内容一般包括施工方案、施工进度计划、施工机械设备和劳动力计划安排,以及临时设施规划。制定施工规划的依据是工程内容、设计图纸、技术规范、工程量大小,现场施工条件和开、竣工日期等。

虽然国外施工规划的内容和深度都没有施工组织设计要求高,但是施工规划的编制对投标者工作有较大作用,这是因为施工方案的优选和进度计划合理安排和工程报价有着密切的关系。编制一个好的施工规划可以降低标价,提高竞争力。另外,承包商中标,原有的施工规划对编制施工组织设计有指导作用。投标时施工规划将作为业主评价投标者是否采取合理和有效的措施,能否保证按工期和质量要求完成工程的一个重要依据。

制定施工规划的原则是在保证工程质量和工期的前提下,尽可能使工程成本最低,投标价格合理。在这个原则下,投标者要采用对比和综合分析的方法寻求最佳方案,避免孤立地、片面地看问题。劳动力可分为国内派人和当地雇佣或分包,它又涉及到工效、费用比较、工期等因素;施工机械的选择不像国内那样,一般是自有机械即可承包工程。国外承包工程,首先要确定应采用机械施工的项目,确定的原则以经济效益最好为前提。所以,应根据现场施工条件、工期要求、机械设备来源、劳动力来源等,全面考虑采用某种合理方案。

五、人工、材料、机械台班单价的计算

(一)人工工资单价的计算

国外施工工人的工资单价,应按国内派出工人和当地雇佣工人的平均工资单价计算。在分别计算国内派出工人和当地雇佣工人的工资后,按其百分比、工效因素等即可求出平均工资单价。国内工人等于出国期间的总费用除以出国后工作天数。出国准备到回国休整结

束后的全部费用:①国内工资(包括标准工资、附加工资和补贴)。②派出工人的企业收取的管理费。以上两项按人月将其数额支付给派出单位。③服装费、卧具及住房费。④国内、国际旅费。⑤国外津贴费、伙食费。⑥奖金及加班工资。⑦福利费。⑧工资预涨费。按我国工资现行规定计算,但工期短的工程可不考虑。⑨保险费。按当地工人保险费标准计算。

国外雇佣工人工资单价包括:①基本工资。按当地政府或市场价格计算。②带薪法定假日、带薪休假日工资。若月工资未包括,应另行计算,若月工资已包括,则不需计算。③夜间施工或加班的增加工资。④税金和保险费。按当地规定计算。⑤雇工招募和解雇应支付的费用。按当地的规定计算。⑥上下班交通费。按当地规定和雇佣合同规定计算。

(二)材料、设备单价的计算

国外承包工程中的材料、设备的来源渠道有三种:即当地采购、国内采购和第三国采购。承包商在材料、设备采购中,采用哪一种采购方式,要根据材料和设备的价格、质量、供货条件、技术规范中的规定和当地有关规定等情况来确定。

1.当地采购的材料和设备单价的计算

当地材料商供应到现场的材料、设备单价,这种情况在国外较多,即材料商直接将货物供应到施工现场或工地仓库。一般以材料商的报价为依据,并考虑材料预涨费的因素,综合计算单价。

自行采购的材料、设备单价,由下列公式计算,即:

材料、设备单价=市场价+运杂费+保管费+运输保管损耗

2.我国或第三国采购的材料和设备单价的计算

直接从国外进口和当地购买进口商品比较,直接进口商品价格要便宜一些。但是,直接从国外进口商品又受其海关税、港口税和进口商品数量等因素影响。因此,要事先作出决策,其价格计算公式为:

我国或第三国采购材料、设备单价=到岸价+海关税+港口费+运杂费+运输保管损耗

到岸价是指物资到达海(空)港口岸的价格,包括原价与运杂费等。港口费是指物资在港口期间(指规定时间)所发生的费用,一般都按规定计算。海关税是一切进口物资都应向该进口国交纳的税费,按该国规定执行。海关税是以各种不同的物资分别不同税率计算的,其税率为0~100%。有的国家对国家投资的工程项目可免交海关税,但也要缴纳别的税,一般把海关税和有关税收统称为进口税。

上述材料、设备的单价估算,只是一种预测值,尚未考虑市场变化等因素,即报价期到工程开工时,实际采购材料、设备时,市场材料与设备的价格可能发生变化。因此,确定材料、设备报价单价时,应适当考虑预涨费,预涨费率的确定取决于对市场物价动态趋势的分析,随各国整个经济形势的变化而变化。

(三)施工机械台班单价的计算

在计算施工机械台班单价时,其中基本折旧费的计算不能套用国内的折旧费率,一般应根据当时的工程情况而确定,或多、或少,甚至可以不考虑"残值"回收,一般考虑5年折完,较大工程甚至一次折旧完毕。因此,也就不计算大修理费用,其机械的分摊问题,按照国内的做法,是把机械费分别列入分部分项工程单价内,这样,机械费的收回,待完工才能做到,这样,回收时间与投入资金时间相隔太远。而国外承包工程,施工机械多为开工时自行购买

(除去租赁机械),承包商就必须都投入资金才行,对承包商不利。施工机械台班单价一般采用两种方法(视其招标文件规定)计算,一是单列机械费用,即把施工中各类机械的使用台班(或台班小时)与台班单价相乘,累计得出机械费;二是根据施工机械使用的实际情况,分摊使用台班费,其台班计算如下:

单列机械费时的台班单价计算公式如下:

台班单价:(年基本折旧费+运杂费+装拆费+维修费+保险费+机上人工费+运力燃料费+管理费+利润)/年台班数

分别摊入分项工程时的机械台班单价的计算,按上式减去管理费和利润即可。

六、主要费用和分部分项工程单价的计算

(一)施工管理费的测算

国外施工管理费的内容有许多是国内没有的,而国内发生的许多费用在国外也没有。因此,对施工管理费的项目划分,可参照国内现行规定,同时,又要结合国外当前的费用情况做增减调整,其项目划分如下:

(1)工作人员费。工作人员费用即指该工程除了工人以外人员的工资、福利费、差旅费(国外往返车船票、机票等)、服装费、卧具费、国外伙食费、国外津贴费、人身保险费、奖金及加班费、探亲及出国前后所需时间内的调升工资等。计算时,按国家对工作人员的规定标准计算(或承包商规定)。若系雇佣外国雇员,则包括工资、加班费、津贴(包括房租及交通津贴等)、招雇及解雇费等。

(2)生产工人辅助工资。包括非生产工人工日(如参加当地国的活动,因气候影响停工、工伤或病事假、国外短距离调遣费等)的工资、夜间施工夜餐费等,一般参照国内有关规定计算。

(3)工资附加费。仅指医药卫生费、水电费等。

(4)上级管理费。该承包公司和其驻在外国的管理机构所发生费用的分摊费,这项费用计算,以该承包公司的规定计算。

(5)业务经营费。业务经营费在国外包括的项目很多,费用开支较大,一般包括以下费用:广告宣传费、考察联络费、交际费、业务资料费、业务手续费、佣金、保险费及税金、贷款利息等。

(6)办公费。包括行政管理部门的文具、纸张、印刷、账册、报表、邮电、会议、水电、采暖及空调等费用。

(7)差旅交通费。包括因公出差费、交通工具使用费、养路费、牌照税等。

(8)文体宣教费。包括学习资料、报纸、期刊、图书、电影、电视、录像设施的购置摊销、影片及录像带的租赁、放映开支、体育设施及活动等费用。

(9)固定资产使用费。系指行政部门使用的房屋、设备、仪器、机动交通车辆等的折旧摊销、维修、租赁费及房地产税等。

(10)国外生活设施使用费。包括厨房设备、由个人保管使用的餐具、食堂家具、职工日常生活用具、职工宿舍内的家具等设施的购置及摊销、维修等费用。

(11)工具、用具使用费。包括除中小型机械及模板以外的零星机具、工具、卡具、人力运输车辆、办公用的家具、器具和低值易耗品的购置、摊销、维修、生产工人自备工具的补助费等。

(12)劳动保护费。包括安全技术设备、用具的购置、摊销、维修费、发给职工个人保管使用的劳动保护用品的购置费、防暑降温费、对有害健康作业者的保健津贴、营养等费用。

(13)检验实验费。包括材料、半成品的检验、鉴定、试压及技术革新研究、试验费、定额测定费等。

(14)其他。包括现场零星图纸、摄影、清扫、照明、竣工后的保护、清理、工程点交费以及工程维修期内的维修费等。

以上费用组成了施工管理费。但是，国外费用的划分不是一个固定的模式，它必须以招标文件为依据计算。施工管理费的测算，应广泛建立在收集各项费用开支基本数据的基础上，分别算出各费用的年开支额，再分别除以年直接费总额，即为该项管理费率，最后按需要汇总，即为综合的施工管理费率。

(二)开办费计算

开办费即准备费，这项费用一般采取单独报价，其内容视招标文件而定，包括如下内容：

(1)施工用水、用电费。施工用水包括自行取水和接供水公司水管两种方式。若自行取水，应计算打井费、储水池(或水塔)费、抽水设备、抽水动力及人工等经常费用。若接水时，按当地供水公司报价，其用水量，按国内相应定额计算。计算水费时，应考虑工期长短、供水方式的影响。

施工用电分自备电源和供电部门供电两种。若自备柴油发电机发电，应计算设备的折旧、安拆运费、油料及人工费等，其用电量应按照施工机械的耗电量及工作时间计算。若供电部门供电，应计算接线费、临时安装设备(变压器)等的折旧、安拆运费等。

(2)临时设施费。临时设施费在国外包括：施工企业的现场或非现场的生产、生活用房；施工临时道路及临时管线；临时围墙，此项费用一般较大。可以参照国内临时设施定额，结合国外情况，根据施工人员多少来计算。如在气候炎热或寒冷的地区，还应考虑房屋中的空调或采暖设备费用等。

(3)脚手架费用。可按各个不同子项的搭设需要，参考国内定额进行计算。

(4)驻地工程师的现场办公室及设备费。包括驻地工程师的办公、居住房屋；测试仪表、交通车辆、供电、供水、供热、通信、空调，以及家具和办公用品等的费用。

(5)试验室及设备费。包括招标文件要求的试验室，试验设备及工具(包括家具、器皿)等的费用。

(6)职工交通费、报表费等。开办费一般为单独列项，在各分部分项报价之前计算。

(三)利润率的测定

国外承包工程利润率的测定，是投标报价的关键问题，在工程直接费、施工管理费等费用一定的情况下，投标竞争实际上是报价利润高低的竞争。利润率取高了，报价增大，中标率下降；利润率减少，报价减少，中标率上升。但是，由于承包商在国际承包中总是以利润为中心进行竞争的，因此，如何确定最佳利润率，则是报价取胜的关键。国外承包工程报价中利润的测定，应根据当地建筑市场竞争状况、业主状况和承包商对工程的期望程度而定。

(四)分部分项工程单价的计算。国外承包工程报价中的分部分项工程单价的计算，相当于国内单位估价表的编制，它是在预先测算人工、材料、机械台班的基价、施工管理费率和利润的情况下，再进行分项工程单价计算，其计算公式为：

分部分项工程单价＝(人工费＋材料费＋机械费)×(1＋施工管理费率＋利润率)、

分部分项工程单价的计算有如下步骤：

(1)选用预算定额。国外承包工程的定额，包括劳动定额、材料消耗定额、机械台班使用定额和费用定额。费用定额如前所述可以确定，其他定额的形式和内容与国内定额基本相似。但是，由于工作范围及内容、工程条件、机械化程度、材料和设备等与国内的定额有较大的差别，完全套用国内定额是不行的。

我国对外承包企业可根据自己的专业性质和特点、工人实际劳动效率以及工程项目的具体情况选用国内定额，并加以调整使用。一般来说，只要工人实际劳动工效能达到，应尽力选用较为先进的定额。目前，在国外承包工程报价时，土建工程可以以一个省、市的预算定额为主，适当参照别的定额。一般安装工程可以选用我国2000年颁布的全国统一安装工程预算定额。专业工程则以中央各部委制订的定额为主。如果没有合适的定额可以采用时，就要根据实践经验和拟订的施工方案进行估算，或者收集国外同类工程定额作参考。但对工程量大的分部分项工程，这种估算和参考定额的选用要特别慎重。

(2)工程量的复核。计算及制定分项单价时，应先复核工程量，工程量无错误时，可按正常单价计算。一旦发现有较大出入，又不能改变与申诉时，只有加大单价，以弥补因工程量不足的损失。如工程量均有误差时，则应加大施工管理费率。

(3)按技术规范确定的工作范围及内容，计算定额中各子项的消耗量。分项工程内容的工作范围由技术规范确定。若按国内定额套用，有的可以直接使用，有的则要加以合并或取舍。如脚手架工程，如果不单列开办费，而技术规范中又没有明确规定，则脚手架的工料、机械台班消耗量，应分摊到有关的分项工程中去。

(4)单价计算。在各子项的消耗量确定后，将人工、材料、机械台班的基价套入定额，可计算直接费单价，然后再套入施工管理费率和利润率，可计算出施工管理费和利润，最后就可累计出分部分项工程单价。

七、单价分析、汇总标价

1. 单价分析

在确定了分部分项工程单价以后，就可以进行单价分析。有的招标项目还要求在投标文件上附上单价分析表，因为每个工程都有其特殊性，所以根据每个项目的特点(如现场情况、气候条件、地貌与地质状况、工程的复杂程度、工期长短、对材料设备的要求等)对单价逐项进行研究，确定合理的消耗量。

2. 标价汇总

将各分部分项工程单价与工程量相乘，得各分部分项工程价格，汇总各分部分项工程价格，再加上分包商的报价即为初步总造价。

八、国际工程投标报价分析和策略

(一)工程标价分析

标价计算完成后的总价，只是内部标价，还必须对标价进行调整，测算报价的高低和盈亏的大小，最后确定报价。报价分析主要是进行盈亏分析和风险分析，预测内部标价投标时可能获得利润的幅度并据以提出高、中、低三档报价，供决策者选择。

(1)盈亏分析。指在初定报价基础上，做出定量分析计算，得出盈亏幅度，找出工程的保本点，然后求出修正系数，以供最后综合分析报价决策使用。一般是从以下几个方面进行分析。①效率分析。实际上是对所采用的定额水平进行分析，包括人工工效、材料消耗、施工机械台班用量的分析,能否采取措施降低消耗量,达到降低成本的目的。②价格分析。价格分析涉及面很广,主要分析大宗材料、永久设备、施工机械等的价格。从招标文件规定的物资供应渠道,多方面地分析各种基价能否降低。上述价格降低主要取决于资源选择、供应方式、市场价格变动幅度与趋势、分包报价及税收等因素。③数量分析。数量分析主要从两方面进行:即国内派出工人数量与工程数量分析。④其他分析。包括外汇比值分析,各项费用(如施工管理费、开办费等)指标分析,施工机械的余值利用分析等。上述分析后,综合各项求出可能的盈余总和,以便确定一个恰当的修正系数,得出低标报价,即:低标报价=内部标价-各项盈余之和×修正系数,其修正系数一般小于1,可取0.5~0.7。

(2)风险分析。①建设工程失误风险。建设工程中的失误主要是工期和质量,其影响因素主要是承包商的职工素质。减少工程失误风险,就要求派出精明的工程经理和其他称职的管理人员、工程师和技术工人。但是,应该看到我国目前的管理水平较低,没有与外国业主交往的经验,可能出现一些失误。因此,应根据工程规模、工程质量要求、工期长短、施工项目的工艺复杂程度和派出施工企业的状况,适当考虑因工期拖延和质量返工事故而需支付的费用。②劳资关系风险。目前,在国际承包市场上,都存在着有分包和雇佣外籍职员或工人的现象,劳资关系是客观存在的,双方发生的摩擦难以避免。如工人过分要求提高工资,增加津贴,享受舒适的生活条件,甚至消极怠工等,因而引起承包商的经济损失。分包商在工程分包中的扯皮现象,要求改变工程量,改变单价,增收其他费用等情况,也时有发生,这些经济损失应适当考虑。③低价风险。这是指承包商在投标中,为了中标,往往采取压低标价的手段。但是,如果把压低标价作为达到中标的主要手段,其造成的后果将是中标越多,风险越大,造成的损失也越多。④其他风险。有些风险是难以预料的,如业主或工程师不公正而带来的麻烦;对招标文件研究不够透彻而造成的失误;对法律不清楚而造成的损失;气候突变及罢工影响等。

风险分析的目的采取对策减少损失,同时要估算一个概略的损失量,用风险损失修正系数修正之后,按内部标价增加这部分费用,作为高标报价。风险损失修正系数按风险损失的结论确定,一般取0.5~0.7。高标报价=内部标价+各项风险损失之和×修正系数,通过以上报价分析,则可得出低标报价或高标报价。然后,根据投标决策与分析,确定最后报价。

(二)投标报价策略

通过标价的分析可以为最终的报价提供决策思路,但对原标价进行具体调整,获得最终报价,还需进行深入细致的计算和分析。为了保证投标报价的科学性和增加中标的概率,往往会采用数学方法进行计算。

1. 获胜报价法

获胜报价法是利用承包商历次中标资料分析而得,这种方法是考虑竞争对手报价策略不变,所有报价均按估计成本的百分比计算,报价等于估计成本时,报价为100%,这时中标后不亏不盈。当报价为成本的110%,即超过估计成本的10%时,则盈利为10%。

2. 一般对手法

把竞争对手数目考虑在内的投标报价方法,叫一般对手法。该方法考虑了竞争对手及其数目的多少,当没有了解竞争对手的历史资料,或者虽然知道竞争对手是谁及竞争数目,但不知道他们目前的投标策略,可以认为竞争对手的水平和自己一样,承包商就可以用自己的投标资料进行判断。这种判断有较大的盲目性和冒险性,如果能搜集到一些有关竞争对手的报价平均值,投标时采取低于这些平均值的报价去战胜对手们,这样的策略可靠性就稍高些,也是可行的。

3. 投标报价技巧

投标报价技巧有以下几种,逐步升级法是首先对技术规范和图纸说明书进行分析,把工程中的一些难题,如特殊基础等费用最多的部分抛弃,将标价降至无法竞争的数额(而在报价单中加以注解),利用这种最低标价吸引业主,从而取得与业主商谈的机会,再逐步进行费用最多部分的报价。还有不平衡报价法(略);突然袭击法;赔价争价法(先亏后盈法)。作标技巧有很多,但要注意掌握分寸,善于加价和销价等,这才是投标竞争获胜的重要因素。

思 考 题

1. 简述国际工程招投标市场的发展与特点?
2. 简述国际工程招标分类?
3. 简述国际工程招投标活动的基本原则?
4. 简要回答国际工程项目招标文件的内容?
5. 如何进行国际工程投标报价分析,制定相关策略?
6. 怎样计算国际工程投标报价的主要费用和分部分项工程单价?

参 考 文 献

1　王文元主编.新编建设工程招标投标实用手册:上、下册.北京:中国建材工业出版社,1999

2　雷胜强主编.简明建设工程招标承包工作手册.北京:中国建筑工业出版社,1998

3　汤礼智主编.国际工程承包总论.北京:中国建筑工业出版社,1997

4　吴之明,唐晓阳主编.国际工程承包与建设项目管理.北京:电力出版社,1997

5　郎荣森.国际工程承包与招标投标.北京:中国人民大学出版社,1994

6　何伯森主编.国际工程招标与投标.北京:水利电力出版社,1994

7　刘长滨,吴增玉.加入WTO与中国建筑业.建筑经济,2000(1)

8　卞耀式.中华人民共和国招投标法实用问答.北京:中国建材工业出版社,1999

9　丛培经,范运林等.实用工程项目管理手册.北京:中国建筑工业出版社,1999

10　[英]罗吉·弗兰根.工程建设风险管理.北京:中国建筑工业出版社,2000

11　范运林.论政府对建设市场主体的依法管理.建筑.1999年第7期

12　全国统一建筑工程基础定额(GJD—101—95).北京:中国计划出版社,1995

13　卢谦.建设工程招标投标与合同管理.北京:水利水电出版社,2001

14　杜训主编.国际工程估价.北京:中国建筑工业出版社,1996

15　宁素莹.市场经济下工程招标与投标.武汉:中国地质大学出版社,1993

16　张培田主编.招标投标法律指南.北京:中国政法大学出版社,1992

17　陈森,王清池编著.公路工程招标与投标管理.北京:人民交通出版社,1998

18　范琨编著.高速公路路政管理.北京:人民交通出版社,1998

19　赵雷等著.中华人民共和国招标投标法通论及适用指南.北京:中国建材工业出版社,1999

20　孔祥俊著.反不正当竞争法的适用与完善.北京:法律出版社,1998

21　中国技术进出口总公司国际招标编写组编著.国际招标与投标实务.北京:中国对外经济贸易出版社,1991

22　李清立主编.工程建设监理案例分析.北京:北方交通大学出版社,2001

23　刘钦主编.工程招标投标与合同管理.北京:高等教育出版社,2003

24　马太建,陈慧玲.建设工程招标投标指南.南京:江苏科学技术出版社,2000

25　刘尔烈主编.工程项目招标投标实务.北京:人民交通出版社,2000

26　许高峰主编.国际招投标.北京:人民交通出版社,2002

27　邬晓光主编.公路工程施工招标投标书编制手册.北京:人民交通出版社,2003

28　徐大图主编.工程造价的确定与控制.北京:中国计划出版社,1997

土建学科高等职业教育专业委员会规划推荐教材

（工程造价与建筑管理类专业适用）

征订号	书　　名	定价	作者	备注
X12560	建筑经济	15.00	吴　泽	可　供
X12551	建筑构造与识图	32.00	高　远	可　供
X12552	建筑结构基础与识图	16.00	杨太生	可　供
X12559	建筑设备安装识图与施工工艺	24.00	汤万龙 刘　玲	可　供
X12553	建筑与装饰材料	23.00	宋岩丽	可　供
X12562	建筑工程预算（第二版）	30.00	袁建新	可供（国家"十五"规划教材）
X12561	工程量清单计价	27.00	袁建新	可　供
X12556	建筑设备安装工程预算	14.00	景星蓉 杨　宾	可　供
X12557	建筑装饰工程预算	12.00	但　霞	可　供
X12558	工程造价控制	15.00	张凌云	可　供
X12555	工程建设定额原理与实务	12.00	何　辉	可　供
X12554	建筑工程项目管理	23.00	项建国	可　供

　　欲了解更多信息,请登录中国建筑工业出版社网站:http://www.china-abp.com.cn 查询。